钻井井下工具操作手册

魏风勇　康永华◎主编

中国石化出版社

图书在版编目（CIP）数据

钻井井下工具操作手册／魏风勇，康永华主编．—
北京：中国石化出版社，2019.4
ISBN 978-7-5114-5270-2

Ⅰ.①钻…　Ⅱ.①魏…　②康…　Ⅲ.①井下作业-
工具-手册　Ⅳ.①TE358-62

中国版本图书馆 CIP 数据核字（2019）第 055253 号

中国石化出版社出版发行

地址:北京市朝阳区吉市口路 9 号
邮编:100020　电话:(010)59964577
发行部电话:(010)59964526
http://www.sinopec-press.com
E-mail:press@sinopec.com
北京科信印刷有限公司印刷
全国各地新华书店经销
＊
787×1092 毫米 16 开本 17.25 印张 399 千字
2019 年 6 月第 1 版　2019 年 6 月第 1 次印刷
定价:118.00 元

编　委　会

前　　言

钻井井下工具是钻井施工、提速提效及井下故障复杂预防处理的专用工具，广泛应用于钻完井生产过程中。《钻井井下工具操作手册》的出版，旨在满足广大一线技术人员现场需要，因而在编写过程中更加注重工具的操作使用和维护。

本手册由多年从事井下工具使用的技术人员编写，以井下通用工具为主，兼顾新工具新工艺，适用于现场技术人员工具操作、现场培训和自学。

本手册共分七章，第一章为常见井下故障处理工具，介绍了震击解卡工具、打捞管柱工具、倒扣工具、切割工具、套铣工具、井底落物打捞工具、电缆和仪器打捞工具、辅助打捞工具、扩眼工具。第二章为取心工具，介绍了常规取心工具、特殊取心工具、绳索式取心工具。第三章为内防喷工具，介绍了上下旋塞、钻具止回阀、钻具旁通阀。第四章为定向工具及仪器，介绍了弯接头、定向接头、电子式单点测斜仪、电子式多点测斜仪、无线随钻仪器、陀螺测斜仪、旋转导向工具、螺杆钻具、涡轮钻具、电磁波无线随钻测斜仪。第五章为开窗及锻铣工具，介绍了开窗工具、锻铣工具。第六章为固井工具，介绍了尾管悬挂器、套管外封隔器、分级箍、固井水泥头、固井胶塞、循环接头、套管引鞋、浮箍、浮鞋、套管扶正器、水泥伞、定位环、插入式固井附件。第七章为钻井辅助工具，介绍了水力加压器、水力振荡器、三维振动冲击器、扭力冲击器、防磨接头、减震器、侧向射流接头。

本手册由魏风勇组织编写，由郭亮、付长春、付庆林、丁向京、张联波、李文凯、李伟强、李让、李都民、崔红光、赵成霞、冯林、冯伟伟、郭文汇、周红伟、周战云、王旭明、王惠文、鲁鹏飞、彭彬、刘伟、万舒广等编写，由陶现林、王自民、王宏杰、刘明国、李玉民、李社坤、孙德宇、张玉战、毕泗义审稿。

由于钻井工具种类较多，加之编者水平有限，手册中难免存在错误和不妥之处，恳请广大读者提出宝贵意见。

编　者

目 录

第一章　常见钻井井下故障处理工具

钻井是一项高风险地下工程，存在着极大的隐蔽性、随机性和不确定性。钻井故障和复杂的发生及发展有其主观和客观因素，主要是对所钻地层信息认识不清楚，工艺技术不完善以及作业者误操作等。

本章主要介绍常用井下打捞工具及其辅助工具的入井前检查、结构、工作原理、操作方法、注意事项、主要技术参数等。

第一节　震击解卡工具

震击解卡工具工作原理就是突然给钻柱一个撞击力，使被卡钻柱松动而解卡。根据工作原理可分为液压式、机械式和液压机械式震击器；按震击方向又可分为上击器、下击器和双向震击器；按工作状况分为解卡震击器、随钻震击器；按加放位置分为地面震击器、井下震击器。本节主要介绍几种现场常用的震击工具。

一、开式下击器

开式下击器是钻井打捞作业中普遍使用的一种震击解卡工具，它借助钻柱的重量和弹性伸缩，产生强大的下击力下击被卡钻具，促使被卡钻柱松动解卡。

（一）结构

开式下击器的结构如图1-1所示，其原理是以活塞心轴为固定件与下部钻柱连接，心轴中段为六方柱体与缸套下接头的内六方孔相配合，用以传递扭矩，活塞装在心轴顶端，以螺纹连挂，并用定位螺丝固定，外周有两道密封槽，安装"O"形密封圈、垫圈和开口垫圈，用以和缸套内壁密封。活动件是缸套及其上下接头，缸套下部有四个孔，允许钻井液进出，所以叫开式下击器，上接头与上部钻柱连接，由上部钻柱带动缸套做上下运动，同时下接头的上下肩面也限制了活塞的行程。

图1-1　开式下击器结构图
1—上接头；2—震击垫；3—缸套；
4—下接头；5—震击杆

震击偶是以缸套下接头的下端面作为撞击体，以心轴接头的上台肩作为承击体，组成一对互相撞击的震击偶。活塞只起密封和扶正心轴的作用，与震击作用无关。

（二）工作原理

拉开下击器的工作行程，然后突然释放，利用上接头以上钻柱重量给卡点以强有力的震击。

（三）操作方法

1. 下井前准备

下击器下井前，应进行仔细检查，表面无裂纹，拉开、闭合无卡滞现象，并按规定的扭矩和钻柱连接。发现问题严禁入井。

2. 井内下击

（1）钻具组合（推荐）。打捞工具 + 安全接头 + 下击器 + 钻铤 + 钻杆。若因打捞作业时，需要下弯钻杆或弯接头，最好接在下击器上面，以免影响震击效果。

（2）上提钻柱将下击器行程完全拉开。

（3）迅速下放钻柱，使下击器关闭，利用下击器以上钻柱重量产生强烈的下击力。

（4）震击作业时，切勿边旋转边震击，以免复合应力超载，容易使工具损坏或造成故障。

3. 井内解脱打捞工具

当打捞工具（如打捞筒）捞住落鱼后，解除不了故障，而需与落鱼脱开时，可利用同钻柱一起下入井内的下击器进行轻微地震击，使其脱开落鱼。

（1）上提钻柱，拉开方入约是下击器全行程的 1/4 ~ 1/3。

（2）快速下放，下放方入等于上提方入时刹车，这样就能产生轻微的下击，解脱打捞工具。

4. 井口解脱打捞工具

（1）在下击器上部接 2 ~ 3 根加重钻杆或钻铤。

（2）拉开下击器一定行程，以适当的速度和重量下放，产生一定的下击作用。

（3）实施前悬吊工具一定要销紧，操作时要谨慎，防止悬吊工具跳开脱落。

（四）维护保养

（1）钻台上的保养。清除泥污，检查两端螺纹有无损伤。

（2）长期存放的维护。拉开心轴冲洗干净，擦干心轴表面，涂上防锈钾基或锂基黄油，关闭心轴，戴上护丝，用 2 根相同高度的垫木或钢管垫平，于防雨避晒、通风干燥处存放。

（五）技术参数

开式下击器技术参数，见表 1-1。

表 1-1 开式下击器技术参数

型号	外径/mm	内径/mm	接头螺纹 API	最大抗拉负荷/kN	最大工作扭矩/kN·m	最大行程/mm	闭合总长/mm
KXJ95	95	38	NC26	500	4	508	1800
KXJ40	102	32	2⅜inREG	600	5	700	1900
KXJ44	114	38	NC31	800	7	440	1500
KXJ46	121	38	NC38	900	8	914	1986
KXJ62	159	51	NC50	1500	13	1400	2627
KXJ165	165	51	NC50	1600	14	1400	2633
KXJ70	178	70	NC50	1800	15	1552	2737
KXJ80	203	70	6⅝inREG	2200	18	1600	2901
KXJ90	229	76	7⅝inREG	2500	20	1600	2881

二、闭式下击器

闭式下击器的活动部件是由密封在油腔内的液压油进行润滑的，所以叫闭式下击器。它的行程比开式下击器短，但工作可靠。液压油只起润滑作用，不起压缩储能作用。它主要是下击作业，作为粘附、填埋、键槽等卡钻故障解卡工具之一，在深井、中深井中震击作业效果显著。

（一）结构

闭式下击器结构如图 1-2 所示，其固定件是上缸体、中缸体和下接头，活动件为震击杆（心轴）、震击垫和冲管。

（二）工作原理

上提钻具时，震击垫上行至限位位置，即为拉开行程。下放钻具时，震击杆下行，螺母垫撞击在上缸体上端面上，就完成了震击行程。如此反复，即可实现连续震击。

图 1-2 闭式下击器结构图

1—震击杆；2—螺母垫；3—上缸套；

4—中缸套；5—震击垫；

6—导向杆；7—下接头

（三）操作方法

（1）钻具组合：打捞工具 + 安全接头 + 下击器 + 钻铤 + 钻杆。一定要有足够的钻铤重量，以实现重锤的锤击作用。

（2）计算好落鱼的卡点位置、下击器拉开和复位时的方余。

（3）在井内实现下击。上提钻具把下击器完全拉开，再继续上提一定拉力，使钻具产生弹性伸长，然后猛然下放，中途切勿停顿，下放距离要大于上提距离，使下击器迅速复位，螺母垫撞击在缸体上端面上，产生一个向下的震击力，打在落鱼卡点上。

（4）在井内实现连续下击。操作步骤和上述一样，只是下放距离要小一些，比钻具的弹性伸长和下击器行程之和要少 150mm 左右。

（5）用下击器进行上击。操作步骤仍如上所述，但是上提钻具的力量需要更大一些，使钻柱内积蓄更大的弹性应变能，而下放的距离更少一些，下放距离等于钻具伸长，此时猛然刹车，使钻具像一个垂悬着的弹簧，由于惯性作用，震击杆继续下行，下击器实现部分复位，但螺母垫接触不到缸体上端面，当震击杆停止下行时，立即反弹回来，震击垫撞击到上缸体的下肩面上，产生一个向上的震击力。

（6）与地面震击器配合使用。井浅或卡点较高时，闭式下击器可以和地面震击器配合使用，加强震击效果。

钻具组合：打捞工具 + 安全接头 + 闭式下击器 + 3 ~ 6 根钻铤 + 钻杆 + 地面震击器。

操作时，将地面震击器的释放负荷调到比闭式下击器以上的钻具重量稍大一点。上提钻具时，闭式下击器刚好拉开，地面震击器也开始释放，下击器以上的钻具在自重作用下以接近重力加速度的速度下击被卡钻具。

（四）维护保养

（1）钻台上保养。从井内取出下击器后，清除外表及水眼内的泥污，一般情况下应以一个立柱停放在钻杆盒上。

（2）长期存放的维护。拆卸、检修、更换已损坏的零件，重新组装、配戴护丝，并做好防锈措施。存放期超出 18 个月，应更换新橡胶件，以免影响密封效果。

（3）橡胶件备件在正常保管条件下（温度 25℃ 左右，相对湿度不大于 80%，避免阳光直接照射，远离热源 1m 以上，不与有损胶件的物质接触等），有效期 18 个月。

（五）技术参数

闭式下击器技术参数，见表 1 – 2。

表 1 – 2　闭式下击器技术参数

型号	外径/mm	内径/mm	接头螺纹 API	最大抗拉负荷/kN	最大工作扭矩/kN·m	最大行程/mm	打开总长/mm
BXJ73	73	20	2⅜inTBG	300	3	268	1837
BXJ89	89	28	NC26	400	3.5	268	1837

续表

型号	外径/mm	内径/mm	接头螺纹 API	最大抗拉负荷/kN	最大工作扭矩/kN·m	最大行程/mm	打开总长/mm
BXJ95	95	32	NC26	500	4	266	1837
BXJ105	105	32	NC31	600	5	400	2285
BXJ108	108	32	NC31	700	6	400	2285
BXJ44	114	38	2⅞inREG	800	7	268	1832
BXJ46	121	38	NC38	900	8	405	2285
BXJ62	159	50	NC50	1500	13	467	2763
BXJ70	178	70	NC50	1800	15	470	2952
BXJ80	203	78	6⅝inREG	2200	18	462	2952

三、地面震击器

地面震击器通常是直接在井口与被卡钻具接上，在转盘面以上使用，以解除井下卡钻故障的向下震击工具。其具有震击力吨位可调、使用方便等特点。对处理键槽卡钻和缩径卡钻效果显著。

（一）结构

地面震击器由中心管总成、套筒总成和冲管总成等部件组成，结构如图1-3所示，中心管总成包括上接头、中心管、卡瓦心轴和密封总成。套筒总成包括下套筒、摩擦卡瓦、调节机构、滑套、上套筒和震击器接头。冲管总成包括冲管和下接头。

（二）工作原理

地面震击器与井下钻柱连接，上提钻柱，卡瓦和心轴产生摩擦阻力阻止向上运动。此时钻柱伸长，当卡瓦心轴脱离卡瓦时，伸长的钻柱突然收缩，伴随着落鱼上部的自由段钻柱的重量传给卡点，使卡点受到猛烈的向下冲击力。每震击一次以后，使心轴回位，又可以进行第二次冲击。如此可反复作业。

（三）操作方法

1. 解卡震击

（1）将工具连接在钻柱上，使调节机构露出转盘面

图1-3　地面震击器结构图

1—上接头；2—震击接头；3—心轴；
4—上套筒；5—冲管；6—调节套筒；
7—卡瓦心轴；8—摩擦卡瓦；9—下接头

以上，便于震击吨位的调节。

（2）用内六方扳手卸开锁钉，调节震击吨位（出厂一般设定200kN，标示有低吨位和高吨位，用六方扳手卸掉锁钉，用起子拨动调节环，向左手边拨为降低吨位，向右手边拨为增加吨位，每拨动一格吨位增减15～20kN），再旋入锁钉。

（3）校准释放吨位后，在指重表上和工具上以转盘面为基准作记号，便于检查。

（4）若要循环钻井液时可接方钻杆，震击作业时应卸去方钻杆，接上1～2根加重钻杆或钻铤，使工具容易复位。

（5）使用最低速度提拉，当约束机构释放时，筒体总成下行，同时钻杆产生弹性收缩向下冲击卡点。

（6）每调节一次吨位，应在此吨位多次震击，震击次数则以4～6次为宜，视其冲击落鱼的效果再调整吨位。

2. 解脱打捞工具

打捞工具或卡瓦类型的工具，如公母锥、捞筒和捞矛等，由于抓捞牙或卡瓦牙嵌入落鱼，震击器震击后钻柱伸长变形，或异物进入堵塞，使打捞工具的释放结构失灵，用钻柱的重量已无法解脱，即使是施加扭矩也完全无效。遇到这些情况，可接上地面震击器，调节到中等程度的释放吨位，若钻柱上带有下击器时，调节的释放吨位应保证能打开下击器。但调节的吨位仍不要高于自由段钻柱重量。一般只需2～3次震击即可解脱。

（四）注意事项

（1）接震击器时，安全卡瓦和卡瓦不得卡在光亮拉杆上。

（2）震击作业前和过程间歇中，应对指重表、钻井游车钢丝绳、传感器、死绳头、活绳头的固定、刹车系统、井架等关键部位进行检查。

（3）应将大钩舌头、吊环及井口工具捆牢。

（4）震击作业时，钻机只允许用低速上提，气路元件应灵敏、可靠，气压应比额定工作压力低0.1MPa。

（5）若在震击作业中发现摩擦副有发高热冒烟情况，可由锁钉孔注入清洁机油，待工作完毕后卸开检查处理。

（6）不允许所调节释放吨位大于自由段钻柱重量。

（五）技术参数

地面震击器技术参数，见表1-3。

表1-3　地面震击器技术参数

型号	外径/mm	内径/mm	接头螺纹API	最大抗拉负荷/kN	最大震击力/kN	最大行程/mm	密封压力/MPa	闭合总长/mm
DJ46	121	32	NC31	900	400	1000	20	3395
DJ70Ⅱ	178	50	NC50	1800	750	1222	20	3030

四、超级震击器

超级震击器应用液压和机械原理，它结构紧凑，性能稳定，便于调节，使用方便，是向上震击的工具。

（一）结构

超级震击器的固定件由心轴体、花键体、连接体、压力体和冲管体等组成，与下部钻柱连接，处于相对固定状态。活动件由上接头、心轴、锥体和冲管等组成，在筒体内做有限的上下运动。在压力体和心轴之间注满抗磨液压油，形成压力腔和卸载腔，结构如图1-4所示。

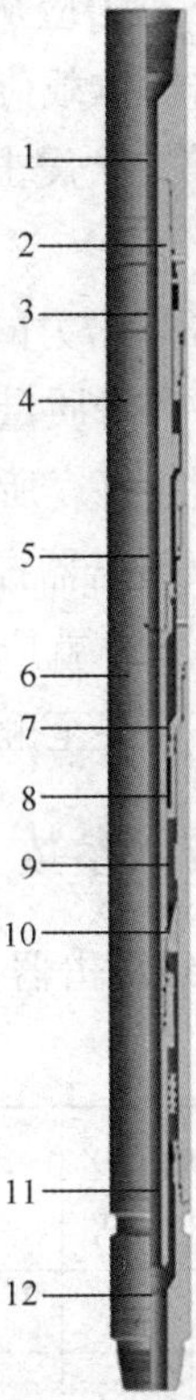

（二）工作原理

超级震击器是应用液压工作原理，通过锥体活塞在液缸内的运动和钻具被提拉贮能来实现上击动作。安装在超级震击器上方的钻具被提拉时，超级震击器的压力体内由于锥体活塞与密封体之间的阻尼作用，为钻具贮能提供了时间。当锥体活塞运动到释放腔时，随着高压液压油瞬时卸荷，钻具将突然收缩，产生了向上的动载荷。工具设计了可靠的撞击工作面，以保证为被卡的落鱼钻具提供巨大的打击力。为了震击能往复进行，设计了理想的回位机构。为了在井下能旋转和循环钻井液，超级震击器利用花键传递扭矩，同时尽可能使水眼加大，以满足除循环钻井液外的测试及其他功用。

（三）操作方法

（1）钻具组合：打捞工具+安全接头+超级震击器+2~3根钻铤+加速器+1根钻铤+钻杆。

（2）当确认井下卡钻故障的性质，需要向上震击时，才能使用超级震击器。这时应从卡点倒开并提起钻具，然后按上述的钻具组合，连接好打捞钻具，进行打捞作业。当打捞工具抓紧井下落鱼后，就可以进行震击作业。

（3）下放钻柱使压在超级震击器心轴上的力30~40kN，使超级震击器关闭。

（4）以一定的速度上提钻具，使钻具产生足够的弹性伸长，然后刹住刹把，等待震

图1-4　超级震击器

1—上接头；2—上心轴；3—心轴体；
4—花键体；5—连接体；6—压力体；
7—下心轴；8—旁通体；9—锥体；
10—密封体；11—冲管；12—下接头

击。由于井下情况各异，产生震击的时间也从几秒到几分钟不等。

（5）产生震击后，若需进行第二次震击，应下放钻具关闭震击器，再上提进行第二次震击，并可以进行反复多次震击。

（四）注意事项

（1）井下震击应从较低吨位开始，逐渐加大，直到解卡。但不允许大于表1-4中规定的最大震击提拉载荷。

（2）若第二次震击不成，应继续下放钻柱，使超级震击器完全关闭，再进行上提，等待震击。

（3）提高震击力的方法。震击力不仅与上提拉力有关，而且与上提钻具的速度，井下钻具的重量，井身质量等因素有关，因此上提速度越快，上提拉力越大，井下钻具重量足够，井身质量越好，所产生的震击力也就越大。

（4）超级震击器提出井眼时，通常是处于打开位置，完成钻台维修之后，应当关闭震击器。一旦关闭，就应当从吊卡上取下，不能再在它下方悬挂重物，避免超级震击器拉开损坏钻台设备，甚至砸伤工作人员事故。

（五）技术参数

CSJ 型超级震击器技术参数，见表1-4。

表1-4　CSJ型超级震击器技术参数

型号	外径/mm	内径/mm	接头螺纹API	最大行程/mm	密封压力/MPa	最大工作扭矩/kN·m	最大震击提拉载荷/kN	最大抗拉载荷/kN	闭合总长/mm
CSJ108	108	32	NC31	305	20	6	250	700	3882
CSJ114	114	38	NC31	305	20	9.8	300	800	3882
CSJ46Ⅱ	121	50	NC38	305	20	9.8	350	900	3882
CSJ140	140	50	NC38	305	20	11.9	400	1000	3900
CSJ62Ⅱ	159	57	NC50	320	20	12.7	700	1500	3977
CSJ168	168	57	NC50	320	20	14.7	700	1600	3977
CSJ70Ⅱ	178	60	NC50	320	20	14.7	800	1800	4045
CSJ76Ⅱ	197	78	6⅝inREG	330	20	19.6	1000	2100	4328
CSJ80Ⅱ	203	78	6⅝inREG	330	20	19.6	1200	2200	4328

五、液压加速器

液压加速器是为液压上击器、超级震击器增加震击功能而设计的井下工具。必须和CSJ 型超级震击器或 YSJ 上击器联合使用。工作时，能对接在其下方的钻铤和 YSJ 上击器

（或超级震击器）上起加速作用，以获得对卡点更强大的震击力，同时可以减少震击之后钻柱回弹时的震动。

（一）结构

如图1-5所示，心轴与缸套之间充满了具有高压缩指数的二甲基硅油。心轴有花键与上缸套下端的花键相嵌合，这样不论是在打开，还是撞击位置都可以传递扭矩。密封总成包括盘根和盘根压圈。它安装于震击垫与导向杆之间，形成一个滑动密封副，工作时能使缸内产生高压。

（二）工作原理

当钻具上提时，钻具弹性伸长，加速器心轴带动密封总成向上移动压缩硅油，硅油这被誉为液体弹簧的液体也随之贮存了能量。继续上提钻具，上击器活塞运动到卸油时，下端突然释放，钻具回复弹性变形，使加速器下部的钻铤和上击器心轴一起向上运动。此时，加速器内腔的硅油贮存的能量也被释放，给运动的钻铤和上击器心轴以更大的加速度。使震击的"大锤"获得更大的速度，从而增加了碰撞前的动量和动能，于是一个巨大的震击力，通过上击器下部传递到落鱼上。

加速器是与上击器配套使用的井下震击工具，其结构设计本身无震击功能。

（三）操作方法

1. 下井前的准备

（1）加速器下井前应按跟踪卡检查核对，准确无误后，方可下井。

（2）检查油堵及调节销钉是否上紧。

2. 使用

（1）钻具组合：打捞工具+安全接头+YSJ上击器（或超级震击器）+3~5根钻铤+加速器+钻柱。

（2）当打捞工具抓紧井下落鱼之后，就可以进行震击作业。

（3）加速器配合上击器、超级震击器的具体操作参照液压上击器、超级震击器的操作方法。

3. 注意事项

井下震击应从较低吨位开始，逐渐加大，直到解卡。但不能大于表1-5中所规定的

图1-5 液压加速器结构图

1—上接头；2—螺母垫；3—套筒；
4—上液缸；5—硅油；6—下液缸；
7—密封装置；8—冲管；9—下接头

井下最大抗拉载荷。

（四）维护保养

（1）钻台上的保养。应清除泥污，检查油堵是否脱落漏油，两端螺纹有无损伤。

（2）长期存放的维护。冲净心轴及冲管内面，排气孔内的钻井液用软管喷嘴放进去冲洗干净。擦干心轴表面，涂上防锈钾基或锂基黄油，戴上护丝，用 2 根相同高度的垫木或钢管垫平，于防雨避晒、通风干燥处存放。

（五）技术参数

液压加速器技术参数，见表 1 – 5。

表 1 – 5　YJG 型液压加速器技术参数

型号	外径/mm	内径/mm	接头螺纹 API	总长/mm	最大抗拉载荷/kN	最大工作扭矩/kN·m	拉开全行程力/kN	最大行程/mm
GJ73	73	20	2⅜inTBG	2620	250	3	80 ~ 100	218
GJ80	80	25.4	2⅜inREG	2845	300	3	90 ~ 120	218
GJ89	89	28	NC26	2760	400	3.5	110 ~ 150	218
YJQ36	95	32	NC26	2845	500	4	150 ~ 200	330
YJQ40	102	32	NC31	3878	600	5	200 ~ 250	330
YJQ108	108	32	NC31	3878	700	6	200 ~ 250	330
YJQ44	114	38	NC31	3422	800	7	250 ~ 300	216
YJQ46 Ⅱ	121	38	NC38	3254	900	8	300 ~ 350	234
YJQ62	159	57	NC50	4375	1500	13	600 ~ 700	338
YJQ168	168	57	NC50	4375	1600	14	600 ~ 700	338
YJQ70 Ⅱ	178	60	NC50	4019	1800	15	700 ~ 800	320
YJQ76	197	78	6⅝inREG	4238	2100	17	900 ~ 1000	341
YJQ80	203	78	6⅝inREG	4238	2200	18	900 ~ 1000	341
YJQ90	229	76	7⅝inREG	4180	2500	20	1100 ~ 1200	341

六、机械式随钻震击器

随钻震击器是连接在钻具中，随钻具进行钻井作业的井下工具。钻井过程中若发生遇阻、遇卡或卡钻时，可以随时启动震击器进行上击或下击，及时解除井下复杂故障。随钻上击器和随钻下击器一般是配套使用的，也可因井下作业需要，单独下井使用。

（一）结构

机械式随钻震击器结构如图 1-6 所示。随钻上击器，由外筒部分、心轴部分、活塞部分和各部位的密封件组成。

（1）外筒部分：刮子体、心轴体（左旋螺纹）、花键体、压力体、冲管体。

（2）心轴部分：心轴、延长心轴、冲管。

（3）活塞部分（锥体组件）：锥体、旁通体、密封体、密封体油封。

（二）工作原理

1. 上击工作原理

使震击器处于锁紧位置，上提钻柱，受下面一组弹性套作用，迫使钻柱贮能、延时。当卡瓦下行，达到预定吨位后，解除锁紧状态，卡瓦中轴滑出，产生上击。重复上述过程，可使工具再次上击。

2. 下击工作原理

使震击器处于锁紧位置，下压钻柱，受上面一组弹性套作用，迫使钻柱贮能、延时。当卡瓦上行，达到预定吨位后，解除锁紧状态，卡瓦中轴滑出，产生下击。重复上述过程，可使工具再次下击。

（三）操作方法

1. 下井前的准备

（1）下井前，震击器处于锁紧状态。

（2）钻具配置应使震击器处于钻柱中和点偏上的受拉位置。为增加钻具的挠性，减小工具的弯曲应力，震击器下部必须连接屈性长轴。

（3）推荐钻具组合：钻铤（外径不得小于震击器外径）＋屈性长轴＋JZ 型震击器＋加重钻杆（外径不得大于震击器外径）。

（4）当震击器接入立柱后，取下卡箍，保存好待起钻时用。

2. 操作

（1）下钻时，应先开泵循环，再缓慢下放，切忌直通井底造成"人为下击"。若在下钻过程中发生遇卡，可启动震击器实施上击解卡。

图 1-6　机械式随钻震击器结构图

1—上接头；2—上控制套筒；3—终端压帽；
4—平衡活塞；5—上调节筒；6—上弹簧套；
7—定距环；8—下弹簧套；9—中间控制套筒；
10—下控制套筒；11—下震击垫；12—心轴接头；
13—锁紧螺母；14—上震击垫；15—花键体；
16—扶正套；17—压紧螺母；18—心轴

（2）在正常钻进过程中，震击器应处于打开位置，在受拉状态下工作，但当下部钻柱重量不大于震击器上击锁紧力的一半时，可在锁紧状态下工作。

（3）发生卡钻故障需上击时，按以下步骤进行：

①下放钻具直到指重表读数小于震击器以上钻具悬重 30～50kN（即压到震击器心轴上的力），震击器复位。

进行本步骤操作时，可在井口钻杆上划一刻线，下放一个上击行程可确认震击器回到"锁紧"位置。

②上提钻具产生震击。

上提力：

$$G = G_1 - G_2 + G_3 + G_4 + G_5 + G_6 - G_7 \tag{1-1}$$

式中　G——上提负荷；

　　　G_1——原悬重（井内钻具重量）；

　　　G_2——上击器以下钻柱的重量；

　　　G_3——震击器所需的震击力；

　　　G_4——钻井液阻力，约为上拉力的 5%；

　　　G_5——摩擦阻力，定向斜井影响大，为上提力的 10%～20%；

　　　G_6——指重表误差，由指重表本身精度决定；

　　　G_7——开泵效应，G_7 = 泵压×面积。

（4）发生卡钻故障需下击时，按以下步骤进行：

①上提钻具直到指重表读数超过震击器以上钻具悬重 30～50kN，震击器复位。

②下压钻具产生震击。

下压力 = 地面调定的下击吨位 + 钻井液阻力 + 摩擦阻力 + 指重表误差　（1-2）

（四）维护保养

在井场钻台上起出井口后，洗去震击器外表面钻井液，冲洗心轴、冲管、上击器排气孔中的钻井液。水眼和排气孔内的钻井液用软管喷嘴放进去沿一个方向冲洗，直到出现净水为止。心轴表面清洗、擦干后抹上钙基润滑脂，戴上卡箍，两端接头配戴护丝。

（五）技术参数

机械式随钻震击器技术参数，见表 1-6。

表 1-6　机械式随钻震击器技术参数

型号	外径/mm	内径/mm	接头螺纹 API	最大抗拉负荷/kN	最大工作扭矩/kN·m	开泵面积/cm²	上击行程/mm	下击行程/mm	总长（锁紧位置）/mm
JZ95	95	28	2⅞inREG	500	5	32	200	200	5800
JZ108	108	36	NC31	700	10	38	203	203	6404

续表

型号	外径/mm	内径/mm	接头螺纹 API	最大抗拉负荷/kN	最大工作扭矩/kN·m	开泵面积/cm²	上击行程/mm	下击行程/mm	总长（锁紧位置）/mm
JZ121	121	51.4	NC38	1000	12	60	198	205	6343
JZ159Ⅲ	159	57	NC46	1500	14	100	149	166	6517
JZ165	165	57	NC50	1600	14	100	149	166	6517
JZ178	178	57	NC50	1800	15	100	147.5	167.5	6570
JZ203	203	71.4	6⅝inREG	2200	18	176	144.5	176.5	7234
JZ229	229	76	7⅝inREG	2500	22	181	203	203	7753

七、液压式随钻震击器

液压式随钻震击器是连接在钻具中随钻具进行钻井作业的井下工具。当井内发生卡钻故障时，可立即启动震击器进行上击或下击。另外，它还可以用于中途测试和打捞作业，代替打捞震击器。

（一）结构

随钻结构如图1-7所示。主要由内轴和外筒两大部分组成。其中，内轴部分包括心轴、活塞心轴和冲管等零件；外筒部分包括花键筒、平衡筒、缸筒、下接头等零件。

（二）工作原理

1. 上击工作原理

上击动作通过活塞、旁通体、密封体、下筒获得。上击时，先下放钻柱，使上轴向下移动，

图1-7　液压式随钻震击器结构图
1—心轴；2—花键筒；3—平衡筒；4—缸筒；
5—活塞心轴；6—冲管；7—下接头

活塞在下筒小腔受阻、活塞离开密封体，打开旁通油道。当心轴台肩碰到传动套端面时震击器关闭。上提钻柱使震击器受到一定的拉力，这时震击器的活塞由下筒下部大腔逐渐进

入小腔，密封体与活塞下端面的通道封闭，只有活塞底部的两条泄油槽可以通过少量液压油，形成节流阻力，其余液压油被阻于活塞上部，油压增高、阻力增大，使震击器上面的钻柱在拉力作用下发生弹性伸长而贮存了能量；当活塞运动到下筒上部大腔时，因间隙增大，压力腔的液压油在短时间内释放能量，活塞突然失去阻力，使钻柱骤然卸载而产生弹性收缩，震击器下轴以极高的速度撞击到传动套下端，给外筒下部的被卡钻具以强烈的向上震击力。

2. 下击工作原理

下击时，先下放钻柱，使震击器关闭，然后上提钻柱，使震击器内的活塞刚进入下筒小腔，这时猛放钻柱，使震击器以上的钻柱迅速下落，直至震击器的上轴接头下端面打击到传动套上端面，给连接在外筒下部的被卡钻具以强烈的向下震击力。

（三）操作方法

1. 安装位置

（1）震击器一般接装在钻具的中和点偏上位置，使震击器在受拉状态下工作。

（2）震击器应安装在井下易卡钻具的上端，并尽量靠近可能发生的卡点，以便震击时卡点受到较大的震击力。

（3）装在钻铤与钻杆之间，震击器上方应加2~3根加重钻柱，以便震击器回位。

（4）震击器上部的钻具和其他任何工具的外径要小于或等于震击器外径，不允许大于震击器外径，而震击器下部的钻具和其他任何工具只允许稍大或等于震击器外径。

（5）震击器下部钻铤的重量应大于设计钻压，使震击器处于受拉状态下工作。

2. 起下钻

（1）将已准备好的震击器用提升短节吊上钻台，严防撞击。

（2）涂好螺纹脂，按规定扭矩将震击器拧紧在钻柱上，提起钻柱、取下上轴卡箍。

（3）震击器在井内起、下钻过程中，始终处于拉开状态。

（4）若起、下钻过程中遇卡，可启动震击器解卡。

（5）在起、下钻过程中，决不允许将任何夹持吊装工具卡在上轴拉开部位（即上轴镀铬面的外露部分），以防损坏上轴。

（6）起钻时，上轴呈拉开状态，必须在上轴镀铬面处装好卡箍，方可编入立柱放在钻杆盒上。

3. 上击解卡

（1）操作前，必须正确地计算震击器作业时指重表的读数。

震击器释放时指重表读数（上提吨位）＝震击器上部的钻具重量＋所需的震击吨位❶＋

---

❶ 所需的震击吨位决不允许超过最大震击吨位。

钻具与井壁的摩擦阻力（估算）   （1-3）

（2）下放钻柱对震击器施加约98kN的压力，关闭震击器。

（3）上提钻柱使震击器释放震击，震击强度由提升吨位控制，开始时用中等程度震击力，以后逐渐增加，上击时，指重表显示的吨位应下降。

（4）如果上提震击器不震击，可能是震击器没有完全回到位，可重新下放钻柱，此次应比上一次下放的吨位大一些。若再不震击，应分析原因或将震击器送管子站维修。

（5）按上述步骤，可反复进行上击。

4. 下击解卡

下击力大小与震击器上方钻柱重量有关，重量越大，下击力也就越大。

（1）下放钻柱对震击器施加约98kN的压力，关闭震击器。

（2）上提钻柱，使震击器被拉开一定行程，在方钻杆上作一刻度来测量拉开行程，YSZ159震击器行程为370~400mm，YSZ121震击器、YSZ178震击器、YSZ203震击器行程为320~350mm。如上提过程中提拉吨位增高时，应停止上拉。

$$上提吨位 = 震击器上部重量 + 震击器所需的拉开力98kN$$
$$+ 钻具与井壁的摩擦阻力（估算）\qquad（1-4）$$

（3）立即猛放钻柱，直到震击器关闭发生撞击。

（4）按上述步骤可反复下击。

（四）技术参数

液压随钻震击器技术参数，见表1-7。

表1-7　液压随钻震击器技术参数

型号	外径/mm	水眼/mm	接头螺纹API	闭合总长/mm	拉开行程/mm	最大工作扭矩/kN·m	最大抗拉载荷/kN	最大震击力/kN	出厂震击力/kN
YSZ121	121	50	NC38	5757	650	12	1000	300	200
YSZ159Ⅱ	159	57	NC50	6435	700	14	2500	600	350
YSZ178	178	60	NC50	6425	700	15	1800	700	350
YSZ203	203	70	6⅝inREG	6646	700	18	2200	800	450

第二节　打捞管柱工具

常用打捞管柱工具有公锥、母锥、卡瓦打捞筒、可退式卡瓦打捞矛、滑块式打捞矛等。本节从结构、原理、操作方法、注意事项、维护保养、技术参数等几个方面进行介绍。

一、公锥

公锥是一种从钻杆、油管等有孔落物的内孔进行造扣打捞的工具。它对于带接箍的管类落物，打捞成功率很高。公锥与正、反扣钻杆及其他工具配合，可用于不同的打捞工艺。公锥由高强度合金钢锻造车制，并经热处理制成，为了便于造扣，公锥开有切削槽。

（一）结构

公锥是打捞作业中经常使用的工具，公锥的结构如图1-8所示，分右旋螺纹公锥和左旋螺纹公锥两种，右旋螺纹公锥用于右旋螺纹钻杆的打捞作业，左旋螺纹公锥与左旋螺纹钻杆配合用于右旋螺纹钻具的倒扣作业。在接头部位的标志槽中以 LH 表示左旋螺纹，如 GZ/NC50LH 就表示连接螺纹为 NC50 的左旋螺纹公锥。还有一种大范围打捞公锥，它的特点是打捞螺纹部分较长，直径变化较大，可以打捞若干个内径不同的落鱼，适用范围较广，因而在落鱼内径不清楚的情况下，可以使用这种公锥。

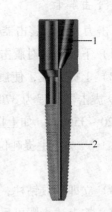

图1-8　公锥结构图
1—公锥接头；2—打捞螺纹

（二）工作原理

当公锥进入打捞落物内孔之后，加适当的钻压，并转动钻具，迫使打捞螺纹挤压吃入落鱼内壁进行造扣。当所造之扣能承受一定的拉力和扭矩时，可采取上提或倒扣的办法将落物全部或部分捞出。

（三）操作方法

（1）根据落鱼水眼尺寸选择公锥规格，确定好规格后要检查打捞部位螺纹是否完好无损。

（2）用相当于落鱼硬度的金属物体敲击非打捞部位螺纹，检验螺纹的硬度和韧性是否满足要求。

（3）测量各部位的尺寸绘出结构草图，并计算鱼顶深度和打捞方入。

（4）公锥下井时，一般应配接安全接头，以便根据需要脱开落鱼。

（5）下钻到鱼顶深度以上1~2m时开泵冲洗，然后以小排量循环并下探鱼顶。根据下放深度、泵压和悬重的变化判断公锥是否进入鱼顶，泵压增高、悬重下降说明公锥已进入鱼顶。

（6）造扣时，落鱼尺寸不同，造扣压力也不同，落鱼尺寸大，造扣钻压也大。造扣时必须停泵，加压10~40kN，间接地慢转钻具，并把压力跟上，记录转盘实际正转与倒车圈数，实际造扣以3~4圈为宜。上提钻具，若悬重上升，证明已经捞住落鱼，可开泵循环。如果循环正常，可以把扣再造紧一些，最多的造扣数不可超过 6 扣；如果落鱼质量小且井下未阻卡，当造扣扭矩大于驱动钻头转动扭矩造扣时，钻具跟着转动，这时应加大钻压至 60 ~ 80kN，多转动几圈。

（7）起钻前，应提起钻具，然后下放到距离井底 2 ~ 3m 处猛刹车，检查打捞是否可靠。起钻要求平稳操作，禁止用钻盘卸扣。

（8）退出公锥。落鱼被卡而又循环不通，如未带安全接头，可以在上下多次的强力活动中使公锥滑扣，但最好的办法是在上提一定的拉力下，用转盘转动，迫使公锥滑扣。

（四）注意事项

（1）打捞操作时，不允许猛顿鱼顶，以防止将鱼顶或打捞丝扣顿坏。尤其应注意分析判断造扣位置，切忌在落鱼外壁与套管内壁的环形空间造扣，以免造成严重的后果。

（2）起钻操作要平稳，不要转动转盘，用液压大钳卸扣。

（五）维护保养

工具使用完毕后，将工具全面清洗，进行仔细检查。对接头螺纹与打捞螺纹应刷净，涂黄油保养。对钻井液内含有盐、碱等腐蚀物质者，应用清水反复冲洗干净再进行保养，以免发生锈蚀。

（六）技术参数

公锥技术参数，见表 1-8。

表 1-8 公锥技术参数

序号	产品代号	大端直径/mm	小端直径/mm	水眼/mm	接头外径/mm	总长/mm	打捞孔径/mm
1	GZ/NC26—76×50	78	50	25	89	635	50~76
2	GZ/NC26—57×31	59	31	12	89	635	31~57
3	GZ/NC26LH—76×50	78	50	25	89	635	50~76
4	GZ/NC26LH—57×31	59	31	12	89	635	31~57
5	GZ/NC31—105×79	105	79	25	105	610	79~105
6	GZ/NC31—86×60	88	60	25	105	635	60~86
7	GZ/NC31—67×40	69	40	20	105	660	40~67
8	GZ/NC31LH—105×79	105	79	25	105	610	79~105
9	GZ/NC31LH—86×60	88	60	25	105	635	60~86
10	GZ/NC31LH—67×40	69	40	20	105	660	40~67
11	GZ/NC38—121×82	121	82	25	121	813	82~121
12	GZ/NC38—95×57	97	57	25	121	864	57~95
13	GZ/NC38—70×38	72	38	15	121	762	38~70

序号	产品代号	大端直径/mm	小端直径/mm	水眼/mm	接头外径/mm	总长/mm	打捞孔径/mm
14	GZ/NC38LH—121×82	121	82	25	121	813	82~121
15	GZ/NC38LH—95×57	97	57	25	121	864	57~95
16	GZ/NC38LH—70×38	72	38	15	121	762	38~70
17	GZ/NC46—159×127	159	127	25	159	712	127~159
18	GZ/NC46—140×102	142	102	25	159	864	102~140
19	GZ/NC46—114×76	116	76	25	159	864	76~114
20	GZ/NC46—89×51	91	51	20	159	864	51~89
21	GZ/NC46LH—159×127	159	127	25	159	712	127~159
22	GZ/NC46LH—140×102	142	102	25	159	864	102~140
23	GZ/NC46LH—114×76	116	76	25	159	864	76~114
24	GZ/NC46LH—89×51	91	51	20	159	864	51~89
25	GZ/NC50—165×127	165	127	25	165	813	127~165
26	GZ/NC50—140×102	142	102	25	165	864	102~140
27	GZ/NC50—114×76	116	76	25	165	864	76~114
28	GZ/NC50—89×51	91	51	20	165	864	51~89
29	GZ/NC50LH—165×127	165	127	25	165	813	127~165
30	GZ/NC50LH—140×102	142	102	25	165	864	102~140
31	GZ/NC50LH—114×76	116	76	25	165	864	76~114
32	GZ/NC50LH—89×51	91	51	20	165	864	51~89
33	GZ/⅝inREG—203×165	203	165	25	203	813	165~203
34	GZ/⅝inREG—178×140	180	140	25	203	864	140~178
35	GZ/⅝inREG—152×114	154	114	25	203	864	114~152
36	GZ/⅝inREG—127×89	129	89	25	203	864	89~127
37	GZ/⅝inREGLH—203×165	203	165	25	203	813	165~203
38	GZ/⅝inREGLH—178×140	180	140	25	203	864	140~178
39	GZ/⅝inREGLH—152×114	154	114	25	203	864	114~152
40	GZ/⅝inREGLH—127×89	129	89	25	203	864	89~127

二、母锥

母锥是一种专门从钻铤、钻杆、油管等管状落物外壁进行造扣打捞的工具，主要用于圆柱形落物的打捞。

（一）结构

母锥结构如图 1−9 所示，是长筒形整体结构，由接头与本体构成。接头上有正、反扣标志槽，本体内锥面上有打捞螺纹。打捞螺纹与公锥相同，有三角形螺纹和锯齿形螺纹两种。同时，也分有排屑槽和无排屑槽两种。

（二）工作原理

当母锥套入打捞落物外壁之后，加适当的钻压，并转动钻具，迫使打捞丝扣挤压，吃入落鱼外壁进行造扣。当造扣能承受一定的拉力和扭矩时，可采取上提或倒扣的办法将落物全部或部分捞出。

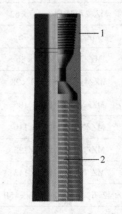

图 1−9　母锥结构图
1—母锥接头；2—打捞螺纹

（三）操作方法

（1）根据落鱼外径尺寸选择母锥规格。确定规格后，要检查打捞部位螺纹和接头螺纹是否完好无损。

（2）测量各部位的尺寸，绘出工作草图，计算鱼顶深度和打捞方入。

（3）用相当于落鱼硬度的金属物敲击非打捞部位螺纹的方法，检验打捞螺纹的硬度和韧性。

（4）母锥下井时，一般应配接安全接头。

（5）下钻到鱼顶深度以上 1~2m 开泵冲洗，然后以小排量循环并下探鱼顶。根据下放深度、泵压和悬重的变化判断鱼顶是否进入母锥。有挂扣感觉、泵压增高、悬重下降，说明鱼顶已进入母锥。

（6）造扣。造扣时，落鱼尺寸不同，造扣压力也不同，落鱼尺寸大，造扣钻压也大。现以打捞 $\phi127$mm 钻杆为例予以说明：造扣时，先加压 5~10kN，转动 2 圈（造两扣），再逐渐增加压力造扣。新母锥最大造扣钻压不应超过 40kN。

（7）打捞起钻前，应提起钻具，然后下放到距离井底 2~3m 处猛刹车，检查打捞是否可靠。起钻要求平稳操作，禁止转盘卸扣。

（四）维护保养

母锥接头、打捞螺纹涂上防锈钾基或锂基黄油，戴上护丝，大端直立于牢固的木箱内，挂好标识牌，于防雨避晒、通风干燥处存放。

（五）技术参数

母锥技术参数，见表 1−9。

表 1 - 9 母锥技术参数

序号	产品代号	内孔大端直径/mm	内孔小端直径/mm	外圆大端直径/mm	接头外径/mm	总长/mm	打钻柱外径/mm
1	MZ/NC26—52 × 40	52	40	86	86	300	48
2	MZ/NC26—68 × 50	68	50	105	86	600	63.5
3	MZ/27/2REG—80 × 62	80	62	115	95	600	73
4	MZ/NC31—95 × 76	95	76	115	105	600	89
5	MZ/NC38—108 × 86	108	86	146	121	700	102
6	MZ/41/2FH—120 × 98	120	98	168	148	700	114
7	MZ/NC46—127 × 105	127	105	174	152	700	121
8	MZ/NC50—135 × 110	135	110	180	156	750	127
9	MZ/NC50—150 × 125	150	125	194	178	750	141
10	MZ/NC50—167 × 143	167	143	209	178	750	159
11	MZ/6⅝inREG—176 × 150	176	150	219	203	750	168
12	MZ/6⅝inREG—183 × 158	183	158	219	203	750	178
13	MZ/NC61—208 × 183	208	183	245	229	750	203

三、卡瓦打捞筒

卡瓦打捞筒是从落鱼外部抓捞落鱼的一种工具。它可以打捞钻铤、钻杆、油管、接头、接箍和其他管柱。该系列工具有密封结构，抓住落鱼后能进行钻井液循环。若抓住的落鱼被卡也能很容易地退出来。还带有铣鞋，能有效地修理鱼顶裂口、飞边，便于落鱼顺利进入捞筒。如果需要增大打捞面积，可连接加大引鞋，鱼顶偏倚井壁时，可使用壁钩，抓捞部位距鱼顶太远，可增接加长节。

（一）结构

可退式打捞筒的外筒的结构如图 1 - 10、图 1 - 11 所示，由上接头、筒体、引鞋组成。内部装有抓捞卡瓦、盘根和铣鞋或控制环（卡）。

打捞卡瓦分为螺旋卡瓦和篮状卡瓦两类，每类又有几种尺寸的打捞卡瓦。进行打捞时，可选用一种适合落鱼外径的卡瓦装入筒体内。

螺旋卡瓦：螺旋卡瓦形如弹簧，外部为宽锯齿左旋螺纹，与筒体内螺纹配合，螺距相同，但螺纹面较筒体的窄得多。内部是抓捞牙，为多头左旋锯齿形螺牙，螺牙锋利坚硬。螺旋卡瓦下端焊有指形键，与控制卡配合后就阻止了螺旋卡瓦在筒体内转动。这类螺旋卡瓦通常设计三种抓捞尺寸。每个卡瓦的抓捞尺寸在标准打捞尺寸以下 3mm 的范围。

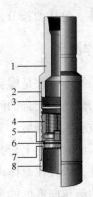

图 1-10　螺旋卡瓦打捞筒结构图　　　　　图 1-11　篮状卡瓦打捞筒结构图

1—上接头；2—筒体；3—"A"形盘根；　　　1—上接头；2—筒体；3—"A"形盘根；

4—螺旋卡瓦；5—控制卡；6—引鞋　　　4—篮状卡瓦；5—铣鞋；6—"R"形密封圈；

7—"O"形密封圈；8—引鞋

篮状卡瓦：篮状卡瓦为圆筒状，形似花篮。外部与螺旋卡瓦一样，但为完整的宽锯齿左旋螺纹，内部抓捞牙亦为多头左旋锯齿形螺牙，下端开有键槽，纵向开有等分胀缩槽。考虑到管子的磨损，每个卡瓦的抓捞尺寸在标准打捞尺寸以下 3mm 范围。

控制卡：由控制卡套和卡键焊接而成，供螺旋卡瓦通用，其作用在于限制螺旋卡瓦在筒体内只能上下运动不能转动。

铣鞋或控制环：控制环下端的喇叭口带有铣齿即为铣鞋，供篮状卡瓦用，其作用有两个：一是控制环的指形键与篮状卡瓦的键槽配合，约束篮状卡瓦在筒体中只能上下运动不能转动；二是一个密封总成。内槽粘结有与各种尺寸篮状卡瓦相适应的"R"形盘根，起着与落鱼外径的密封作用。外部装有"O"形密封圈，是密封总成的通用件，起着控制环与筒体内壁的密封作用。如果下端喇叭口带有铣齿，又起着修整鱼顶裂口飞边的作用。

"A"形盘根：为橡胶短筒，内部有密封唇，为落鱼外径与筒体内壁间密封用，与各种尺寸的螺旋卡瓦配套使用，它装在筒体的上部。利用上接头的下端斜面把它适度压紧即具密封性，使用篮状卡瓦时，安装"A"形盘根是无妨碍的。

"R"形盘根：它的内面有密封唇，外面粘结在控制环的内槽，与各种尺寸的篮状卡瓦配套使用。

上接头：有两个作用，上端有接头扣与钻柱连接，下端有螺纹与筒体连接，下端面为斜面，起着压紧"A"形盘根的作用。

筒体：两端有螺纹，上端的螺纹与上接头或加长节连接，下端螺纹与引鞋或壁钩连接。

内部有宽锯齿螺纹与螺旋卡瓦或篮状卡瓦的宽锯齿螺纹配合，但螺纹的公称直径要比卡瓦大，这样就给卡瓦在筒体内上下运动和胀缩创造了条件。

引鞋：外径和筒体外径一致，上端有螺纹和筒体连接，上端斜面起到压紧"O"形密封圈的作用，下端构成一个螺旋口，能诱导落鱼进入捞筒。

打捞筒附件：包括加长节，加大引鞋和壁钩，可根据井内情况选用。

（二）工作原理

打捞筒的抓捞零部件是螺旋卡瓦和篮状卡瓦，其外部的宽锯齿螺纹和内面的抓捞牙均是左旋螺纹，与筒体相配合的间隙较大，这样就能使卡瓦在筒体内有一定行程，能胀大和缩小。当落鱼被引入捞筒后，只要施加一轴向压力，卡瓦在筒体内上行。由于轴向压力使落鱼进入卡瓦，此时卡瓦上行并胀大，运用它坚硬锋利的卡牙借弹性力的作用将落鱼咬住卡紧。上提钻柱，卡瓦在筒体内相对向下运动。因宽锯齿螺纹的纵断面是锥形斜面，卡瓦必然带着沉重的落鱼向锥体的小锥端运动，此时落鱼重量愈大，卡得也愈紧。整个重量由卡瓦传递给筒体。

上面已述，筒体的宽锯齿螺纹和卡瓦的内外螺纹均为左旋螺纹。卡瓦与筒体配合后，也由控制卡或控制环约束了它的旋转运动，所以释放落鱼时，只要施加一定压力，顺时针方向旋转钻柱，即将捞筒由落鱼上退出。由于抓捞牙为多头左旋螺纹，退出的速度较快。

（三）操作方法

1. 打捞钻具组合

（1）井身质量好，不易发生捞后卡钻的情况：打捞筒 + 下击器 + 钻具。

（2）井下情况不明，可能出现捞后卡钻的情况：打捞筒 + 安全接头 + 下击器 + 上击器 + 钻铤 + 钻具。

2. 下井前准备

（1）工具选择。

①根据落鱼尺寸选用适当捞筒，配相应尺寸的一种卡瓦和盘根等。视井身变化和井径选定引鞋或加大引鞋，亦或壁钩，确定落鱼的抓捞部位是否需要连接加长节。

②卡瓦公称打捞内径一般应小于鱼顶打捞部位外径 1 ~ 3mm。

③根据实际情况，当需要增大网捞面积时，可选择使用加大引鞋；当鱼顶偏倚井壁时，可选择使用壁钩；当打捞部位距鱼顶较远时，可选择使用加长节。

（2）检查。

下井前，应按跟踪卡检查核对，准确无误后，方可下井。

3. 操作

筒体内无论是装螺旋卡瓦或篮状卡瓦，打捞作业过程中打捞和释放落鱼退出捞筒的操作是相同的。

（1）下钻前，计算好碰顶方入、铣鞋方入和打捞方入。

（2）将捞筒连接在钻柱上，大钳不得夹卡在筒体上，以免损坏筒体，紧扣扭矩与钻柱相等。

（3）把可退式打捞筒下到距鱼顶 0.3 ~ 0.5m 位置，开泵循环，冲洗鱼顶周围的沉积物。

（4）停泵，顺时针间断转动并缓慢下放钻具，试探鱼顶。

（5）根据打捞方入及打捞钻具悬重变化，判断卡瓦已进入鱼顶打捞部位后，停止转动并施加 30~50kN 的钻压，使落鱼进入卡瓦。

（6）缓慢上提钻具，根据悬重变化判断是否捞获。未捞获时，可重复上述步骤。

（7）将落鱼提离井底 0.5~0.8m，猛刹车 2~3 次，证明落鱼卡牢即可正常起钻。

（8）在鱼顶方入找不到鱼顶时，如打捞钻具长度校对无误，可在可退式打捞筒上带加大引鞋或壁钩，亦可加肘节或弯钻杆再捞。

（9）井内如需要退出落鱼，下放钻柱，顺时针方向旋转钻柱并慢慢上提，直到可退式打捞筒退出落鱼为止。无法退出时，推荐用地面震击器，加 50~100kN 震击力多次震击。

（10）捞上落鱼后，起钻拆卸立柱时不能用转盘卸扣。

（11）当落鱼起出井口后，不应在井口释放，更不能在井口压松可退式打捞筒，有可能时，可在钻台上压松落鱼。

（12）从落鱼上退出打捞筒，先卡住落鱼，用链钳卡住打捞筒，顺时针转动即可。

（四）技术参数

卡瓦打捞筒技术参数，见表 1-10。

表 1-10　卡瓦打捞筒技术参数

型号	外径/mm	螺旋卡瓦最大打捞尺寸/mm	篮状卡瓦最大打捞尺寸/mm	接头螺纹 API
LT - T89	89	65	50.8	NC26
LT - T92	92	65	50.8	NC26
LT - T95	95	73	60.3	NC26
LT - T100	100	77.7	52.3	NC26
LT - T102	102	73	63.5	NC26
LT - T105	105	82.6	69.9	NC31
LT - T111	111	88.9	63.5	NC26
LT - T117	117	88.9	76.2	NC31
LT - T127	127	92.8	79.3	NC38
LT - T133	133	104.8	95.3	NC38
LT - T140	140	117.5	105	NC38
LT - T143	143	121	108	NC38
LT - T146	146	123.8	88.9	NC38
LT - T152	152	120.7	104.8	NC38
LT - T162	162	127	114.3	NC46
LT - T168	168	127	114.3	NC46

型号	外径/mm	螺旋卡瓦最大打捞尺寸/mm	篮状卡瓦最大打捞尺寸/mm	接头螺纹 API
LT – T178	178	123.8	114.3	NC46
LT – T187	187	146	127	NC50
LT – T194	194	159	127	NC50
LT – T197	197	165.1	127	NC50
LT – T200	200	159	141	NC50
LT – T206	206	178	159	NC50
LT – T219	219	178	159	NC50
LT – T225	225	197	184.2	NC50
LT – T232	232	203	187	NC50
LT – T245	245	203	190.5	6⅝inREG
LT – T254	254	203	190.5	6⅝inREG
LT – T256	256	210	184	6⅝inREG
LT – T257	256	216	196.8	6⅝inREG
LT – T270	270	228.6	209.5	6⅝inREG
LT – T273	273	228.6	203	6⅝in8REG
LT – T286	286	245	225.5	6⅝inREG
LT – T298	298	254	235	6⅝in8REG
LT – T340	340	279	228.6	7⅝inREG
LT – T350	350	204.8	285.8	6⅝inREG

四、可退式卡瓦打捞矛

可退式卡瓦打捞矛是从落鱼内孔进行打捞的一种工具，它主要用于打捞钻杆、油管、套管等，可以与内割刀、震击器等工具配合使用，如果落鱼被卡提不出来，可退出捞矛起出钻具。

（一）结构

可退式卡瓦打捞矛由心轴、卡瓦、释放环和引锥等组成，如图 1 – 12 所示。

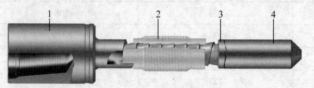

图 1 – 12　可退式卡瓦打捞矛结构图

1—心轴；2—卡瓦；3—释放环；4—引锥

（二）工作原理

（1）打捞矛在自由状态下，圆卡瓦外径略大于落物内径。当工具进入鱼腔时，圆卡瓦被压缩，产生一定的外胀力，使卡瓦贴紧落物内壁，随着心轴上行和提拉力的逐渐增加，心轴、卡瓦上的锯齿形螺纹互相吻合，卡瓦产生径向力，使其咬住落鱼实现打捞。

（2）退出，一旦落鱼卡死，无法捞出需退出捞矛时，只要给心轴一定的下击力，就能使圆卡瓦与心轴的内外锯齿形螺纹脱开（此下击力可由钻柱本身重量或使用下击器来实现），再正转钻具 2~3 圈（深井可多转几圈），圆卡瓦与心轴产生相对位移，促使圆卡瓦心轴锯齿形螺纹向下运动，直至圆卡瓦与释放环上端面接触为止（此时，卡瓦与心轴处于完全释放位置），上提钻具，即可退出落鱼。

（三）操作方法

（1）根据落鱼内径的尺寸，选用与之相适应的可退式打捞矛。

（2）检查工具，使卡瓦的轴向窜动量符合技术要求。用手转动卡瓦使其靠近释放环，此时工具处于自由状态。

（3）接好钻具，下至鱼顶以上 2m 左右，开泵循环并缓慢下放钻具探鱼顶。

（4）探准鱼顶后，试提打捞管柱并记录悬重。

（5）正式打捞。当捞矛进入鱼腔，悬重有下降显示时，反转钻具 1~2 圈（现场经验证明多转几圈亦可），心轴对卡瓦产生径向推动，迫使卡瓦上行，使卡瓦卡住落鱼而捞获。

（6）上提钻具，若指重表悬重增加，证明已捞获，即可起钻，若悬重不增加，可重复上述操作直至捞获。

（7）如上提拉力接近或大于钻具安全负荷时，可用钻具（或下击器）下击心轴，并正转钻具 2~3 圈后再上提钻具，即可将工具退出。

（四）维护保养

可退式卡瓦打捞矛可多次使用，因此维护保养与检查很重要。工具提出后，卸掉上下钻具，下击心轴使之与卡瓦脱开，正转上提工具退出鱼腔。若下击心轴不能退出，最好在实验架上用液缸顶心轴则可退出。

1. 拆卸要点

（1）夹紧上接头。

（2）卸掉引锥。

（3）取出释放环。

（4）将卡瓦右旋并取下。

（5）清洗、检查、涂油。

2. 装配要点

（1）用虎钳夹紧心轴，并在其表面涂黄油。

（2）检查圆卡瓦内外齿及尺寸，涂黄油后左旋拧在心轴上。

（3）装释放环，套在心轴上。

（4）拧紧引锥。

（5）合格后涂黄油入库待用。

（五）技术参数

可退式卡瓦打捞矛技术参数，见表1-11。

表1-11　可退式卡瓦打捞矛技术参数

规格/in	接头螺纹	卡瓦外径/mm	被捞落鱼/mm	规格/in	接头螺纹	卡瓦外径/mm	被捞落鱼/mm
5½	4½inIF	121	118.6	7	5½inHF	169	166.10
		124	121.4	9⅝	7⅝inREG	220.5	216.5
		127	124.3			224.5	220.5
		128	125.7			226.5	222.4
		130	127.3			228.5	224.3
7	5½inHF	154	150.4			230.5	226.6
		156	152.5			232.5	228.6
		158.5	154.79	13⅜	7⅝inREG	315	313.6
		160.5	157.07			317.5	315.3
		163	159.41			320	317.9
		165	161.7			322.5	320.4
		167.5	163.98				

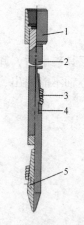

图1-13　滑块卡瓦打捞矛结构图

1—上接头；2—矛杆；3—卡瓦；

4—锁块；5—螺钉

五、滑块卡瓦打捞矛

滑块卡瓦打捞矛是内捞工具，它可以打捞钻杆、套管、套铣管等具有内孔的落物，又可对遇卡落物进行倒扣作业或配合其他工具使用，如震击器、倒扣器等。

（一）结构

滑块卡瓦打捞矛由上接头、矛杆、卡瓦、锁块及螺钉组成，如图1-13所示。

上接头上端有与钻柱相连接的螺纹，下端有与矛杆相连接的内螺纹及与引鞋相连接的外螺纹。接头体上有正反扣识别槽。

矛杆为柱形长杆，其外径比被打捞落物内孔小 3～4mm。杆身下端除引锥外，还有一倾斜的燕尾导轨，以安装卡瓦牙。燕尾导轨的终端处有一横向燕尾槽，安装锁块，阻止卡瓦自由滑出。在矛杆上的燕尾导轨由单一斜面阻止卡瓦自由滑出。在矛杆上的燕尾导轨也有互相对称、上下错开的双斜面。还可根据特殊需要，加工成双面对称、斜面较短、斜度较小的特殊矛杆。另外，为了加大提拉负荷，将矛杆与上接头做成一体。为了冲洗鱼顶，多数矛杆从上至下有水眼。

卡瓦，其圆弧外径与被打捞落物内径相同，表面加工有梳形尖齿。圆弧背部有与矛杆燕尾导轨相同斜度的燕尾槽。

锁块，安装在矛杆横向燕尾槽内，并被螺钉拧紧在矛杆上，用以限定卡瓦的最大工作位置。

（二）工作原理

当矛杆与卡瓦进入鱼腔之后，卡瓦依靠自重向下滑动，卡瓦与斜面产生相对位移，卡瓦齿面与矛杆中心线距离增加，使其打捞尺寸逐渐加大，直至与鱼腔内壁接触为止。上提矛杆时，斜面向上运动所产生的径向分力迫使卡瓦咬入落物内壁抓住落物。

（三）操作方法

1. 工具地面检查

（1）检查滑块捞矛的矛杆与接箍连接螺纹是否上紧，水眼是否畅通。

（2）滑块滑至斜槽 1/3 处，用游标卡尺测量滑块在斜槽 1/3 处的直径，该数据应与井内落鱼内径尺寸相符。用外卡钳测量矛杆及接箍外径。用钢卷尺测量滑块捞矛的长度。

2. 打捞

将滑块捞矛接在下井的第一根钻具的下部，滑块捞矛下至鱼顶 1～2m 时停止下放，开泵正循环冲洗鱼顶，同时缓慢下放钻具，注意观察指重表、泵压变化，当悬重下降有遇阻显示、泵压升高时，停泵。加压 10～20kN 停止下放，试提判断是否已捞上落鱼，若已捞上落鱼，则上提管柱，起出井内管柱及落鱼。

3. 判断是否捞上落鱼的几种情况

（1）若井内落物质量很小，且不卡，试提时落鱼是否捞上指重表显示并不明显。这时应在旋转管柱的同时反复上提下放管柱 2～3 次后再上提管柱。

（2）若井内落物质量较大，且不卡，试提时，指重表悬重明显上升，确定落鱼已捞上。

（3）若井内落物被卡，上提悬重明显上升，活动解卡后指重表下降，落鱼已被捞上。

（4）若需要倒扣，接头螺纹为正扣的捞矛，其滑牙块为反扣，需把工具左旋（俯视），滑牙块越咬越深直至落鱼倒开。接头螺纹为反扣的捞矛则相反。在需要从井里退出捞矛时，操作方法与倒扣相反，必要时可启动震击器震松滑牙块后再退出捞矛。

4. 地面将捞矛退出鱼腔

（1）方法一：将落鱼管柱调头，使捞矛接头向下，用吊卡吊起管柱向下顿碰接头，使斜面上行，卡瓦块松开，依靠自重或冲击震动力而下落于最小位置，即可将捞矛取出。

（2）方法二：将落鱼单根平放或斜放，垫上方木或软质材料用榔头敲击捞矛接头，使之进入鱼腔，斜面下行，卡瓦松开，退出捞矛。

（3）特殊井况操作。对落鱼管柱重量较大，且鱼顶为管柱外螺纹或者落鱼管柱遇卡时，可在滑块捞矛上加接合适尺寸的引鞋，用引鞋将捞矛引入落鱼，从落鱼外部包住鱼顶，防止卡瓦胀破或撕裂鱼顶。

（四）维护保养

工具使用完毕之后，将工具全部清洗干净，检查接头螺纹是否完好，卡瓦有无损坏，齿尖是否磨平，上下滑动卡瓦检查燕尾槽是否有碰伤损坏。如发现零件有损坏，应及时修复或更换。工具组装完毕后，在螺纹处涂黄油保养。卡瓦块与斜面键槽应涂机油保养，以保证卡瓦块能在燕尾槽内自由滑动。

（五）技术参数

滑块卡瓦打捞矛技术参数，见表 1 – 12。

表 1 – 12　滑块卡瓦打捞矛技术参数

规格/in	接头螺纹	卡瓦外径/mm	被捞落鱼/mm	规格/in	接头螺纹	卡瓦外径/mm	被捞落鱼/mm
5½	4½inIF	121	118.6	7	5½inHF	169	166.10
		124	121.4	9⅝	7⅝inREG	220.5	216.5
		127	124.3			224.5	220.5
		128	125.7			226.5	222.4
		130	127.3			228.5	224.3
7	5½inHF	154	150.4			230.5	226.6
		156	152.5			232.5	228.6
		158.5	154.79	13⅜	7⅝inREG	315	313.6
		160.5	157.07			317.5	315.3
		163	159.41			320	317.9
		165	161.7			322.5	320.4
		167.5	163.98				

第三节　倒扣工具

倒扣工具主要有倒扣接头、倒扣打捞矛、倒扣打捞筒、反扣公锥、反扣母锥等，用于井下管柱打捞或倒扣处理，是解决井下故障常用的打捞类工具。

一、倒扣接头

ZDM 型钻具倒扣接头是对被卡管柱进行倒扣作业的一种专用工具。在倒扣打捞作业中，使用该工具容易上扣及退出，不需要带安全接头，而且上提拉力越大，传递的倒扣力矩也越大，避免了公锥容易滑扣的缺点。

（一）结构

ZDM 型钻具倒扣接头由上接头、胀心轴和胀扣套三部分构成，如图 1-14 所示。

图 1-14　倒扣接头结构图
1—矛体；2—胀扣套；3—胀心轴

（二）工作原理

上接头上部为反（正）扣钻杆接头螺纹，上接头与胀心轴由螺纹连接，胀扣套就装配在胀心轴的外锥体上，胀心轴下部有引导锥，便于胀扣套与落鱼接头螺纹对扣，另外胀扣套在上提拉力作用下，可牢牢地抓住落鱼。

（三）操作方法

1. 使用条件

鱼顶应有与倒扣接头下部扣相配合的完整母扣。倒扣接头下井前应按跟踪卡检查核对，准确无误后，方可下井。

2. 钻具组合

钻具组合：钻具倒扣接头 + 反扣钻具。

若落鱼在下放钻具后仍无法倒开接头的胀扣套时，可采用组合：钻具倒扣接头 + 反扣开式下击器 + 反扣钻具。

若是双正扣倒扣接头，则上部钻具为正扣。

3. 操作

（1）在倒扣打捞作业时，ZDM 型钻具倒扣接头由反扣钻杆送入井下，若是双正扣钻具倒扣接头则与正扣钻杆连接。当引锥插入落鱼水眼之后，正转 5～6 转，使胀扣套与落鱼上部接头螺纹旋合。

（2）上提钻具，胀扣套被胀心轴撑大，紧紧地与落鱼接头螺纹配合。上提拉力大小以要倒开钻具重量与打捞钻具重量之和为宜。一般情况下，多提 100～200kN 就可以将落鱼下部钻具倒开。

（3）如倒扣困难，需要退出倒扣接头时，可用钻具下压或用下击器下击，使胀大轴下行，胀大接头失去了撑持力，就可以反转倒开。

（4）注意事项：

①上提极限负荷不得超过规格系列表中的规定。

②鱼顶应有完整母扣。井口反扣钻具按规定扭矩上紧。

③若井下钻具被埋卡，一定要先套铣，后倒扣。

④若卡钻后，已反复强行转动，使得落鱼接头上扣太紧，或因胀扣严重变形，而难以倒开，就应调整上提拉力，尝试从其他连接处倒扣。

（四）维护保养

（1）使用后应清除泥污，检查各零件的安全性，然后涂防锈油，配戴护丝，并存放于干燥通风处，储存中每季度进行一次保养。

（2）胀扣套不得摔、碰和重压，使用三次以上应更换。

（3）现场检查，出现判修、判废依据情况之一时，应回收修理或报废。

（五）技术参数

倒扣接头技术参数，见表 1－13。

表 1－13　倒扣接头技术参数

型号	总长/mm	水眼/mm	外径/mm	上部连接螺纹（LH＝左）	下部连接螺纹	适用倒扣钻具/in	上提极限载荷/kN
ZDM46	670	12	121	NC38 LH	NC38	3½DP 5DC	350
ZDM46S	670	12	121	NC38	NC38	3½DP	350
ZDM62	670	28	159	NC50 LH	NC50	4½～5DP 7DC	500
ZDM62S	670	28	159	NC50	NC50	4½～5DP 7DC	500
ZDM70	700	32	178	5½inFH LH	5½inFH	5½DP	700
ZDM70S	700	32	178	5½inFH	5½inFH	5½DP	700
ZDM80	750	32	203	6⅝inREG LH	6⅝inREG	8DC	800
ZDM90	750	32	229	6⅝inREG LH	7⅝inREG	9DC	800

二、倒扣打捞矛

倒扣打捞矛具有抓捞和传递扭矩的作用，用于打捞、倒扣、释放落鱼、冲洗落鱼鱼顶，还可以按不同的作业要求与安全接头、上击器、下击器、内割刀等工具组合使用。

（一）结构

可退式倒扣打捞矛由上接头、花键套、定位螺钉、限位块、卡瓦、矛杆等零件组成，如图 1 – 15 所示。

（二）工作原理

卡瓦接触落鱼，卡瓦与矛杆产生相对移动，卡瓦从矛杆锥面脱开，矛杆继续下行，花键顶着卡瓦上端面，卡瓦缩进落鱼内。卡瓦紧贴在管壁上，下放到位后上提钻具，卡瓦、矛杆的内外锥面贴合，产生径向胀紧力，实现打捞。此时旋转钻杆，产生力矩，便可实现倒扣。

若想在井下退出工具，下击矛杆，使矛杆与卡瓦内锥面脱开，然后右旋钻杆，上提钻具，即可退出工具。

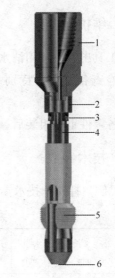

图 1 – 15 倒扣打捞矛结构图
1—上接头；2—花键套；3—限位块；
4—矛杆；5—卡瓦；6—水眼

（三）操作方法

1. 一般打捞钻具组合

打捞钻具组合：倒扣打捞矛 + 下击器 + 钻具。

2. 下井前检查

（1）检查卡瓦尺寸是否符合所打捞的井下管柱的尺寸。

（2）上紧各部连接螺纹。

（3）下井前，计算出鱼顶方入和打捞方入。

3. 打捞

（1）当鱼顶有向内的毛刺时，应设法磨掉。

（2）将卡瓦放到工作位置（卡瓦内锥面与矛杆外锥面贴合）。

（3）缓慢下放钻具，直至打捞矛离鱼顶 1～2m 时，停止下放，记录悬重，开泵循环，冲洗鱼顶，循环正常后停泵，缓慢右旋，同时下放工具，待指重表回降，有打捞显示时停止下放及右旋。

（4）上提工具，许用提拉力按表 1 - 14 规定，如果没有遇卡，即可打捞落鱼。

（5）上提工具，许用倒扣拉力、许用倒扣扭矩按表 1 - 14 规定，即可实现倒扣。

（6）井内退出打捞矛的方法。用钻具下击，使卡瓦与落鱼之间的咬合松开，再右旋 1/4 圈，上提钻具大于打捞矛以上悬重 10～20kN 即可退出工具。

（7）捞起落鱼后，卸打捞矛的方法是先下击再右旋即可。

（四）维护保养

（1）工具出井后，用清水冲洗干净。

（2）检查各零件，特别是卡瓦、矛杆需经整体探伤检查，发现有裂纹或损坏，应更换。

（3）各零件重新组装后，涂防锈油，佩戴相应护丝，以备下次使用。

（五）技术参数

可退式倒扣打捞矛技术参数，见表 1 - 14。

表 1 - 14　可退式倒扣打捞矛技术参数

型号	外径×长度/mm	水眼/mm	引锥直径/mm	接头螺纹API	落鱼内径/mm	许用提拉负荷/kN	许用倒扣拉力/kN	许用倒扣扭矩/kN·m
DLM - T48	95×801	9	39	NC26	39.7～41.9	250.6	117.7	3.3
DLM - T60	100×801	12	49	2⅞inREG	49.7～51.9	329.3	147.1	5.8
DLM - T73	105×800	12	61	NC31	61.5～77.9	600	66.7	7.7
DLM - T89	121×750	15	70	NC38	75.4～91.0	711.9	166.7	15
DLM - T102	145×800	30	85	NC38	88.2～102.8	833.6	196	17
DLM - T114	140×814	38	95	4½inREG	99.8～102.8	902.2	196	18
DLM - T140	159×920	40	105	NC50	107～134	931.6	196	21
DLM - T178	178×970	50	145	NC50	146.3～161.2	2157.5	294.2	23
DLM - T219	203×1450	60	195	NC50	195.1～203.1	2451.7	343.2	30
DLM - T245	203×1550	71.4	212	NC50	216.8～228.7	2936.1	343.2	37
DLM - T273	203×1650	71.4	247	NC50	247.9～258.8	3040.1	392.3	39
DLM - T340	203×1650	71.4	298	NC50	305～310	3334.3	392.3	41

三、倒扣打捞筒

倒扣打捞筒是打捞管状落鱼的重要工具之一，可以实施打捞、倒扣及循环钻井液，根据需要可以释放落鱼。同时，也可同反扣钻杆配套使用。

（一）结构

倒扣打捞筒由上接头、弹簧、限位座、卡瓦、密封体、筒体和引鞋等零件组成，结构如图 1－16 所示。

（二）工作原理

倒扣打捞筒用于打捞、倒扣作业，卡瓦内径略小于落鱼外径时，卡瓦受阻，筒体开始相对卡瓦向下滑动，卡瓦脱开筒体锥面，筒体继续下行，限位座顶在上接头下端面上迫使卡瓦外张，落鱼引入，卡瓦对落鱼产生内夹紧力，咬住落鱼。上提钻具，筒体上行，卡瓦与筒体锥面贴合，随着上提力的增加，三块卡瓦内夹紧力也增大，使得三角形牙咬入落鱼外壁，继续上提就可实现打捞。

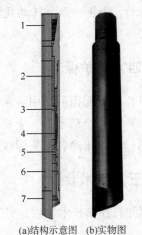

(a)结构示意图　(b)实物图

图 1－16　倒扣打捞筒

1—上接头；2—弹簧；3—限位座；
4—卡瓦；5—密封体；
6—筒体；7—引鞋

若需要倒扣，对钻杆施加扭矩，扭矩通过筒体上的键传给卡瓦，使落鱼接头松扣，即实现倒扣。

若要井下退出落鱼，则将钻具下击，使卡瓦与筒体锥面脱开，然后右旋，再上提钻具即可退出落鱼。

（三）操作方法

（1）与打捞钻柱连接，也可以在其上接安全接头和下击器等辅助工具。

（2）计算好鱼顶方入和打捞方入。

（3）下至距鱼顶 0.5～1m 处，开泵循环钻井液，冲洗鱼顶积砂。

（4）打捞。当落鱼进入卡瓦后，上提钻具时，筒体上行，卡瓦与筒体锥面贴合，随着上提拉力的增加，三块卡瓦的夹紧力也增大，使卡瓦紧紧咬住鱼头，实现打捞钻柱与落鱼的连接。

（5）倒扣。左旋钻柱，扭矩由筒体传给卡瓦再传到落鱼，完成倒扣作业。

（6）退出打捞筒。

①若需要退出打捞筒，可利用钻具的重量下压或用下击器下击，使筒体下行，其内锥面与卡瓦脱离，此时限位座与卡瓦压缩弹簧处于筒体上部位置，向右旋转筒体，使卡瓦下端进入筒体向上倾斜的内锥面，并被筒体下部的三个键顶住，此时限位座上的凸台肩正好卡在筒体上部的三个键的顶面上，卡瓦不能下行，失去了夹持力，卡瓦打捞筒处于自锁状态，上提钻柱即可提出打捞筒。

②若提不出来，可能是右转的扭矩未传到捞筒，工具未能实现自锁，可再下放钻具再右转，可以多转几圈再上提。若还是提不出来，可以间断正转，使筒体带着限位座和卡瓦

一起转动，上提一点，转动几圈，再上提一点，再转动几圈，如此连续动作，即可把捞筒退出来。

（四）维护保养

（1）工具起出后，用清水冲洗干净。

（2）检查全部零件，卡瓦进行探伤检查。如有裂纹，应更换。

（3）擦拭干净各接头螺纹，涂润滑脂，重新装好，妥当保存。

（五）技术参数

倒扣打捞筒技术参数，见表1-15。

表1-15　倒扣打捞筒技术参数

型号	外径/mm	接头螺纹API	落鱼外径/mm	许用提拉负荷/kN	许用倒扣拉力/kN	许用倒扣扭矩/kN·m
DLT-T48	95	2⅞inREG	47～49.3	250	117.7	3.1
DLT-T60	105	NC31	59.7～61.3	350	147.1	5.7
DLT-T73	114	NC31	72～74.5	420	176.5	7.8
DLT-T89	134	NC38	88～91	500	176.5	10.2
DLT-T95	140	NC38	94～96	710	198	11.5
DLT-T102	145	NC38	101～104	700	196	11.0
DLT-T114	160	4½inREG	113～115	890	196	12.2
DLT-T127	185	NC50	126～129	1200	235	13.5
DLT-T140	200	NC50	139～142	1500	235	15.3

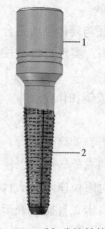

图1-17　反扣公锥结构图
1—接头；2—造扣螺纹

四、反扣公锥

反扣公锥是一种专门从油管、钻杆、套铣管等有孔落物的内孔造扣、倒扣打捞的工具。对带有接箍的管类落物，打捞成功率较高。

（一）结构

公锥是长锥形整体结构，可分成接头和打捞丝扣两部分。其结构如图1-17所示。接头上部有与钻杆相连接的螺纹，有反扣标志槽，加注"LH"接头螺纹代号，便于归类和识别。

（二）工作原理

当公锥进入打捞落物内孔之后，施加适当的钻压，反向转动钻具，迫使打捞螺纹挤压吃入落鱼内壁造扣。当所造螺纹能承受一定的拉力和扭矩时，可采取上提或倒扣的办法将落物全部或部分捞出。

（三）操作方法

（1）根据落鱼内径测出公锥螺纹的造扣部位及相关尺寸，计算好鱼顶方入、造扣方入及公锥接头下台肩碰到鱼顶的方入。

（2）检查打捞螺纹的硬度和韧性。

（3）钻具结构：反扣公锥或母扣+反扣安全接头+反扣钻杆+正反接头+方钻杆。

（4）下钻到鱼顶深度以上1～2m开泵冲洗，小排量循环下探鱼顶。根据下放深度、泵压和悬重变化判断公锥是否进入鱼顶。若泵压增高、悬重下降，说明公锥已进入鱼顶。

（5）造扣时，根据落鱼尺寸大小确定造扣的钻压，落鱼尺寸大，造扣钻压也大。以打捞 ϕ127mm 钻杆为例：造扣时先加压5～10kN，转动两圈（造两扣），再逐渐增加压力造扣。公锥最大造扣钻压不应超过40kN。

（6）根据不同的打捞工具，进行操作，造扣后在打捞工具许可的上提范围内，试提钻具是否解卡，否则倒扣。

（7）低速、平稳起钻，按要求灌钻井液，使用液气大钳卸扣，严禁钻具转动，检查起出钻具是否松扣，并进行钻具编号。

（四）维护保养

同正扣公锥，见第一章第二节公锥部分。

（五）技术参数

反扣公锥技术参数，参见表1-8。

五、反扣母锥

反扣母锥是专门用于油管、钻杆等管状落物外壁造扣，并倒扣、打捞的一种井下打捞工具。

（一）结构

母锥是长筒形整体结构，由接头与本体构成。接头上有反扣标志槽，本体内锥面上有打捞螺纹，打捞螺纹有三角形螺纹和锯齿形螺纹两种，母锥有排屑槽和无排屑槽两种。母锥结构如图1-18所示。

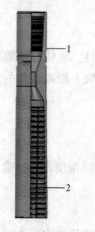

图 1-18 反扣母锥结构图

1—母锥接头；

2—打捞螺纹

（二）工作原理

当母锥套入打捞落物外壁之后，加适当的钻压，并转动钻具，迫使打捞丝扣挤压，吃入落鱼外壁进行造扣。当所造之扣能承受一定的拉力和扭矩时，可采取上提或倒扣的办法将落物全部或部分捞出。

（三）操作方法

（1）根据落鱼外径尺寸选择母锥规格。

（2）检查打捞部位螺纹和接头螺纹是否完好无损。

（3）测量各部位的尺寸，绘出工作草图，计算鱼顶深度和打捞方入。

（4）钻具结构：反扣母锥 + 反扣安全接头 + 反扣钻杆 + 正反接头 + 方钻杆。

（5）下钻到鱼顶深度以上 1～2m 开泵冲洗，小排量循环下探鱼顶。根据下放深度、泵压和悬重的变化判断鱼顶是否进入母锥。若泵压增高、悬重下降，说明鱼顶已进入母锥。

（6）造扣时，落鱼尺寸不同，造扣压力也不同，落鱼尺寸大，造扣钻压也大。以打捞 ϕ127mm 钻杆为例：造扣时先加压 5～10kN，转动两圈（造两扣），再逐渐增加压力造扣。母锥最大造扣钻压不应超过 40kN。

（7）根据不同的打捞工具，进行操作，造好扣后，在打捞工具许可的上提范围内，试提钻具是否解卡，否则再倒扣。

（8）打捞起钻前，应提起钻具，然后下放到距离井底 2～3m 处猛刹车，检查打捞是否可靠。起钻要求平稳操作，禁止转盘卸扣。

（四）维护保养

母锥接头、打捞螺纹涂上防锈钾基或锂基黄油，戴上护丝，大端直立于牢固的木箱内，挂好标识牌，于防雨避晒、通风干燥处存放。母锥为一次性使用工具，损坏后不允许修复使用。

第四节 切割工具

切割工具主要有内、外割刀，以及切割弹等。当井内管柱无法采用倒扣的方式松开时，可采用切割工具把上部自由段管柱切开取出。

一、水力式内割刀

水力式内割刀是利用液压推动的力，从管子内部由内向外切割管体的工具。

（一）结构

水力式内割刀结构如图 1 – 19 所示。

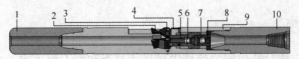

图 1 – 19　水力式内割刀结构图

1—引锥；2—刀头；3—销；4—弹簧压片；5—弹簧；

6—喷嘴；7—下滑阀；8—上滑阀；9—本体；10—上接头

（二）工作原理

将工具下到需要切割的位置，在停泵的条件下，按规定的转速旋转钻具，数分钟后按规定的排量开泵循环钻井液。由于调压总成的限流作用，使活塞总成两端压差增大，迫使活塞总成向下移动，并推动切割刀片向外张开切割管壁。当管壁完全切开时，活塞总成也完全离开了调压总成的限流塞，这时循环压力会有明显的下降，这是管壁切断的指示。完成作业后，停止循环钻井液，活塞总成在弹簧力的作用下向上移动，同时刀片自动收拢，即可从井眼内起出工具。

（三）操作方法

（1）切割作业应避开接头、接箍及有扶正器的井段。

（2）在下水力式内割刀入井之前，应用标准的通径规通井一次，通径规外径不得小于工具限位扶正套外径。在通径规上接一柱钻铤，在通井过程中如有轻微遇阻，可转动钻具划过，直至无阻卡现象为止。通井至设计位置，大排量循环洗井，将井内杂物冲洗干净，并调整好钻井液性能。

（3）工具下井前应在井口做试验，检验工具的可靠性及刀片张开前后的泵压变化值，并做好记录，为判断井下情况提供参考。试验方法如下：首先用 ϕ2mm 铁丝（单股）将刀片捆紧，然后将工具与方钻杆连接，放到井口，开泵试验，排量应根据工具型号选用，此时捆刀片的铁丝应被打开，刀片应顺利张开至最大位置，要记录刀片打开前后的泵压变化值，然后停泵，停泵后，刀片应能顺利收拢，达不到上述要求，工具不能下井。

（4）试验好后，再用 ϕ2mm 铁丝将刀片捆好，以防在下钻过程将刀片的刀尖碰坏，造成切割作业的失败。

（5）推荐钻具组合：水力割刀 + 螺旋扶正器 + 2 ~ 3 根钻铤（增强工具工作的稳定性）+ 钻杆。

（6）下钻过程中，操作要平稳，并控制下放速度，以防损坏刀片。

（7）将工具下至预定位置，先启动转盘旋转正常后，记下空转扭矩，方能开泵，当钻井液流经喷嘴时，在喷嘴处产生压降，对活塞产生推力，活塞下行，推动刀片伸向管壁，就可以切割管体。在切割中，不要再调整泵压，以防切割不稳，损坏刀片，转速以 40～50r/min 为宜。

（8）当管壁被完全切断，压力下降 2MPa 左右时，停泵，稍微上提一点钻具，再继续旋转 3～5min，这样有助于刀片收拢，然后起钻。

（四）注意事项

（1）下井前，应核对被切割的管柱内径尺寸是否和割刀相适应。
（2）刀片是否处于缩回状态。
（3）下放割刀时，严禁开泵大排量循环。如下放遇阻，应上提钻柱检查原因。
（4）切割应缓慢正转，操作要平稳。
（5）深井或弯曲井眼内打捞时，可在割刀之上装一只稳定器。

（五）技术参数

水力式内割刀技术参数，见表 1–16。

表 1–16　水力式内割刀技术参数

型号	接头螺纹	本体外径/mm	刀片收缩外径/mm	刀片张开外径/mm	工具总长/mm	扶正套与扶正块外径/mm	可切割管径/mm 外径	可切割管径/mm 壁厚
TGX—9	NC50	210	210	310	1512	222	244.47	8.94
						220		10.03
						218		10.05
						216		11.99
GX—7	NC38	146	146	210	1313	158	177.8	8.05
						156		9.19
						154		10.36
						151		11.51
						149		12.65
						147		13.72
TGX—5	NC31	114	114	170	1287	121	139.7	7.72
						118		9.17
						115		10.54

二、水力式外割刀

水力式外割刀是一种靠液压力推动刀头的切割工具，它专门用来从外向内切割管体，是一种高效、可靠的切割工具。

（一）结构

水力式外割刀结构如图1-20所示，水力式外割刀由上接头、壳体、引鞋、胶皮囊、分瓣活塞、进刀环、剪销、刀头、压刀弹簧、螺钉、刀头销等组成。

（二）工作原理

开泵时，活塞上部由于限流孔的作用产生一个压力降，此压力推动活塞和进刀套下行。当活塞上的水压力达到剪销的剪切力时，销钉被剪断，进刀套则推动刀片向内伸出，指向落鱼。调节水压力的大小就改变了切割时刀片的给进压力。

剪断销钉方法二：上提钻柱，使组合活塞顶住落鱼接头，上提大约450N拉力，即可把销钉剪断，然后下放到预定位置，开泵，旋转切割。

图1-20 水力式外割刀结构图
1—上接头；2—胶皮囊；3—分瓣活塞；
4—壳体；5—进刀环；6—剪销；
7—刀头；8—压刀弹簧；9—螺钉；
10—刀头销；11—引鞋

（三）操作方法

1. 切割前的准备

（1）切割前，首先要套铣被卡落鱼，套铣长度要比准备切割长度长一个单根，以便切割时切点处落鱼容易找中。

（2）根据落鱼规格，选择相应的外割刀和分瓣活塞。装配好后把外割刀接在套铣筒的下端。套铣筒下端的铣鞋外径要略大于割刀的外径，以保证割刀与井眼有一定的间隙，使其能顺利套入落鱼。

2. 切割

（1）当割刀下放到预定切割位置时，开泵循环，调整钻井液性能，冲洗钻杆上的滤饼。继续慢慢下放，同时循环，直到预定切割位置。

（2）继续循环，空转割刀，记下空转扭矩。加大泵的排量，提高泵压直至剪断剪销（或上提钻具到13kN剪断剪销）。然后再调整割刀到切点位置。

（3）用小排量循环，以40~50r/min的转速正转割刀，以水力自动进刀切割，直到割刀落鱼。

（4）判断落鱼已被割断，即可起出割刀和落鱼。

3. 是否割断的判断方法

（1）切断时，指重表明显跳动，悬重增加，扭矩减小。

（2）将钻杆慢慢上提 30～50mm，指重表悬重增加，其增加量为被割断部分落鱼的重量。

（3）旋转钻柱，转动自如。割断短落鱼时，则转速增加；割断长落鱼时，则悬重增加。

（4）继续上提，悬重不再增加，证明已经割断。

（四）注意事项

水力式外割刀是不可退式切割工具，因此，操作时要小心谨慎，力求一次切割成功，但是切割位置不受限制，可以在避开接头或接箍的任何光滑位置进行切割。

（五）技术参数

水力式外割刀技术参数，见表 1－17。

表 1－17 水力式外割刀技术参数

外径/mm	103.2	112.7	119.1	142.9	154	210
内径/mm	81	92.1	98.4	109.5	124	172
刀尖收拢最小直径/mm	25	40	40	45	50	65
割刀活塞允许通过的最大尺寸/mm	77.8	86	95	110	124	165
切割范围/mm	33.4～69.5	48.3～73	48.3～73	52.4～101	60.3～101.2	88.9～127.0
适用井眼/mm	109.5	119.1	125.4	149.2	159	215.9

三、机械式内割刀

机械式内割刀是从套管、油管、钻杆内部进行切割的一种机械式切割工具，可以和打捞作业同时进行，以提高作业效率。

（一）结构

ND－J 型机械式内割刀结构如图 1－21 所示，由摩擦扶正部分、锚定缓冲部分、切削部分三大部分组成。摩擦扶正部分由扶正体、摩擦块、滑牙套、带齿定位环及下引锥等零件组成。锚定缓冲部分由卡瓦锥体、主簧和主簧座等零件组成。切削部分主要由中心轴、刀片支承、刀片、推刀块、刀片簧、止推环和开合螺环等零件组成。

(二) 工作原理

内割刀下入预定井深时，正转割刀中心轴 3 圈，滑牙套与滑牙片脱开，此时摩擦块因弹簧的作用紧贴管壁，套在扶正体上的零件及卡瓦不随中心轴转动，并靠滑牙片与滑牙套的啮合作用上移，这时卡瓦在卡瓦锥体的燕尾斜坡作用下直径扩大，把割刀锚定在管壁上。下放中心轴，三把刀靠推刀块的斜面在径向方向张开。旋转钻具，即可切割。当中心轴压到止推环端面上，即切割完毕。上提中心轴，三把刀脱开推刀块的斜面，在刀片簧和其自重的双重作用下，刀尖收回，而滑牙套与滑牙片靠滑牙片簧及倒锯齿的结构恢复初始的啮合状态。与此同时，卡瓦锥体随中心轴一起上移，使卡瓦失去楔紧作用，松开锚定在管壁上的割刀工具，继续上提中心轴，直至下引锥的上锥面抵住带齿定位环的齿面时，便可提出割刀工具。

图 1-21 机械式内割刀结构图
1—心轴；2—刀片组合；3—推刀块；
4—弹簧；5—卡瓦锥体；6—卡瓦；
7—摩擦块；8—下引锥

(三) 操作方法

(1) 入井前，检查刀片及摩擦块是否转动伸缩自如，刀刃、卡瓦牙、上接头螺纹是否完好，其他部件装配是否正确。卡瓦对心轴同轴度公差、刀尖径向和轴向相对位置应符合 SY/T 5070—2012 规定。

(2) 内割刀连接于钻柱上，如在斜井中工作，为使割刀工作尽量稳定，可在割刀与钻铤之间加弹簧移动式扶正器，并下至预定井深，但应避开套管、油管接箍、钻杆接头等处。

(3) 割刀转 3 圈，使滑牙片与滑牙套脱开。

(4) 下放钻压 (5~10kN)，使卡瓦与被切割管柱内壁咬紧。

(5) 以 10~18r/min 的转速正转切割钻具，进行切割作业。切割过程中应逐渐加压，每次下放切割钻具约 2mm，最大不要超过 3mm。当下放钻具总长度为 32mm 时，旋转自如，无反扭矩出现（即扭矩值复原）表明切割完成。此时，可提高转速至 28r/min，并反复加压 (5kN) 两次，若扭矩值无增加，即证明管柱切断。

(6) 停止转动钻具后，应先缓慢上提，使内割刀恢复初始状态后，再将内割刀起出井外。

（四）注意事项

（1）下放前，检查被切割的管柱内径尺寸和割刀是否相适应。

（2）下放前，刀片要处于缩回状态。

（3）下放内割刀时，严禁转动钻柱，如下放遇阻，应上提钻柱检查原因。

（4）切割时，要缓慢正转，操作平稳，送钻均匀。

（五）技术参数

机械式内割刀技术参数，见表1-18。

表1-18　机械式内割刀技术参数

型号/mm（in）	割刀外径/mm	连接扣型	水眼直径/mm	切割管径/mm（in）
NGJ73（2⅞）	57	1.900TBG	14	73（2⅞）油管
NGJ89（3½）	67	2inTBG（1.900）	14	88.9（3½）油管
NGJ127（5）	102	2⅞inIF（210）	16	127.0（5）套管、钻管
NGJ178（7）	145	3½inREG（330）	40	177.8（7）套管

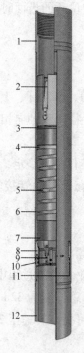

图1-22　机械式外割刀结构图

1—上接头；2—卡紧套；3—止推环；4—滑环；
5—弹簧；6—筒体；7—进刀环；8—刀头；
9—压刀弹簧；10—螺钉；11—螺母；12—引鞋

四、机械式外割刀

机械式外割刀是从套管、油管、钻杆等外部进行切割的一种机械式切割工具，采用弹簧自动给进，可避免司钻操作疏忽造成拉力过大而损坏割刀的故障发生。

（一）结构

如图1-22所示，机械式外割刀主要由上接头、筒体、卡紧套、上止推环、下止推环、弹簧、进刀环、剪销、滑环、刀头、引鞋等构成。

（二）工作原理

WD-J型机械式外割刀与套铣管连接下入井内到达预定切割位置后，上提割刀，割刀内卡紧套上的卡簧向上顶住钻杆（落鱼）接头（箍）台肩，继续上提割刀时，筒体通过剪销带动进刀环一起向上运动，于是弹簧受到强力压缩，当弹簧被全部压缩后，上提力超过剪销负荷，剪销被剪断，于是弹簧的压缩势能向下推动进刀环，进刀环下端向中心弯曲的 5 个刀头向割刀中心偏转，处于切割状态。

割刀的上、下止推环相当于一组止推轴承，当外割刀转动时，由于上、下止推环之间非常滑，保证了上止推环和卡紧套固定在落鱼上不随割刀转动，这样就保证了卡紧套不致因旋转而被损坏，可以很好地顶住在落鱼接头（箍）的台肩上，而下止推环和其以下所有部分与筒体一起旋转进行切割。由于弹簧的压缩势能作用，在切割过程中，弹簧推动进刀环逐渐下移，逐渐进刀，直至切断落鱼，割断后卡紧套顶住已割断管柱部分一起取出。

（三）操作方法

（1）根据被切割管柱部位外径尺寸，选择规格适合的机械式外割刀。

（2）检查刀片是否转动自如，上接头螺纹是否完好，剪销及其他部件安装是否正确，5 个刀头的刀尖轴向位置公差应符合行业标准规定，卡紧套要活动灵活，6 个卡簧与筒体的同轴度公差为 0.8mm，轴向相对位置公差不大于 0.2mm。

（3）外割刀下井前，应按跟踪卡检查核对，准确无误后，方可下井。

（4）当割刀下放将要到达鱼顶时，开泵循环，冲洗管柱，边循环边缓慢下放到预定的切割位置。

（5）继续循环冲洗井眼并空转割刀，割刀转动灵活后，记录空转扭矩值，然后停止转动和循环。

（6）缓慢上提外割刀，直到割刀卡紧套的卡簧顶住落鱼上预定位置接头的下台肩上。

（7）继续缓慢上提，直到外割刀上的剪销被剪断，此时指重表有跳动。

（8）匀速正转（20～30r/min）。直到割断落鱼，此时指重表跳动，转动扭矩减小，无卡阻现象。

（9）上提钻柱 30～50mm，指重表悬重增加，其增加量为被割断部分落鱼的重量。

（10）经判断落鱼确定被割断后，上提时，必须用液气大钳卸扣取出割刀和被切割断的落鱼。

（四）注意事项

（1）当割刀套入鱼顶后不要随意上提，以防剪断剪销。

（2）切割时不要开泵循环，以避免泵的脉冲作用影响切割。

（3）上提割刀剪断剪销后，开始切割时，只需加小扭矩，如转动不自如，可能是上提过猛，卡簧顶力过大，要将割刀略微下放。

（五）技术参数

常用机械式外割刀技术参数，见表 1-19。

表 1 - 19　常用机械式外割刀技术参数

型号	外径/mm	内径/mm	切割管径/mm	最小井眼/mm	最大落鱼/mm	剪销剪断力/kN
WD - J98	98	79	60.3	105	78	9
WD - J119	119	98	73	125.4	95	11
WD - 194	194	162	89 101 114 127	209.5	159	14
WD - J206	206	168	101 146	219	165	14

图 1 - 23　切割弹连接示意图

1—电缆头；2—磁定位器；3—加重杆；

4—安全接头；5—上转换接头；

6—点火短节；7—延伸杆；8—导爆短节；

9—爆炸短节；10—切割弹

五、切割弹

爆炸切割具有污染小、使用方便、作用可靠等特点，近年来在国内处理卡钻、卡套管等井下故障中得到应用，取得了一定的效果。

（一）结构

爆炸切割工具的连接方法如图 1 - 23 所示，由电缆头、磁定位器、加重杆、安全接头、上转换接头、点火短节、延伸杆、导爆短节、爆炸短节、切割弹组成。

（二）工作原理

切割弹是由经改性后的塑性炸药制成抛物面环状体，与所要求切割的管子形状和尺寸相适应。在测卡车上点火以后，电流经电缆引爆点火雷管，继而引爆切割弹，产生高速（7620m/s）、高压（3.5~29.6MPa）的金属环状射流径向喷出，喷射到待切的管柱上，金属液流的冲击远远超过了待切管柱的极限强度，将管柱切断。

（三）操作方法

（1）通井用重锤通井至预计切割深度以下 15~20m。

（2）将电缆头、磁性定位器、加重杆、安全接头、上转换接头、点火短节、延伸杆等依次接好。用专用检测灯检测引爆电路，灯亮证明电路畅通，方能连接切割工具。

（3）关掉井场所有动力设备、无线电通信设备、切断电源。

（4）将连接好的工具下过井口后，接通仪器电源，工具下放速度不超过 1500m/h。

（5）当工具下到预定切割深度时，上提钻具超过原悬重 30%，并固定牢靠。

（6）利用磁性定位器使切割头避开管柱接头或接箍，点火切割。同时，注意观察电缆和管柱是否跳动，并做好记录。

（7）上提钻具，判断管柱是否被割断。

（8）起电缆，切割工具起出井口前切断电流。

（四）注意事项

（1）如出现哑炮，要由专人负责处理。

（2）雷管与切割弹必须分开保管、分开运输，现场组装。

第五节 套铣工具

发生卡钻后，如果通过浸泡解卡、震击解卡等办法都无法解卡，一般情况下就要进行套铣解卡。常用的套铣工具主要有铣鞋、套铣管、防掉接头、套铣倒扣器、防掉套铣工具等。

一、铣鞋

铣鞋是套铣过程中的常用工具，接在钻具最下端，用于清除管柱与井眼或套管间环空中的水泥、掉块或沉砂等，解除管柱阻卡，恢复正常施工。

（一）结构

铣鞋与取心钻头相似，呈环形结构，上有螺纹和铣管连接，下有铣齿用来破碎地层或清除环空堵塞物，它的结构有多种样式，可根据套铣对象来决定。

铣鞋有平底铣鞋、锯齿铣鞋等多种结构，如图 1-24、图 1-25 所示。

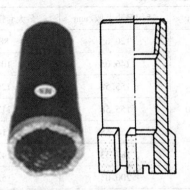
图 1-24 平底铣鞋

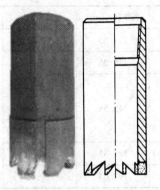
图 1-25 锯齿铣鞋

硬质合金复合材料不同堆焊部位铣鞋的用途见表1-20。

表1-20 不同硬质合金堆焊部位铣鞋的用途

硬质合金堆焊部位代号	鞋底几何形状	硬质合金堆焊部位	用途
A	平底形	内部和底部	用于套铣落鱼金属，而不磨铣套管
B		外部和底部	用于套铣落鱼和裸眼井中磨铣金属、岩屑及堵塞物
C		外、内部和底部	用于套铣、切削金属、岩屑及堵塞物和水泥
D		底部	仅用于套铣岩屑堵塞物
E		底部和内部锥度	用于修理套管内鱼顶
F	锯齿形	底部	用于修理套管内鱼顶
G		外部和底部	仅用于套铣岩屑和堵塞物，允许用大排量

（二）操作方法

（1）套铣钻屑堵物或软地层，采用切削型铣鞋，可提高套铣效率。

（2）修理落鱼外径和磨铣井下落物，采用磨铣型磨鞋。

（3）套铣时，应以较小的钻压和较低的转速套进。待削平套铣面后，铣鞋底面受力均匀时，再加大钻压套铣，套铣最大钻压可根据套铣尺寸而定。

（4）套铣时，需要保持适当的排量，排量等于或小于钻井排量，以便冷却铣鞋和携带铣屑。

（5）套铣下钻遇阻不得硬压，可适当划眼。若划眼困难，要起钻通井。

（6）套铣过程中发现泵压升高憋泵，无进尺或泵压下降等情况，应立刻上提钻具，分析原因，待找出原因，泵压恢复正常后再进行套铣。

（三）技术参数

铣鞋技术参数，见表1-21。

表1-21 铣鞋技术参数

铣鞋规格	外径/mm	内径/mm	长度/mm	适用最小井眼/mm	最大套铣钻具/mm
117	117.65	99.57		120.65	88.90
136	136.05	108.61		146.05	101.60
145	145.58	124.26	500~1000	155.58	120.65
		121.36		155.58	117.48
		118.62		155.58	114.30
177	177.33	150.39		187.33	142.88
190	190.03	159.41		200.03	152.40

续表

铣鞋规格	外径/mm	内径/mm	长度/mm	适用最小井眼/mm	最大套铣钻具/mm
202	202.73	174.63		212.73	168.28
		171.83		212.73	165.10
		168.28		212.73	161.93
205	205.98	184.15		215.90	177.80
209	209.08	187.58		219.09	180.98
234	234.48	198.76		244.48	190.50
		193.68		244.48	187.33
240	240.83	207.01		250.83	200.03
256	256.70	224.41	500～1000	266.70	215.90
		220.50		266.70	212.73
288	288.45	252.73		298.45	244.48
		247.90		298.45	238.13
313	33.85	276.35		323.85	266.70
		273.61		323.85	263.53
355	355.13	317.88		365.13	307.98
434	434.50	381.25		444.50	368.30
498	498.00	448.44		508.00	438.15
574	574.20	485.65		584.20	497.43

二、套铣管

套铣管是套铣工艺中，用于套铣被卡钻具以解除井下卡钻事故的一种专用工具，在套铣过程中，经铣鞋套铣后，环空异物被清除，井内落鱼直接进入套铣管内，使得铣鞋可以继续向下磨铣环空异物。

（一）结构

套铣管一般采用高强度的合金钢管制成，套铣管分为有接箍和无接箍两种，有接箍套铣管又可分为内接箍套铣管和外接箍套铣管，无接箍套铣管又可分为单级扣与双级扣两种。结构如图 1-26、图 1-27 所示，图 1-28 为铣管实物图。

（二）工作原理

套铣管下端与套铣鞋配合，通过钻具对套铣鞋的加压、旋转套铣钻具周围的岩屑或修理落鱼外径，磨屑随着钻井液带到地面。

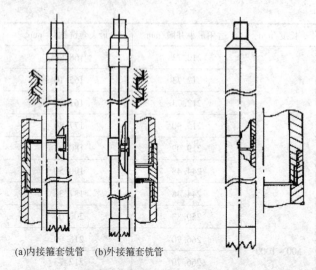

(a)内接箍套铣管　(b)外接箍套铣管

图 1 – 26　有接箍套铣管　　　图 1 – 27　无接箍套铣管

图 1 – 28　铣管实物图

（三）相关配套工具

1. 套铣管接头

套铣管接头是接在套铣管上端连接钻柱与套铣管的过渡接头，因此它上部为钻具内螺纹，下部为相应套铣管的螺纹。由于套铣管有左、右旋螺纹之分，因此，套铣管接头也有左、右旋之分。

2. 连接接箍

连接接箍一般为双外或双内螺纹，是连接两壁厚较薄的套铣管的配合接箍。壁厚较薄的套铣管由于连接强度的限制，不能直接在两端分别车制内、外螺纹时，需加连接接箍将套铣管连接起来。

3. 套铣管提升帽

套铣管提升帽，一是将套铣管提到钻台上，二是用吊卡提升套铣管，它是由本体和提环组成的。本体上车有相应的套铣管外螺纹，其外径要比相应尺寸的套铣管大 30mm 左右，其目的就是挂吊卡用。

（四）操作方法

1. 套铣准备

（1）套铣管选用。

①选用套铣管时，井眼与套铣管间隙为 12.7 ~ 35mm，若井眼足够大，可适当加大间隙。套铣管与落鱼间隙不小于 3.2mm。可根据表 1 – 22 选用铣管。

②套铣管长度的确定要根据井身质量、铣鞋质量、地层可钻性及井壁稳定性来定。若

地层松软、井身质量好，套铣管可以加长，一次可下入300m左右；若地层硬、井下情况复杂或套铣速度慢，第一次宜用一根套铣管试套，套完起出后再酌情增加40~70m套铣管；若鱼头处于弯曲井眼井段，长套铣管无法套入可采用短套铣管试套等措施。

（2）铣鞋的选择。

①套铣岩屑堵塞物或软地层时，宜选择带铣齿的铣鞋，在铣齿工作面上铺焊硬质合金。地层越软，铣齿越高，齿数越少。随着地层硬度的增加，则降低齿高，增加齿数。

②修理鱼顶外径时，选用底部铺焊或镶焊硬质合金颗粒或齿、内径镶焊硬质合金齿或条的研磨型铣鞋。

③套铣硬地层或铣切稳定器时，应选用底部镶焊或铺焊硬质合金齿或颗粒、内外镶有保径齿的铣鞋。

（3）工具检查。

①套铣管和铣鞋下井前要测量其外径、内径和长度等，并做好记录。

②入井接头及工具要测量其内径、外径和长度，并做好记录。

③套铣管入井前，保证设备完好，仪表准确、灵敏。

（4）井眼准备。

①用与钻进时相同尺寸的钻头及稳定器通井，保证井下不喷、不漏，井眼畅通无阻。

②通井前算准鱼顶位置，至鱼顶以上1~2m时要小心操作，缓慢下放探鱼头，防止碰坏鱼头。

③调整钻井液性能达到套铣作业要求。对于卡钻前发生井漏的井，要准备足够的性能符合要求的备用钻井液，并制定相应的防漏、防塌和防喷措施。

2. 下套铣管

（1）初次套铣先用1~3根套铣管试套铣，在摸清井下情况后，再确定下次入井套铣管长度。

（2）套铣管上下钻台应戴好护丝，平稳操作；套铣管上扣前要清洁螺纹，涂好螺纹密封脂。

（3）套铣管连接时必须先用旋绳引扣，再用大钳紧扣，其紧扣扭矩为标准规定屈服值的90%左右，紧扣大钳不得打在套铣管螺纹部位。

（4）下套铣管要控制下钻速度，并有专人观察环空钻井液返出情况，发现异常及时采取相应措施。

（5）套铣管下钻遇阻不得超过50kN，遇阻后不得硬压，不能用套铣管长时间划眼。若短时间循环冲划没能解除遇阻现象，应起钻下钻头重新通井划眼。

（6）当套铣井深超过1200m时，下套铣管要分段循环钻井液，不能一次下至鱼顶位置，避免开泵困难、憋漏地层或卡套铣管。

（7）铣鞋下至鱼顶0.5m以上，接方钻杆开泵循环钻井液，并校指重表，记录循环排量和泵压。

3. 套铣

（1）缓慢下放钻具探鱼，遇阻不超过5kN，轻拨转盘转动，若悬重很快恢复，再次下放钻具和拨动转盘消除遇阻现象，如此反复几次，进尺超过0.5m，证明套鱼获得成功。

（2）探到鱼顶后若套不进鱼顶，应起钻详细观察铣鞋的磨损情况，并认真进行井下情况分析，采取相应的措施。不能采取硬铣的方法，造成鱼顶或铣鞋损坏。

（3）套铣应以"安全、快速、灵活"为原则，合理选择套铣参数。推荐使用套铣参数见表1-23。

（4）套铣时要求送钻均匀，防憋钻、憋泵。出现泵压升高或转盘负荷加重等现象时，应立即上提钻具分析原因（是否套铣速度太快，排量过大或过小，钻井液携砂能力不强等），待找出原因，井下情况正常后再进行套铣。

（5）每套铣3～5m上下活动钻具一次，活动时不得将铣鞋提出鱼顶；每套铣完一个单根循环钻井液，保证接单根顺利。

（6）套铣过程中观察出口返浆、返砂及泵压、悬重情况，发现异常及时采取相应措施。

（7）套铣中途因设备及其他原因无法继续进行套铣作业时，要提前将套铣管起出或起至上层套管内。

（8）连续套铣作业时，每次套铣深度须超过预倒扣位置1～2m，便于倒扣后再次套铣时容易引入。

（9）套铣结束，循环带出井内砂子即可进行下道工序，尽可能减少套铣管在井下停留时间。套铣鞋没有离开套铣位置不得停泵和停止活动钻具。

（10）套铣管井下连续作业20～30h，应上下倒换套铣管一次；套铣管井下累计使用150h，应进行套铣管螺纹探伤。

（11）下列情况需用钻头通井：

①连续套铣井段达到300～400m。

②打捞钻具后，井下鱼顶深度超过套铣井深30m。

③遇到井壁失稳等井下复杂情况。

4. 起套铣管

（1）控制提升钻具速度，平稳操作。

（2）及时向井内灌满钻井液。裸眼井段起钻一柱一灌，套管内起钻三柱一灌。若裸眼井段起套铣管出现长井段拔"活塞"现象，必须在井下钻具活动正常的前提下接方钻杆灌满钻井液。

（3）起套铣管，原则上禁止转盘卸扣。

（4）起钻遇卡不得超过正常悬重50kN，若发现遇卡应采取"少提多放，反复活动"或倒划眼方式起出，严防拔死。

（5）在起下套铣管时，必须安装井口刮泥器，严防掉落物。

（6）套铣管起出，必须根根检查，发现胀扣、本体挤扁处直径小于套铣管外径3%或刻有硬伤且伤深大于套铣管壁厚10%的套铣管必须更换。

（五）技术参数

铣管技术参数，见表1－22。推荐使用套铣参数，见表1－23。

表1－22　铣管技术参数

外径/mm	壁厚/mm	有接箍			无接箍（单级扣/双级扣）		强度		套铣钻压/kN
		接箍外径/mm	适用最小井眼/mm	最大套铣尺寸/mm	适用最小井眼/mm	最大套铣尺寸/mm	抗拉/kN	抗扭/kN·m	
298.5	11.05	323.85	349	269.8	324	269.8	2756	88	120
273.1	11.43	298.45	323.8	243.8	298	243.8	2534	81	100
244.5	11.05 13.84	269.88	295	216 210	270	216 210	2223	61	80
228.6	10.80			200.6	254	200.6	2000	47	80
219.1	12.7	244.85 (224)	270 (249)	187	244.5	187	2223	57	70
206.4	11.94			176	232	176	2040	47	60
193.7	9.53	215.9 (210)	241.3 (235)	168	219	168	1538	34	50
177.8	9.19	194.46	219	153	203.2	153	1360	24	50
168.3	8.94	187.71	213	144	193.7	144	1245	21.7	40
139.7	7.72	153.67	179	117.8	165	117.8	916	12	35
127	9.19	141.3	166.7	102	152.4	102	1009	12.2	30
114.3	8.56	127	152	89	139.7	89	831	7.5	20
88.9	6.45			70	114.3	70	480	4.0	15
57.2	4.85			41	77.6	41	160	1.0	5

注：1. 括号内的数字为专用套铣管尺寸。

　　2. 强度是指 P105 钢级双级同步螺纹铣管强度。

表1－23　推荐使用套铣参数

套铣管外径/mm	钻压/kN	排量/（L/s）	转速/（r/min）
114.3～139.7	10～40	10～15	40～60
168.28～177.80	20～50	15～25	40～60
193.68～228.60	20～70	20～40	40～60
244.48～508.00	30～80	20～50	40～60

三、防掉接头

防掉接头主要用于对钻头不在井底的卡钻故障进行套铣作业。在作业中，卡点一旦被套铣开，该工具将落鱼牢牢地悬挂在套铣管里，防止落鱼掉入井底，造成钻具故障，落鱼可随套铣管一同起出，套铣打捞一次完成。

（一）结构

图1-29（a）为一种防掉接头，主要由铣鞋、打捞接头等组成；图1-29（b）为另一种防掉接头，由接箍、打捞接头、过渡接头、打捞心轴、止扣环组成。

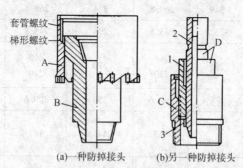

套管螺纹
梯形螺纹

A

B

2
1
D
C
3

(a)—一种防掉接头　(b)—另一种防掉接头

图1-29　套铣防掉接头

A—铣鞋；B—打捞接头；C—接箍；D—打捞接头；

1—过渡接头；2—打捞心轴；3—止扣环

（二）工作原理

图1-29（a）、图1-29（b）防掉接头主要部件分别为铣鞋和打捞接头，两者用右旋梯形螺纹连接在一起，当接头B下至鱼顶并与鱼顶对扣后，便和落鱼连接在一起了，继续正转钻具，则铣鞋A与接头B脱离，可以向下套铣，当落鱼解卡后，带着接头B下滑。当接头B到达铣鞋A时，便悬挂在此处，随套铣筒一同起出井口。图1-29（b）防掉接头具有防止背锁效应的功能，可避免在套铣过程中抓住落鱼时发生背锁卡钻。

四、套铣倒扣器

套铣倒扣器一般用于被卡落鱼在井底的情况，并可将套铣、倒扣两次作业工序一次完成。套铣倒扣器装在套铣管顶部，在套铣完一段落鱼之后，利用对倒扣接头和落鱼对扣，然后爆炸松扣，将这段落鱼捞出。

（一）结构

套铣倒扣器分为内、外两个部分。

（1）外部。外部包括与套铣管固定在一起的上接头、缸筒、中间接头、铣管安全接头和冲管，如图 1－30 所示。

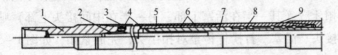

图 1－30 套铣倒扣器（外部）结构图

1—上接头；2—冲管；3—缸筒；4—超越离合器；5—活塞；

6—紧扣牙嵌；7—活塞杆；8—弹簧；9—中间接头

（2）内部。内部包括与活塞杆（或称打捞杆）连接在一起的活塞总成、偏水眼接头、H 型（或 J 型）安全接头和对扣接头，如图 1－31 所示。内部零件通过套在活塞杆上面，位于中间接头的矩形弹簧，悬挂在缸套中。

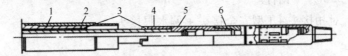

图 1－31 套铣倒扣器（内部）结构图

1—铣管安全接头（下）；2—铣管接箍；3—倒扣牙嵌；4—下接头；

5—锁紧键；6—"J"形安全接头

（二）工作原理

1. 对扣

工具组装后，矩形弹簧的弹力使超越离合器啮合，此时对扣接头随铣管下行与落鱼顶部对扣连接。当超越离合器正弦曲面打滑时，对扣连接完成，如图 1－32（a）所示。

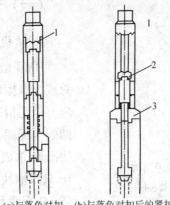

(a)与落鱼对扣 (b)与落鱼对扣后的紧扣

图 1－32 套铣倒扣器工作原理图

1—超越离合器；2—紧扣牙嵌；3—倒扣牙嵌

2. 紧扣

上提钻具，此时因打捞杆（活塞杆）系统已经固定在鱼顶上，中间接头上行而压缩矩形弹簧，迫使紧扣牙嵌（其一半在活塞下部，另一半在中间接头上部）啮合。当转动钻具时，扭矩经中间接头、活塞、打捞杆传至对扣接头，完成紧扣，如图 1-32（b）所示。

3. 倒扣

在使用爆炸松口前，为防止铣管被卡，可将 H 型（或 J 型）安全接头倒开，活动铣管。待爆炸松扣工具下到位置后，再将 J 型安全接头对上扣，而后按爆炸松扣程序倒扣。

（三）套铣倒扣钻具组合

（1）外部：铣鞋 + 套铣管 + 套铣管安全接头 + 套铣倒扣器 + 下击器 + 上击器 + 钻铤或加重钻杆（27～55m）+ 钻杆。

（2）内部：对扣接头 + J 型安全接头 + 偏水眼接头。

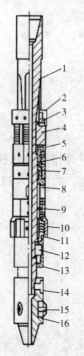

图 1-33 HMC 型套铣防掉矛结构图

1—接头；2—卡瓦保护环；3—弹簧；4—卡瓦；

5—卡瓦挡圈；6—卡瓦滑套；7—开口环；

8—摩擦块滑套；9—摩擦块、固定块；

10—摩擦块；11—摩擦块弹簧；12—滑块；

13—锁紧套；14—锁紧键；15—剪销丝堵；

16—剪销接头

五、防掉套铣工具

对钻头不在井底的卡钻，套铣解卡后，落鱼可能下落。套铣防掉矛能在套铣完成后将落鱼挂在套铣管内，使套铣和打捞一次完成。套铣防掉矛要求在无内台肩的铣管内使用，一般与双级同步螺纹铣管配套使用。

（一）套铣防掉矛

1. 结构

HMC 型套铣防掉矛由心轴、卡瓦滑套总成、摩擦块滑套总成和剪销接头总成组成。卡瓦滑套总成由卡瓦滑套、2 个半合圆的卡瓦固定环和固定螺钉等组成。摩擦块滑套总成由摩擦块滑套、4 个摩擦块、16 只摩擦块弹簧、4 片合圆的摩擦块固定环、2 个滑块和固定螺钉组成。剪销接头总成由剪销接头、锁紧键、固定螺钉、剪销丝堵组成，如图 1-33 所示。

卡瓦滑套总成和摩擦块滑套总成套在心轴上，用左旋螺纹的开口环连接在一起。

摩擦块滑套总成的上端与开口环的下端用左旋螺纹连接成一体。由于卡瓦嵌在心轴槽上，所以不能转动。卡瓦滑套总成的下端与开口环的上端相接自由地嵌入心轴槽中。

卡瓦滑套总成可随摩擦块滑套总成在心轴上上下运动。摩擦块滑套总成既能上下运动，又可随套铣管一起转动。

2. 工作原理

剪销接头总成通过剪销衬套将套铣防掉矛固定在套铣管中，与连接在剪销接头下边的对扣接头等工具一起随套铣管下井。

当套铣到对扣接头与鱼顶接触时，套铣管正转与落鱼对扣。对扣螺纹上紧，套铣防掉矛的销钉被剪断，整套工具连接到鱼顶之上。继续套铣时，由于摩擦块在弹簧的作用下始终向外撑在套铣管内壁上，所以只有摩擦块总成随套铣管转动，其余部件和落鱼固定在一起，如图1-34（a）所示。

滑块起闭锁作用。上提套铣管，当滑块进入心轴下部闭锁槽时，摩擦块滑套总成和卡瓦总成不能与心轴做相对运动，卡瓦被锁住，进不了上部锥形槽，套铣防掉矛处于自锁状态。在此状态下，可以接单跟和上下活动钻具，如图1-34（b）所示。下放铣管并正转，可解除自锁。

当落鱼被套铣解卡后往下滑，同时带动套铣防掉矛心轴一起往下滑。由于摩擦块与套铣管摩擦阻力的作用，使心轴和卡瓦做相对运动。心轴上部卡瓦槽的7°斜面将卡瓦向外撑，使卡瓦咬住铣管内壁。落鱼被悬挂在铣管内，如图1-34（c）所示。如果卡瓦被打滑，摩擦块滑到摩擦衬套台阶上，也可以阻止落鱼下落。

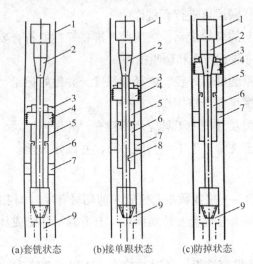

(a)套铣状态　　(b)接单跟状态　　(c)防掉状态

图1-34　HMC型套铣防掉矛工作原理图

1—套铣管；2—心轴；3—卡瓦固定环；4—卡瓦；5—卡瓦滑套；
6—摩擦块滑套；7—摩擦块；8—闭锁槽；9—被卡落鱼

3. 规格型号及使用要点

套铣防掉矛的技术参数，见表 1 - 24。

表 1 - 24　套铣防掉矛技术参数

工具规格	配用铣管/mm			销钉剪力/kN		
				铅销	铜销	钢销
HT100	127	140	146		48	80
HT146	178	194	219	62	100	190
HT187	219	229	245	62	100	190

这种工具只需更换摩擦块、卡瓦和卡瓦保护环、剪销丝堵等配件，就可以适用于几种规格的套铣筒。

为了预防一次套铣不能解卡，需要起出铣管，所以一般应在防掉矛下接 H 型安全接头。

（二）操作方法

1. 套铣前的准备

（1）套铣管下井前，应保证设备的性能完好，仪表准确灵敏。

（2）用与钻进相同尺寸的钻头及匹配的稳定器通井。

（3）调整钻井液性能达到套铣作业要求。

（4）井漏时，应堵住漏层再进行套铣作业。

（5）对于因井漏引起的垮塌卡钻，施工前要准备好性能符合要求、数量足够的备用钻井液，并制定出相应的防漏、防塌和防喷措施。

（6）下井前，要测量套铣管外径、内径和长度，并做好记录。

（7）套铣管本体及螺纹应严格探伤、检查。

（8）铣鞋、转换接头及其辅助工具应严格检查，并做好记录。

（9）要用吊车装卸套铣管，上下钻台应平稳，并戴好护丝。

2. 套铣钻柱组合

（1）铣鞋 + 摩擦衬套 + 1 根或数根套铣管 + 剪切衬套 + （对扣接头 + H 型安全接头 + 缓冲短节 + 防掉矛） + 所需套铣管 + 转换接头 + 上击器 + 钻铤或加重钻杆（27~55m） + 钻杆。

（2）铣鞋 + 1 根或数根套铣管 + （对扣接头 + H 型安全接头 + 防掉矛） + 转换接头 + 下击器 + 上击器 + 钻铤或加重钻杆（27~55m） + 钻杆。

3. 下井前的检查

（1）检查套铣防掉矛摩擦块、卡瓦与套铣管尺寸配合，见表 1 - 24。

（2）要对工具和套铣管进行无损探伤。

（3）套铣防掉矛卡瓦在槽中应滑动自由。

（4）摩擦块滑套总成转动灵活，滑块进出锁紧槽无阻卡。

（5）各固定螺纹无松动，内外不露螺钉头。

（6）装好3个剪销丝堵。

4. 井眼准备

（1）爆炸松扣，起出卡点以上钻具。

（2）通井时，在钻头上面接上与井眼匹配的稳定器，保证鱼顶以上井眼畅通。

（3）混入适量润滑剂或防卡剂，调整好钻井液性能。

5. 下入防掉套铣工具

（1）将接好铣鞋和摩擦衬套的一根或数根套铣管坐在井口，卡好卡瓦和安全卡瓦。

（2）用提升短节提起套铣防掉矛。

（3）在套铣防掉矛下部依次接上缓冲器、H型安全接头和对扣接头。

（4）按上扣扭矩紧扣。

（5）把剪销衬套套在剪销接头外面。

（6）用内六方扳手将3个销钉装上。

（7）按套铣钻具组合将工具与井口套铣管连接。

（8）连接所需套铣管：

①套铣管顶端接转换接头（转换接头内接打捞接头）。

②转换接头上接下击器、上击器、钻铤和钻杆。

③计算好对扣、套铣方入。

6. 套铣

（1）下钻至鱼顶时，开泵循环，将鱼顶冲洗干净。

（2）缓慢正转并下放，遇阻时缓慢转拨，使铣鞋套进鱼顶。

（3）落鱼被套进铣鞋后，进行套铣。

（4）当套铣到对扣接头碰到鱼顶时，正转与落鱼对扣。

（5）转盘做上标记，缓慢转动，记转动圈数。

（6）对扣到位，直到转盘有憋劲。

（7）再转动转盘，剪断套铣防掉矛销钉。

（8）钻具可以自由转动，整套防掉工具均连接在落鱼上，套铣防掉矛已处于抓捞状态。

（9）继续进行套铣，套铣过程中只有摩擦块随套铣管转动，其余部件和落鱼不动。

7. 接单根和提钻具

（1）直接上提钻具一段距离，若有挂卡显示，则表明落鱼仍然卡着，同时也证明工具工作状况良好。

（2）使套铣防掉矛处于自锁状态下，方可上提钻具和进行接单根操作。

（3）套铣防掉矛的自锁操作步骤：

①上提钻具，上提拉力 20～30kN（在方钻杆上做记号）。

②反转憋住钻具，反转圈数一般为（1～2）圈/1000m。

③慢慢下放钻具到原位置后（多提的拉力消失），再往上提。

（4）最大允许上提高度为摩擦块进入套铣管底部的摩擦衬套处的距离。

（5）解除自锁，正转下放钻具，滑块即可退出闭锁槽，使工具重新恢复到抓捞状态。

（6）继续套铣。

8. 防掉

（1）套铣过程中，卡点一旦套铣开，落鱼就会带着套铣防掉矛的心轴向下滑动。

（2）由于摩擦块与心轴的相对运动，使心轴上部的锥面将卡瓦撑开，卡住管壁将落鱼悬挂在套铣管内，此时指重表悬重增加。

（3）套铣防掉矛的卡瓦打滑，滑到摩擦衬套台肩上，摩擦块也能阻止落鱼继续下掉，起到保险作用。

9. 起钻

（1）套铣解卡后，落鱼随套铣管一同起出。

（2）起到有套铣防掉矛的套铣管时，如果落鱼中有稳定器和钻头等，在套铣管内通不过时的操作步骤如下：

①在井口卡住套铣管。

②用钻杆 H 型安全接头不装销钉与套铣防掉矛对扣，右旋使套铣防掉矛锁住卡瓦。

③下入钻杆到摩擦衬套处将落鱼悬挂起来，从 H 型安全接头处退开，起出钻杆。

④起出套铣管后再起落鱼。

（3）如果落鱼能全部通过套铣管，可以先从套铣管内起出落鱼，再起套铣管。

10. 专用工具

专用工具有开口卡盘、卡瓦座、卡瓦、安全卡瓦和井口架。

11. 注意事项

（1）防掉套铣工具必须使用配套双级同步螺纹套铣管。

（2）连接时按步骤操作。

（3）井口操作严防工具落井。

（4）在套铣管内起下防掉工具时，应平稳操作。

（5）卡瓦、安全卡瓦要卡牢固。

（6）套铣过程中，钻井液各项性能指标应保证正常套铣，防止套铣管被卡。

12. 维护保养

（1）防掉套铣工具起出井口后，戴好护丝，平稳放下钻台，防止碰撞。

（2）冲洗干净，涂上润滑脂。

第六节 井底落物打捞工具

通常根据井下落物的大小、形状和材质的不同，选择不同的打捞工具。常用的井底落物打捞工具有磨鞋、一把爪、打捞杯、反循环打捞篮、磁铁打捞器、多牙轮打捞器、井底清洁器等。

一、磨鞋

磨鞋分为平底磨鞋、凹底磨鞋、领眼磨鞋和梨状磨鞋等。本节主要介绍平底（凹底）磨鞋用来磨铣井下落物，修理鱼顶的工具。

（一）结构

由磨鞋本体及所堆焊的硬质合金（或硬质合金柱镶嵌）或其他耐磨材料组成。平底磨鞋、凹底底磨鞋结构、平底磨鞋实物图分别如图 1-35 ~ 图 1-37 所示。

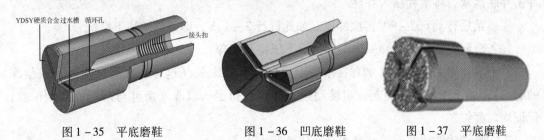

图 1-35 平底磨鞋　　　图 1-36 凹底磨鞋　　　图 1-37 平底磨鞋

（二）工作原理

在钻压和扭矩的作用下，吃入并磨碎落井的钻头、牙轮、刮刀片、通径规、卡瓦牙、钻具接头等大块落物，磨屑随循环洗井液带出地面。

（三）操作方法

（1）根据落物形状和井眼尺寸选择相应尺寸的磨鞋，一般磨鞋应比井眼小 15 ~ 30mm，套管内使用的磨鞋外侧不得有硬质合金。

（2）下井前，检查钻杆丝扣是否完好，水眼是否通畅，硬质合金或耐磨材料不得超过本体直径。

（3）下井前绘制平底磨鞋草图。

（4）将平底（凹底）磨鞋连接在钻具结构最下端入井。钻具组合：磨鞋 + 钻铤（50 ~ 80m）+ 钻杆。

（5）下至鱼顶以上 2~3m，开泵冲洗鱼顶。待井口返出洗井液之后，启动转盘（或顶驱）慢慢下放钻具，使其接触落鱼进行磨削。

（6）下放钻柱到底，加压 20~50kN 低速磨铣，严防扭矩过大。每磨 20~30min，上提下放钻柱，并压住落物开泵继续磨铣。

（7）磨铣中若发现泵压升高，转盘（或顶驱）扭矩减小，说明磨鞋牙齿已磨平，应起钻换磨鞋；若发现磨屑明显减少，转盘憋钻变轻，说明落物已磨平。

（8）对井下不稳定落鱼的磨铣方法。当井下落鱼处于不稳定的可变位置状态时，在磨铣中落物会转动、滑动或者跟随磨鞋一起做圆周运动，这将大大降低磨铣效果，因而应采取一定措施使落物于一段时间内暂时处于固定状态，以便磨铣。一般采取顿钻，将其压到井底，可按下列步骤进行：

①确定钻压的零点（钻具的悬重位置是磨铣工具刚离开落鱼的位置），然后在方钻杆上做好标记。

②将方钻杆上提 1.2~1.8m（浅井 1.8m，深井 1.2m），具体应根据井深情况、钻具、钻井液情况进行设计。

③向下溜钻。当方钻杆标记离转盘面 0.4~0.5m 时突然猛刹车，使钻具因惯性伸长，冲击井底落物，将落物压入井底。

④顿钻后转动 60°~90° 再次冲压。如此进行 3~4 次，即可继续往下磨铣。

⑤若金属碎块卡在磨鞋一边不动，要下压将其捣碎。

⑥不要让平底（凹底）磨鞋在落鱼上停留的时间太长（这样会在磨鞋表面形成很深的磨痕），要不断将磨鞋提起，边转动边下放到落鱼上，以改变磨鞋与落鱼的接触位置，保证均匀磨铣。

⑦在磨铣铸铁桥塞时，磨鞋直径要比桥塞小 3~4mm。

（四）注意事项

（1）下磨鞋前，井眼要通畅。起、下磨鞋要控制速度，以防阻卡或产生过大的波动压力。

（2）磨铣中，要控制憋钻，保持平稳操作。

（3）作业过程中不得停泵。

（4）磨铣过程中，要每隔 15min 取一次砂样，分析铁屑含量，及时判断磨铣情况。

（5）磨铣过程中，上提遇卡时，应下放并转动钻柱，不得硬拔。

（6）长时间单点无进尺，应及时分析原因，采取措施，防止磨坏套管。

（7）不易磨铣柱状活动落鱼，以防止磨鞋带动落鱼向井底钻进，或损坏下面落鱼。

（五）维护保养

（1）若硬质合金磨损，必须及时进行维修。

（2）保持水眼通畅。

（3）接头处均匀涂抹丝扣油或防锈油，存放在干燥的地方。

（六）技术参数

平底（凹底）磨鞋技术参数，见表1-25。

表1-25　平底（凹底）磨鞋技术参数

型号	外径（D）/mm	长度（L）/mm	平底角（α）/(°)	接头螺纹	适用井眼直径/mm
MP89	89			2⅜inREG	95.2~101.6
MP97	97				107.9~114.3
MP110	110	250	10~15		117.5~127.0
MP121	121			2⅞inREG	130.0~139.7
MP130	130				142.9~152.4
MP140	140			3½inREG	155.6~165.1
MP156	156				168.0~187.3
MP178	178				190.5~209.5
MP200	200			4½inREG	212.7~241.3
MP232	232	250	10~15		244.5~269.9
MP257	257				273.0~295.3
MP279	279			6⅝inREG	298.5~317.5
MP295	295				320.6~346.1
MP330	330				349.3~406.4
MP381	381				406.4~444.5

二、一把抓

一把抓用于打捞井底不规则的小件落物，如牙轮、钢球、凡尔座、螺栓、螺母、刮蜡片、钳牙、板手、胶皮等。

（一）结构

由上接头和带抓齿的筒体组成，既采用螺纹连接又进行焊接，以增加连接强度。有正循环和反循环两种，其区别在于反循环一把爪需要投球，待球入座后，在井底形成局部反循环。其结构如图1-38所示。

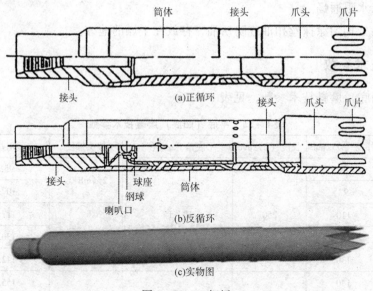

筒体　　接头　　爪头　　爪片

接头

(a)正循环

接头　　爪头　　爪片

接头　　球座　　筒体

钢球

喇叭口

(b)反循环

(c)实物图

图 1 – 38　一把抓

（二）工作原理

一把抓是利用爪头在压力作用下的向内包拢，实现捞取井下落物的一种打捞工具。

（三）操作方法

（1）一把抓下至井底以上 1 ~ 2m，大排量循环一周，将筒内及井底泥砂冲洗干净，探井底并记录方入。

（2）若是反循环一把抓时，停泵投球。开泵送球入座后，泵压可升高 1 ~ 2MPa。

（3）下放钻柱，当指重表略有显示时，核对井底方入，上提钻柱并转动角度下放，如此找出最大方入。

（4）在此处下放钻柱，加钻压 20 ~ 30kN，再转动钻具 3 ~ 4 圈（井深时，可增加 1 ~ 2 圈），待悬重恢复后，再加压 10kN 左右，转动钻柱 5 ~ 6 圈。

（5）以上操作完毕之后，将钻柱提离井底，转动钻柱使其离开旋转后的位置，加压 20 ~ 30kN，将变形爪齿顿死，即可起钻。

（四）注意事项

（1）一把抓齿形应根据落物种类选择或者设计，若选用不当会造成打捞失败。材料应选低碳钢，以保证爪齿的弯曲性能。

（2）起钻要轻提轻放，以免造成卡取不牢，落鱼重新落入井内。

（3）在井底不能多转，以防磨断爪片，导致打捞失败。

（五）维护保养

正循环一把抓爪头为一次性使用，损坏后不允许修复使用，应重新加工爪头。

（六）技术参数

一把抓技术参数，见表1-26。

表1-26 一把抓技术参数

套管尺寸/ （in） mm	（4½） 114.3	（5） 127.0	（5½） 139.7	（5½） 146.25	（6⅝） 168.98	（7） 177.8	（7⅝） 193.68	（8⅝） 219.08	（9⅝） 244.45
外径/mm	95	89~108	108~114	114~130	120~140	146~152	146~168	180~194	203~219
齿数/个	6	6~8	6~8	6~8	8~10	8~10	10~12	10~12	10~16

三、打捞杯

钻井过程中井底的清洁是至关重要的。井底不干净，会造成重复切削，影响钻头尤其是金刚石钻头的使用寿命，降低钻进速度。打捞杯是用来捞取钻井过程中正常循环无法带出井眼的较重钻屑、金属碎屑的一种随钻打捞工具。

（一）随钻打捞杯

1. 结构

随钻打捞杯由心轴、扶正块和杯体等组成，用于盛放被捞获的落物碎块，如图1-39所示。

2. 工作原理

钻进中，钻井液把井底落物碎块冲起并随钻井液一并上返，当返至杯筒以上部位时，由于打捞杯的特殊结构，环形空间突然增大，钻井液上返速度降低，落物碎块依靠其自身的重力落入杯室之中。

3. 操作方法

（1）下井前，应仔细检查捞杯外观有无异常，杯筒的固定螺丝是否齐全、紧固。

（2）使用时，将其直接接在钻头上，和钻头一起下井进行随钻打捞。

（3）钻进中无特殊要求，但应避免严重的憋钻现象。憋钻严重时，可适当减轻钻压，把落物磨碎让其容易进入捞杯。

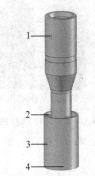

图1-39 随钻打捞杯结构图

1—心轴；2—扶正块；

3—杯体；4—下接头

4. 维护保养

使用后的打捞杯应冲洗干净，仔细检查，必要时可进行探伤，一经发现有裂纹或其他损伤，不可再用。经检查合格的打捞杯，两端配戴护丝，进行防锈处理。妥善保存，备下次使用。

5. 技术参数

随钻打捞杯技术参数，见表1-27。

表1-27　随钻打捞杯技术参数

型号	捞杯外径/mm	水眼直径/mm	最大钻压/t	可捞物直径/mm	接头扣型
DTLB—180	180	60	18	30	NC46
DTLB—250	250	70	24	40	7⅝inREG

（二）LB 型打捞杯

LB 型打捞杯接在钻头或磨鞋等工具上面，是用来打捞井底掉块、牙齿等细小落物的一种打捞工具。

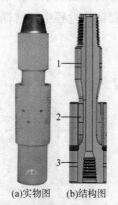

(a)实物图　(b)结构图

图1-40　LB 型打捞杯

1—心轴；2—扶正块；3—杯体

1. 结构

LB 型打捞杯由心轴、扶正块、杯体等组成，如图1-40所示。

2. 工作原理

打捞杯在工作时，井底钻屑由钻井液流从钻柱外环空间带出，到达杯口时，由于环空突然变大，钻井液流速下降，较重的碎屑就落入捞杯内，从而达到清洁井底的目的。

3. 操作方法

LB 型打捞杯通常安装在钻头上方，还可安装在平头铣鞋、刮管器上，与之配合使用。与平头铣鞋配用时，更能显示出其优点。

4. 维护保养

同随钻打捞杯的要求。

5. 技术参数

LB 型打捞杯技术参数，见表1-28。

表 1 – 28　LB 型打捞杯技术参数

型号	适用井径/mm	杯筒外径/mm	水眼/mm	上端螺纹 API	下端螺纹 API
LB94S	108 ~ 117.5	94	20	2⅜inREG（外）	2⅜inREG（内）
LB102S	117.5 ~ 124	102	32	2⅞inREG（外）	2⅞inREG（内）
LB114S	130 ~ 149	114	38	3½inREG（内）	3½inREG（内）
LB127S	152.4 ~ 162	127	38	NC31（内）	3½inREG（内）
LB127ⅡS	152.4 ~ 162	127	38	NC38（内）	3½inREG（内）
LB140S	165 ~ 190.5	140	38	3½inREG（外）	3½inREG（内）
LB143ⅡS	165 ~ 190.5	143	38	3½inREG（内）	3½inREG（内）
LB146ⅡS	165 ~ 190.5	146	38	NC38	3½inREG（内）
LB168S	190.5 ~ 216	168	57	4½inREG（外）	4½inREG（内）
LB168ⅡS	190.5 ~ 216	168	57	NC46（内）	4½inREG（内）
LB168ⅢS	190.5 ~ 216	168	57	NC50（内）	4½inREG（内）
LB178S	219 ~ 244.5	178	57	4½inREG（外）	4½inREG（内）
LB178ⅡS	219 ~ 244.5	178	57	NC46（内）	4½inREG（内）
LB190S	229 ~ 273	190	57	4½inREG（外）	4½inREG（内）
LB197S	235 ~ 279.5	197	70	5½inREG（外）	5½inREG（内）
LB200S	235 ~ 279.5	200	57	4½inREG（内）	4½inREG（内）
LB203ⅡS	235 ~ 279.5	203	70	NC50（内）	4½inREG（内）
LB219S	244.5 ~ 295	219	89	6⅝inREG（外）	6⅝inREG（内）
LB219ⅡS	244.5 ~ 295	219	89	6⅝inREG（内）	6⅝inREG（内）
LB229S	254 ~ 305	229	70	6⅝inREG（外）	6⅝inREG（内）
LB244S	292 ~ 330	244	89	7⅝inREG（外）	7⅝inREG（内）
LB245S	292 ~ 330	245	89	6⅝inREG（外）	6⅝inREG（内）
LB245ⅡS	292 ~ 330	245	89	6⅝inREG（内）	6⅝inREG（内）
LB273S	302 ~ 340	273	89	7⅝inREG（内）	6⅝inREG（内）
LB280S	327 ~ 375	280	89	7⅝inREG（内）	7⅝inREG（内）
LB286S	333 ~ 381	286	89	7⅝inREG（内）	7⅝inREG（内）
LB304S	352 ~ 421	304	89	6⅝inREG（外）	6⅝inREG（内）
LB327S	375 ~ 444.5	327	71.4	6⅝inREG（外）	6⅝inREG（内）
LB340S	386 ~ 456	340	102	7⅝inREG（外）	7⅝inREG（内）

四、反循环打捞篮

反循环打捞篮主要是捞取井底较小落物的打捞工具，如钻头牙轮、牙齿、碎铁及手工具等。在打捞作业时，它可在井底形成局部反循环，将井下落物冲到打捞篮内。

（一）结构

反循环打捞篮外部由上接头、筒体、铣鞋等组成，内部由阀杯、钢球、阀座、打捞爪盘体总成等部件组成，结构如图 1-41 所示。

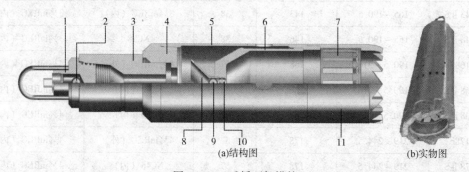

(a)结构图　　　　　　　　　(b)实物图

图 1-41　反循环打捞篮

1—吊环接头；2—钢球；3—上接头；4—下接头；5—外筒体；6—内筒体；
7—打捞爪盘总成；8—阀体；9—钢球工作位置；10—阀座；11—铣鞋体

（二）工作原理

反循环打捞篮下井后尚未投球时，钻井液通过阀座由内筒内腔经铣鞋外返，此刻为正循环；投入钢球，钢球落在阀座上，钻井液被迫改道进入两筒的环状空间，由喷射孔以高速流出喷射井底后，经铣鞋冲入内筒内腔，由回流孔又返出外筒与井壁的环形空间返回，实现了反循环，将井底落物冲入反循环打捞篮内。

（三）操作方法

（1）下井前，首先检查打捞篮是否装好，所用部件是否处于良好工作状态，选用型号与当时井径配合相一致。

（2）打捞钻具组合：

①反循环打捞篮 + 钻铤 + 钻杆。

②反循环打捞篮 + 打捞杯 + 钻铤 + 钻杆。

（3）打捞。

①下钻使打捞篮距井底 1~2m，大排量循环钻井液一个迟到时间，把由于下钻过程中可能集于筒体内的泥砂冲洗出。

②卸掉方钻杆投入钢球，开泵循环钻井液，边循环边等钢球进入阀座，当钢球进入阀

座后，泵压会突然上升 0.5 ~ 2MPa。

③下放钻具使打捞篮距井底 0.1 ~ 0.2m，边循环边上下活动及转动钻具，循环 15 ~ 20min，预计全部落物均被冲入筒内后，再开始取心，以此保存捞住的落物和被顶入的落物。

④取心参数：取心钻压 10 ~ 40kN；转速 40 ~ 55r/min；排量 9 ~ 22L/s；取心长度 0.3 ~ 0.5m。

⑤边钻边放进行套铣岩心工作，取心完后，提起钻具使打捞篮内的打捞爪插入岩心，因而就把落物和岩心牢牢地装在打捞篮的筒体内。

⑥起钻时，不能用转盘卸扣。

（四）维护保养

（1）每使用一次起钻后，用清水冲刷，拆卸保养，以免钻井液锈蚀工具。

（2）卸掉上接头，用专用扳手卸下阀杯。

（3）取出钢球和卸去阀座，检查阀座是否被钻井液冲刷留下严重伤痕，有则更换。

（4）卸去铣鞋，取出落物和打捞爪盘总成部件并检查捞爪、弹簧等，若有损坏，必须更换或修理，对已磨损的铣鞋，可用铜焊碳化钨修复（其粒度为 3 ~ 5mm 的碳化钨）。

（5）用清水冲洗内外筒间夹层空间和内筒内腔壁。

（6）把钢球取出，涂上黄油保存待用。

（7）更换损坏零件，全部组装好，用手检查打捞爪盘部件在筒内是否自由转动，以及打捞爪向里转动和复位要灵活可靠。

（8）装配时，涂防锈油和钻具螺纹脂，以备下次使用。

（五）技术参数

反循环打捞篮技术参数，见表 1 - 29。

表 1 - 29 反循环打捞篮技术参数

型号	本体外径/mm	铣鞋外径/mm	最大落物外径/mm	钢球直径/mm（in）	适应井眼/mm	接头螺纹 API
LL36	95	96	60	30 ($1\frac{3}{16}$)	98 ~ 108	NC26
LL40	102	102	64.5	30 ($1\frac{3}{16}$)	107 ~ 114.3	NC26
LL44	114	116	78	35 ($1\frac{3}{8}$)	117.5 ~ 127	NC26
LL46	121	124	81	35 ($1\frac{3}{8}$)	130 ~ 139.7	3½inREG
LL51	130	135	92.5	40 ($1\frac{37}{64}$)	142.9 ~ 152.4	NC31
LL51A	130	135	92.5	40 ($1\frac{37}{64}$)	142.9 ~ 152.4	3½inREG
LL56	142	146	109	40 ($1\frac{37}{64}$)	155.6 ~ 165.1	NC38
LL62	159	163	119	45 ($1\frac{25}{32}$)	168.2 ~ 187.3	NC40

续表

型号	本体外径/mm	铣鞋外径/mm	最大落物外径/mm	钢球直径/mm（in）	适应井眼/mm	接头螺纹 API
LL64	165	169	119	45（$1\frac{25}{32}$）	172 ~ 190. 5	4½inREG
LL70	178	181	130	45（$1\frac{25}{32}$）	190. 5 ~ 209. 5	4½inREG
LL77	195	200	146	45（$1\frac{25}{32}$）	212. 7 ~ 241. 3	NC50
LL77A	195	200	146	45（$1\frac{25}{32}$）	212. 7 ~ 241. 3	4½inREG
LL81	200	206	153	50（$1\frac{31}{32}$）	212. 7 ~ 241. 3	NC50
LL85	215	220	166	50（$1\frac{31}{32}$）	232 ~ 244. 5	NC50
LL90	225	230	175	45（$1\frac{25}{32}$）	244. 5 ~ 269. 9	NC50
LL95	245	250	190	50（$1\frac{31}{32}$）	273 ~ 295. 3	NC50
LL101	257	262	195. 5	45（$1\frac{25}{32}$）	273 ~ 295. 3	NC56
LL112	281	286	228	45（$1\frac{25}{32}$）	298. 5 ~ 317. 5	6⅝inREG
LL130	330	335	255	45（$1\frac{25}{32}$）	349. 3 ~ 406. 4	7⅝inREG
LL150	381	386	315	45（$1\frac{25}{32}$）	406. 4 ~ 444. 5	7⅝inREG
LL200	508	513	463	45（$1\frac{25}{32}$）	530 ~ 660	7⅝inREG

五、强磁打捞器

强磁打捞器是主要用于打捞落井的钻头牙轮、巴掌、大钳牙以及手工具等磁吸性小件落物的一种工具，按照磁性可分为永磁性和充磁性两种，按照循环方式又可分为正循环式和反循环式两种。

（一）正循环强磁打捞器

1. 结构

正循环强磁打捞器主要由接头、外筒、永久磁铁、压盖、绝缘筒、垫圈、铣鞋等组成，其结构如图 1 - 42（a）所示。强磁打捞器实物图如图 1 - 42（b）所示。

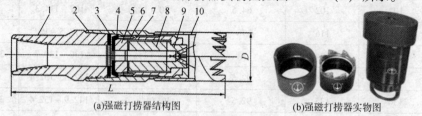

(a)强磁打捞器结构图　　　　(b)强磁打捞器实物图

图 1 - 42　强磁打捞器

1—接头；2—外筒；3—橡皮垫；4—螺钉；5—压盖；

6—绝缘筒；7—垫圈；8—磁铁；9—喷水头；10—铣鞋

2. 工作原理

正循环强磁打捞器利用本身所带永久磁铁将钻头牙轮、弹子、大钳牙以及手工具等小件落物磁化吸附，从而有效地打捞小件落物，净化井底。

3. 操作方法

（1）根据井径及落物的特点选用带有合适引鞋的强磁打捞器。

（2）根据强磁打捞器的长度，计算出方入。

（3）把强磁打捞器放入预先放好木板的转盘上（防止强磁打捞器与转盘吸附住），并接于钻柱底部。

（4）将强磁打捞器下至井底离落物 3～5m 处，开泵循环。待井底沉砂冲洗干净后，将强磁打捞器慢慢下放至井底（此时钻压不大于10kN），然后上提0.3～0.5m，把强磁打捞器转一方位，再边循环边下放钻柱，这样反复几次，检查方钻杆入井深度，证实强磁打捞器底部确已接触落物时即可起钻。

（5）起钻开始时，必须在钻柱提起0.5～1m后，方可停泵，起钻中禁止采用转盘卸扣。

（6）操作过程要求平稳、低速、严禁剧烈震动与撞击，以保护磁心和被吸附的落物。

（7）当采用标准引鞋时，操作方法与上述方法大体相同，只是在下放钻具的同时应低速转动，但当强磁打捞器底部与落物接触时，严禁转动钻柱，以防磁心被损坏。

4. 注意事项

（1）磁铁打捞器入井前，必须用木板或胶皮同其他铁磁性设备隔开。

（2）取下护磁板及被吸住的落物时，操作者的施力方向应与工具中心线垂直。

（3）操作者不准持铁磁性工具接近磁铁打捞器底部，以防伤人。

（4）运输、装卸过程中避免剧烈震动和摔碰。

5. 维护保养

（1）每次使用强磁打捞器后，应选择一块没有铁屑和杂物的地方，将强磁打捞器放在木板或橡胶板上，先把吸附在强磁打捞器表面的金属颗粒、铁屑粉末清除干净，然后从引鞋部位向筒内注入清水彻底清洗。

（2）在井下使用多次，或在恶劣条件下工作后，应进行维护修理，全部拆开、检查、重新装配。

（3）强磁打捞器应倒立（磁场底部向上），放在阴凉、干燥的地方。

（4）在存放和运输过程中，千万不能把两个强磁打捞器底部相对，以防磁场迅速消弱。

（5）由于强磁打捞器底部磁场很强，在维修过程中应注意安全。

6. 技术参数

CL型强磁打捞器技术参数，见表1-30。

表 1-30 CL型强磁打捞器技术参数

型号	外径/mm	接头螺纹 API	单位吸重/ (kg/cm²)	适用井温/℃	适用井径/mm
CL86	86	NC23	7.7	210	95 ~ 110
CL100	100	NC23	9.5	210	110 ~ 135
CL125	125	NC38	9.8	210	135 ~ 165
CL140	140	NC38	7.8	210	150 ~ 175
CL146	146	NC38	8.5	210	160 ~ 185
CL150	150	NC38	8.5	210	160 ~ 185
CL175	175	NC50	7.9	210	185 ~ 210
CL178	178	NC50	7.8	210	185 ~ 210
CL190	190	NC50	7.6	210	200 ~ 225
CL200	200	NC50	7.6	210	210 ~ 235
CL203	203	NC50	7.6	210	215 ~ 240
CL225	225	6⅝inREG	7.5	210	235 ~ 270
CL254	254	6⅝inREG	7.0	210	265 ~ 311
CL265	265	6⅝inREG	6.9	210	275 ~ 330
CL292	292	6⅝inREG	6.9	210	300 ~ 442

（二）反循环强磁打捞器

1. 结构

反循环强磁打捞器由接头、筒体、磁铁等组成。其结构如图 1-43 所示，实物如图 1-44 所示。

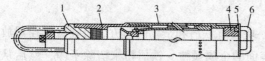

图 1-43 反循环强磁打捞器结构图
1—吊环接头；2—上接头；3—筒体；
4—磁头；5—平鞋；6—底盖

图 1-44 反循环强磁打捞器实物图

2. 工作原理

它利用本身所带永久磁铁和能正、反循环的特点，有效地打捞钻头巴掌、牙轮、轴承、卡瓦牙、大钳牙、硬质合金块等小件落物，净化井底。

3. 操作方法

（1）根据反循环强磁打捞器的长度，计算方入。

（2）取出工具本体内的钢球，清除吸附在反循环强磁打捞器表面的杂物。

（3）把反循环强磁打捞器放在预先放好木板的转盘上（防止打捞器与转盘吸附），接在钻柱下部。

（4）将打捞器下至离井下落物 2~5m 处，开泵循环。待井下沉砂冲洗干净后，上提钻柱，卸下方钻杆，投入钢球，然后接上方钻杆，下放钻柱，使打捞器距井底 0.5m，开大泵排量反循环 10min，将打捞器慢慢下放至井底（钻压不大于 10kN），然后上提 0.3~0.5m，把打捞器转一方位，再边循环边下放钻柱，反复几次，检查方钻杆入井深度，证实打捞器底部确已接触落物时即可起钻。

（5）开始起钻时，必须在钻柱提起 0.5~1m 后，方可停泵。起钻中，严禁转盘卸扣。

（6）操作过程要求平稳、低速，严禁剧烈震动与撞击。

4. 注意事项

同正循环强磁打捞器的要求。

5. 维护保养

同正循环强磁打捞器的要求。

6. 技术参数

FCL 型强磁打捞器技术参数，见表 1-31。

表 1-31 FCL 型强磁打捞器技术参数

型号	外径/mm	接头螺纹 API	单位吸重/（kg/cm²）	适用井温/℃	适用井/mm
FCL86	86	NC23	7.7	210	95~110
FCL100	100	NC23	9.5	210	110~135
FCL125	125	NC38	9.8	210	135~165
FCL140	140	NC38	7.8	210	150~175
FCL146	146	NC38	8.5	210	160~185
FCL150	150	NC50	8.5	210	160~185
FCL175	175	NC50	7.9	210	185~210
FCL178	178	NC50	7.8	210	185~210
FCL190	190	NC50	7.8	210	200~225
FCL200	200	NC50	7.6	210	210~235
FCL203	203	6⅝inREG	7.6	210	215~240
FCL225	225	6⅝inREG	7.5	210	235~270
FCL254	254	6⅝inREG	7.0	210	260~311
FCL265	265	6⅝inREG	6.9	210	275~330
FCL292	292	6⅝inREG	6.9	210	300~442

六、多牙轮打捞器

多牙轮打捞器用于打捞 1 个及 1 个以上落井钻头牙轮及其他井下小型吸磁性落物，其优点在于适用范围广，井底温度低于 250℃ 时，打捞均有效；可以打捞井下多种形状的小型吸磁性落物。

（一）结构

多牙轮打捞器主要由上接头、外壳、水道和磁铁组成，外壳为半圆筒型，沿内壁装有多个强力磁铁。按结构可分为自洗式和非自洗式两种，按适应工作环境分为常温型和高温型。其结构如图 1-45、图 1-46 所示。

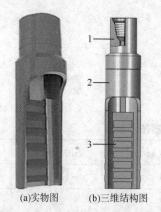

(a)实物图　　(b)三维结构图

图 1-45　非自洗式多牙轮打捞器

1—接头；2—本体；3—强磁铁

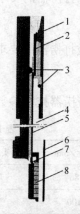

图 1-46　自洗式多牙轮打捞器

1—上体壳体；2—分水接头；3—钢球；4—心轴；

5—冲洗管；6—下体壳体；7—喷嘴；8—打捞磁铁

（二）工作原理

打捞时，打捞器沿井壁下滑至井底，附近的井下落物被磁化，同时借助钻井液的冲力使落物被吸在磁铁上。提起钻具换一个方向下压，井底其他落物把已吸在磁铁上的落物上推，同时自己也被磁铁吸住。按此原理，井下落物逐个被打捞器捕获，被全部打捞出来。

（三）操作方法

1. 非自洗式多牙轮打捞器

（1）下钻至井底开泵循环调整钻井液，冲洗井底及打捞器内可能存在的泥砂。排量尽量开大，并记录好泵压。

（2）到底后加压记准方入和泵压。提起钻具，转动一个方位下放到底后加压，再记准方入和泵压。如此重复多次，每次均需记录方入和泵压。

（3）选择方入最深方位，加压 10kN 转动钻具，拨动井底落物。如有憋劲，不可强憋硬转，可再提起 3～5cm 无压转动。

（4）探多个方位，轻转轻拨，开泵或停泵间断进行，坚持 30min 以上。

（5）转动无阻，各方位探方入无变化，说明落物已全部捞获，可以起钻。

（6）起钻时，应防止顿击钻具，不准使用转盘卸扣。

2. 自洗式多牙轮打捞器

（1）下钻到底后，开泵探井底，并记好方入。提起 1～2m 缓慢下放冲洗，钻具到底后加压 10～20kN（加钻压时，不能转动钻具）。不停泵，再上提反复冲洗 5～6 次，记录一个稳定的泵压值。

（2）卸开方钻杆，从钻具水眼内投入一个直径 40mm 的钢球，开泵循环钻井液。5min 后，再投入 4 个直径 22mm 的钢球。继续循环钻井液并上下活动钻具，每次均需探测井底（加钻压时，不能转动钻具），发现泵压升高，说明大钢球已到位。再循环若干分钟，探井底时发现方入减少 0.3m 或 0.5m，说明小钢球已到位，即可进行打捞作业。

（3）开大排量，加压 10～20kN，慢转轻拨。转盘有憋劲，提起钻具 1～2m，换方向下放到底，轻转慢拨，如此反复 30min。最终，从不同方位探测井底，方入均无变化，说明井底落物已全部被捞获。

（4）其余各项操作与非自洗式多牙轮打捞器相同。

（四）注意事项

（1）打捞器的选择。用重晶石作钻井液加重剂的井，使用非自洗式多牙轮打捞器；用铁矿粉作钻井液加重剂的井，使用自洗式多牙轮打捞器。磁铁磁场强度的大小受温度的影响很大，随着温度的升高，磁场强度会逐步衰减，井温超过工具的最高允许温度，打捞器就失去其应有的强磁打捞能力。因此，在选择确定工具类型时，除保证打捞器的尺寸外，还要考虑环境温度；应根据井深、井温和井眼尺寸的不同，选择不同类型的工具。井温低于 150℃ 时，应该选择"常温型"；井温在 160～250℃ 之间时，选择"高温型"，但高温型打捞器也可以用于常温井段，其磁性吸力较"常温型"稍弱。

（2）磁铁硬且脆，打捞器在装、卸车或安装时要注意轻拿轻放，切忌磕碰。

（3）在井口，要检查工具的外观和连接螺纹，确保无问题。

（4）打捞器在使用中，偶尔不能捞获的原因：

①打捞器没有下到井底，往往是方入计算有误或井下有砾石堆积，冲洗不彻底。

②落物不在井底，被挤入井壁或被携带至上部井筒。

③打捞器选型有误（包括自洗、非自洗或适用温度选型）。

（五）维护保养

同强磁打捞器的要求。

（六）技术参数

自洗式多牙轮打捞器技术参数，见表 1-32。非自洗式多牙轮打捞器技术参数，见表 1-33。

表 1-32　自洗式多牙轮打捞器技术参数

规范型号	打捞器外径/mm	适用井眼直径/mm	适用温度/℃	冲洗管升降高度/mm	最大工作钻压/t	最大工作扭矩/kN·m	接头扣型
DDZ/C—200	200	216	140	300	1	7	NC50
DDZ/C—200	200	216	250	300	1	7	NC50
DDZ/C—285	285	311	140	500	2	10	NC50
DDZ/C—285	285	311	250	500	2	10	NC50

表 1-33　非自洗式多牙轮打捞器规范及技术参数

型号	外径/mm	适用井径/mm	适用温度/℃	最高温度时纵向伞面接触最大滑脱力/kg	最大工作钻压/t	最大工作扭矩/kN·m	温度衰减率/%	接头螺纹
DDF/C—116	116	120	≤140	300	1	3	≤0.05	NC26
DDF/C—116	116	120	≤250	260	1	3	≤0.12	
DDF/C—146	146	152~165	≤140	450	1.5	5	≤0.05	NC38
DDF/C—146	146	152~165	≤250	400	1.5	5	≤0.12	
DDF/C—200	200	216	≤140	750	2	7	≤0.05	NC50
DDF/C—200	200	216	≤250	670	2	7	≤0.12	
DDF/C—220	220	245	≤140	810	2	7	≤0.05	
DDF/C—220	220	245	≤250	730	2	7	≤0.12	
DDF/C—285	285	311	≤140	930	3	10	≤0.05	
DDF/C—285	285	311	≤250	840	3	10	≤0.12	

七、井底清洁器

井底清洁器主要用于打捞井下直径较小的磁性和非磁性落物，一次可捞获数千克到数十千克落物。特别是使用 PDC 钻头钻进前，使用井底清洁器清洁井底，对延长钻头使用寿命，提高机械钻速十分有效。在剧烈跳钻井段，定期下入井底清洁器清洁井底，对减缓跳钻也非常有效。

（一）结构

井底清洁器由本体、捞杯、捞杯支板及刮板等组成，如图 1-47 所示。

（二）工作原理

工作时，井底落物被清洁器刮板刮动后随着钻井液液流上返，当返至捞杯室以上时，由于工具截面发生变化，钻井液上返速度降低，落物则沉降在捞杯室里。

（三）操作方法

（1）下钻到底后开泵，探明并记录方入。

（2）到井底后可加压 5～10kN，以 50r/min 转动钻具，在泵压允许的条件下，用大排量循环钻井液。同时，适时上提下放活动钻具。

（3）重复上述操作 30min。操作中，应注意把最大钻压和最大工作扭矩控制在技术参数表给定的范围之内，防止严重憋钻发生。

（4）转动无憋钻，上提不遇卡，下放方入到底即可起钻。

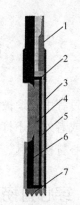

图 1 - 47　井底清洁器
1—上接头；2—隔板；3—壳体；
4—支板；5—流道；
6—杯室；7—刮板

（四）注意事项

（1）杯体无变形，杯内清洁无杂物、排液孔必须畅通。

（2）打捞工作应在井眼无阻卡或其他复杂情况下进行。

（3）清洁器上、下钻台要操作平稳，注意不要把捞杯磕碰变形。

（4）起钻至套管鞋处，用低速上提，以防碰挂。

（五）维护保养

（1）起钻后，及时清理杯内杂物，保持排液孔通畅。

（2）若有磕碰变形、刮板磨损等现象，必须及时进行更换。

（3）将丝扣涂抹丝扣油或防锈油，放置在干燥的地方。

（六）技术参数

井底清洁器技术参数，见表 1 - 34。

表 1 - 34　井底清洁器技术参数

型号	捞杯外径/mm	适用井眼直径/mm	最大工作钻压/t	最大工作扭矩/kN·m	最大捞物直径/mm	接头扣型
DJQQ200/216	200	216	2	15	70	NC50
DJQQ285/311	285	311	3	20	110	NC50

第七节　电缆、仪器打捞工具

测井过程中电缆被卡后，首先采用穿心打捞方式进行打捞。若发生电缆落井，一般采用内捞矛或者外捞矛打捞电缆。如果井下只有仪器，可以直接用打捞筒进行打捞。本节主要讲述穿心打捞工具、内捞矛、外捞矛和三球打捞器。

一、穿心打捞工具

穿心打捞工具主要用于电缆在井内遇卡的处理，其主体部件是滑块式打捞器。

（一）结构

滑块式打捞器适用于具有标准尺寸蘑菇头式打捞头的下井仪器，主要包括钻杆接头、防掉环、防转顶丝、钻杆、打捞器主体、盖板、弹簧、滑块、螺钉等部分，其结构示意图如图1-48所示。滑块式打捞器三维结构图如图1-49所示。

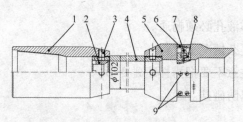

图1-48　滑块式打捞器结构示意图　　　　图1-49　滑块式打捞器三维结构图
1—钻杆接头；2—防掉环；3—防转顶丝；4—钻杆；
5—打捞器主体；6—盖板；7—弹簧；8—滑块；9—螺钉

（二）工作原理

将滑块打捞器连接在钻具底部，下钻过程中滑块打捞器使电缆与井壁剥离，滑块打捞器下至仪器顶部后，缓慢下放钻具抓住马笼头。通过上提、下放钻具，观察电缆张力数据及循环钻井液时泵压变化，将仪器捞获后，随钻具一同起出。

（三）操作方法

1. 打捞前的准备工作

（1）根据钻具、井眼尺寸和下井仪器马笼头的型号，选择合适的打捞工具。

（2）固定测井电缆。

①确定最大安全拉力：

$$T = T_Z + T_R \times 75\% - T_Y \tag{1-5}$$

式中 T——最大安全拉力，kN；

T_Z——电缆上提正常张力，kN；

T_R——弱点断裂张力，kN；

T_Y——仪器自重，kN。

②绞车上提电缆，直到电缆张力超过正常张力 5kN。

③在转盘平面 0.1m 以上，将"T"形卡钳安装在电缆上。

④放松电缆，使"T"形卡钳坐于井口，检验"T"形卡钳紧固情况。

（3）安装天滑轮。

①安装天滑轮宜在白天进行。安装期间，钻台上禁止有人停留。

②下放游车，将天滑轮从游动滑车上卸掉。

③用吊升装置将天滑轮提升到井架顶部前侧最高处。

④用 ϕ22mm 钢丝绳固定在井架顶部的横梁上，靠近井架前侧，滑轮两侧要用棕绳定位。

（4）安装地滑轮。

①地滑轮的安装位置以不妨碍钻台上的起下钻操作为宜。

②井口电缆张力系统与绞车张力传感器连接，承重螺杆应安装固定销。将张力传感器固定在钻机底座的横梁上。

（5）安装快速接头。

①在转盘上方 1.5~2.0m 处确定电缆切断点，切断电缆。当井斜大于 10°，或者遇卡类型属于电缆吸附遇卡或者键槽卡时，切断点的位置应提高到 2.5m。

②将井口端的电缆头穿过滑块式打捞器，套上绳帽盒后制作电缆头，组成测井电缆快速接头的母头（以下简称"母头"）。

③在绞车端的电缆头上，套上柔性加重杆、导向头和绳帽盒，制作电缆头，组成测井电缆快速接头的公头（以下简称"公头"）。

（6）检验测井电缆快速接头。

①系统检查测井电缆快速接头所有连接部位和固定部件，确保其牢固可靠。

②将测井电缆快速接头的公头和母头对接。

③绞车上提电缆至正常张力，校准井口张力表，使之与绞车面板上的张力表读数一致。

④绞车继续增加拉力至最大安全张力，保持 5min，做测井电缆快速接头强度试验。

⑤放松电缆，将"T"形卡钳坐在井口上。

2. 穿心打捞

（1）连接打捞工具。

①脱开测井电缆快速接头。

②测井绞车上提电缆，快速接头的公头到达二层平台附近时减速。井架工将公头放入

预下井的一柱钻杆的水眼里。

③司钻操作游动滑车，提起预下井的钻杆，内、外钳工应扶持钻杆。同时，测井绞车操作人员下放电缆，直至快速接头公头露出，能够与母头对接为止。

④对接测井电缆快速接头。上提测井电缆，使电缆张力超过正常张力5kN。

⑤将滑块打捞器连接在钻杆下端。

（2）下放打捞工具。

①拆除"T"形卡钳。

②将打捞工具及钻杆下入井中。

③下放电缆，测井工用"C"形档板将快速接头的母头卡在钻杆顶端。放松电缆将快速接头脱开。

④测井绞车上提电缆，使快速接头的公头到达二层平台附近，井架工将公头放入预下井的下一柱钻杆的水眼里。

⑤司钻操作游动滑车，提起钻杆立柱。同时，绞车操作人员下放电缆，直到快速接头的公头露出钻杆，能够与母头对接为止。

⑥对接测井电缆快速接头。上提测井电缆，使电缆张力超过正常张力5kN，抽出"C"形档板。

⑦连接钻杆，下入井中。

⑧重复③~⑦的操作，直到将打捞工具下放到距离下井仪器打捞头深度16~25m的位置为止，停止下钻，准备循环钻井液。

⑨下放打捞工具要求。

a. 作业过程中，要始终保持测井电缆快速接头的公头低于游动滑车，防止快速接头被缠绕进游动滑车的钢丝绳之中。

b. 下放钻具要平稳、速度要慢，裸眼井段以6min下放一柱为宜。接近卡点部位时，下放速度应不超过0.2m/s。

c. 每当下放钻具至最后一个单根时，速度减慢，防止加重杆通过钻杆水眼时发生挂碰。

d. 下放钻具时，测井绞车操作人员应保持电缆张力，防止测井电缆在下钻过程中被卡断。密切关注电缆张力，发现张力突然增大，应立即放松电缆，并通知司钻停止下钻。

e. 下放打捞工具过程中，司钻和井口人员要密切观察指重表悬重的变化，发现异常情况，立即停止下钻，慢速上提至恢复正常后再下钻。

（3）循环钻井液。

①接上钻井液循环短节。

②将循环钻井液的"C"形堵头放入钻井液循环短节水眼内。

③下放电缆，快速接头的母头坐在循环钻井液"C"形堵头上后，将快速接头脱开。

④接上方钻杆，冲洗打捞器具内部，有助于打捞作业。

⑤循环钻井液时，可以适当上下活动钻具，下放钻具控制在3m以内，上提钻具时，至接头原位置（下放前的位置）。因为此时电缆与钻具是同步的，上提钻具时仪器没有解

卡，可能将电缆拉断。

⑥在鱼顶上方循环钻井液、活动钻具时，记录钻具正常下放、上提、静止吨位及循环泵压，为判断捞住仪器及上提钻具提供依据。

（4）打捞下井仪器。

①卸掉方钻杆和钻井液循环短节。对接电缆快速接头，上提电缆检验电缆张力有无异常变化。

②接上钻杆，缓慢下放，逐渐靠近下井仪器打捞头。当张力增加 5kN 时，便停止下钻。

③上提钻具 10m，如果打捞到下井仪器，电缆张力应下降。

④下放钻具 10m，电缆张力恢复原来数值。

⑤再次上提钻具 10m，电缆张力下降。

⑥测井绞车上提电缆 10m，张力恢复到原来数值，可确认下井仪器被捞获。超深井通过张力不好判断时，可利用泵压变化情况进行判断，记录在仪器顶部循环钻井液时的泵压和排量，如果捞住了井下仪器，那么在同样的排量下，泵压应该升高。

⑦下钻打捞仪器前，核对下钻深度（钻具数据表），若钻具遇阻仪器未入筒，可判断钻具遇阻位置是否在鱼顶，为制定打捞措施提供依据。

（5）回收测井电缆。

①卸开钻杆。

②将"T"形卡钳安装在电缆快速接头下面的电缆上。

③用游动滑车上提"T"形卡钳，逐渐增加拉力直到拉断电缆弱点，拉力下降后再上提 2m，若拉力保持不变，证明弱点已被拉断。在操作之前，必须进行安全检查，疏散钻台上的人员。

④下放测井电缆，使"T"形卡钳坐落在井口。将电缆固定好之后，切除快速接头和加重杆。

⑤将测井电缆两端铠装对接在一起，铠装长度应大于 6m。

⑥测井绞车上提测井电缆，拆除"T"形卡钳。

⑦确认天滑轮和电缆处于正常运行状态，开始慢速回收测井电缆。电缆对接部位安全通过天地滑轮，在绞车滚筒上排列好之后，方可用正常速度回收测井电缆。在回收测井电缆的同时，可以活动钻具以防粘卡。

⑧测井电缆的端头离井口 30～40m 时，绞车停止上起电缆，防止电缆从天滑轮上自行坠落。将电缆从井内起出，并查看断点是否在弱点处。

（6）回收下井仪器。

①测井电缆回收完毕，可起钻回收下井仪器。起钻要慢速、平稳，使用液压大钳卸扣。

②下井仪器起到井口时，用"C"形卡盘将仪器卡在井口进行拆卸，所有仪器起出后，将井口盖好。下井仪器装有放射性源时，应首先将放射性源取出，再拆卸仪器。

③回收测井仪器及打捞用具，清理现场。

3. 异常情况及处理方法

（1）下钻中途测井电缆张力明显下降。上提电缆确认为中途自行解卡后，可停止下钻，将电缆快速接头部位处理好之后，用绞车将下井仪器拉进打捞器，完成后续打捞作业；如果井下打捞工具的位置距离下井仪器不超过 300m，亦可继续下放打捞工具完成打捞作业。

（2）快速接头脱开，母头落井。将打捞筒起出井口，如果母头被带出，可以重新进行打捞；如果母头未被带出，应考虑用其他方法进行打捞。

（3）电缆在母头的绳帽盒处脱落。应起出钻具，打捞电缆。

（4）下放打捞工具的过程中，电缆张力突然增大。可能是电缆打扭所致，测井绞车操作人员应立即放松电缆，及时通知司钻停止下钻，然后上提钻具。适当增加电缆张力（不超过最大安全张力）后，缓慢下钻，能够通过则继续打捞。如果重复 2~3 次，现象仍然未能消除，应考虑选用其他方法进行打捞。

（5）下放打捞工具的过程中，电缆张力起初缓慢增大，随后增速加快。这可能是电缆外皮钢丝断裂所致。

（6）下放打捞工具的过程中，发生遇阻现象或者遇到砂桥。可采用循环钻井液方法解除。

（四）技术参数

滑块打捞器技术参数，见表 1-35。

表 1-35　滑块打捞器技术参数

序号	工具适用井眼范围/mm	钻具型号/in	打捞工具扣型	循环短节/mm	打捞工具外径/mm	马笼头型号	防掉环/mm	快速接头外径/mm
1	216 以上	5	410	410×411	190	89	50	56
2	152	3½	310	310×311	138	89	50	56
		3½	310	310×311	120	70	50	56
3	118	2⅞	210	210×211	108	70	40	44

二、内钩捞绳器

内钩捞绳器是在井眼畅通的情况下，从井筒内打捞电缆、钢丝等绳状物的工具。

（一）结构

内钩捞绳器也叫内捞矛，把厚壁钢管割开，内壁焊上挂钩制成。其结构如图 1-50 所示。

（二）工作原理

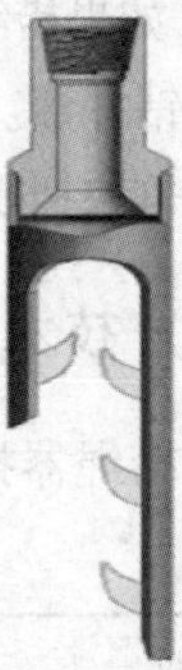

挂钩顺时针方向旋转，电缆被挂钩挂住之后，在转动扭矩的作用下，钩体向内收缩，使打捞更为可靠。内钩捞绳器只有在井眼较大的情况下才可使用，它的优点是电缆不容易穿越到捞绳器上面。

（三）操作方法

1. 工具选择

根据套管内径或钻头直径选择工具，使用内钩捞绳器时，其外径与套管内径或井眼直径的间隙不得大于电缆直径。

图 1 - 50　内钩捞绳器

2. 钻具组合

（1）捞绳器 + 安全接头 + 钻杆。

（2）捞绳器 +1 根钻杆 + 安全接头 + 钻杆。

3. 套管内打捞

（1）若断落的电缆头在套管内，可以用电缆接捞绳器直接打捞，但下捞绳器时不能一次下入过多，要下一段起一段，逐步深入，看电缆张力是否增加，如发现电缆张力增加，应立即上起。

（2）若套管内电缆盘结很死，捞绳器插不进去，可以下铣锥把电缆铣散，但铣锥外径不得小于套管内径 8 ~ 10mm，避免电缆套到铣锥上遇卡。

4. 裸眼内打捞

（1）电缆拽断后，丈量起出的电缆，或用测电阻值的方法可确定电缆头的位置。

（2）在测量或估算深度以下 50m 开始打捞，转动捞绳器 2 ~ 3 圈后上提。如无任何显示，可再多下 1 个立柱，再转动 2 ~ 3 圈后上提 1 立柱的距离。如此反复试探，但最多不许超过 100m，无论有无显示，必须起钻。

（3）经第一次打捞，如捞上电缆，应丈量其长度，估算井下电缆头的深度，重复（2）的操作。

（4）如没捞上电缆，可以从第一次打捞的深度开始，每下 1 立柱，转动 2 ~ 3 圈，再上起 1 立柱的距离，检查井下情况，最多下入深度不许超过 4 个立柱，必须起钻。

（四）注意事项

（1）若下钻遇阻，此时已将电缆推下很多，电缆已经盘结，应立即打捞，不可再往下推。

（2）当电缆粘附于井壁上，捞绳器无论下多深都碰不到电缆时，可以把捞绳器一直下到仪器遇卡位置，打捞电缆的下端，把仪器和电缆提到井口后，再用电缆绞车把电缆起出来。

（3）如果捞绳器未装挡绳帽，上提阻力很大，不能下放而能转动钻具时，就争取转动，同时循环钻井液。转动的目的有三个：一是缠紧电缆圈，使外径缩小；二是争取把电缆磨碎；三是争取把捞钩别断。这时，首先考虑钻具安全起出问题，其次考虑打捞电缆问题。

（五）技术规格

内钩捞绳器技术参数，见表1-36。

表1-36　内钩捞绳器技术参数

外径/mm	接头螺纹	挂钩直径/mm	挂钩数目/个	开口长度/mm	总长/mm
219	NC50	16	6	950	1400
194	NC50	14	5	800	1200
168	NC38	14	4	600	1100
140	NC38	14	3	500	900
102	$2\frac{7}{8}$inIF	14	3	400	800

三、外捞矛

外捞矛是在井筒内打捞测井电缆、钢丝等绳状的工具。外捞矛工具的加工必须要保证强度要求，严禁用有缝钢管加工，一般情况下采用5in钻杆或3.5in钻杆加工。这种工具在现场可以用废公锥、油管或小钻杆自行制造。

图1-51　外捞矛结构图
1—挡绳帽；2—捞钩

（一）结构

外捞矛由接头、挡绳帽、本体和捞钩组成。本体的锥体部分焊有直径为15mm的捞钩，捞钩与本体轴线呈正旋方向倾角，挡绳帽的外径应比钻头直径小8~10mm，圆周可以开6~8个斜水槽，挡绳帽的用途是防止电缆挤过挡绳帽而造成卡钻。外捞矛结构如图1-51所示。

（二）工作原理

确定电缆或钢丝在井筒内的位置深度后，下入外捞矛过鱼顶20~30m，转动外捞矛利用捞钩将电缆或钢丝缠绕在外捞矛上，确定捞获后起钻。

（三）操作方法

1. 工具选择

根据套管内径或钻头直径选择工具，使用外捞矛时，挡绳帽的外径与套管内径或井眼直径的间隙不得大于电缆直径。

2. 钻具结构

（1）外捞矛 + 安全接头 + 钻杆。

（2）外捞矛 + 1 根钻杆 + 安全接头 + 钻杆。

3. 套管内打捞

若断落的电缆头在套管以内，可以用电缆接外捞矛直接打捞，但下外捞矛时也不能一次下入过多，要下一段起一段，逐步深入，看电缆张力是否增加，如发现电缆张力增加，应立即上起。在套管内也有这种情况，电缆盘结很死，捞绳器插不进去，可以下铣锥把电缆铣散，但铣锥外径不得小于套管内径 8～10mm。

4. 裸眼内打捞

（1）确定电缆头的位置。电测井内液体的电阻值，只要仪器碰到电缆，电阻回零或变小，即可确定电缆头的位置。

（2）下外捞矛入井，可以在测量或估算深度以下 20～30m 开始打捞，转动捞绳器 2～3 圈后上提，根据指重表悬重变化，确定是否捞获，悬重增加说明捞获落鱼。

（3）如悬重无变化，可再多下 1 个立柱，再转动 2～3 圈后上提 1 立柱的距离，如无任何显示，可再多下 1 个立柱，如此继续试探，但最多不许超过 100m。

（4）经第一次打捞，如捞上电缆，应丈量其长度，如果无法准确丈量，则称重，按 0.5kg/m 估算长度。

（5）根据上次打捞出的电缆长度估算井下电缆头的深度。可以从第一次打捞的深度开始，每下 1 立柱，转动 2～3 圈，再上起 1 立柱的距离，检查井下情况，最多下入深度不许超过 4 个立柱，必须起钻。

（6）打捞电缆时，若下带挡绳帽的外捞矛，下钻时可能遇阻，此时已将电缆推下很多，电缆已经盘结，因此只要发现遇阻，应立即打捞，不可再往下推。

（7）若电缆粘附于井壁上，外捞矛无论下多深都碰不到电缆。此时，就可以把外捞矛一直下到仪器遇卡位置，打捞电缆的下端，把仪器和电缆提到井口后，再用电缆绞车把电缆起出来。

（8）若上提阻力很大，下放已不可能时，就争取转动以缠紧电缆圈，使外径缩小、把电缆磨碎或把捞钩别断，同时循环钻井液，设法把钻具起出来。

四、开窗式打捞筒

开窗式打捞筒是用来打捞长度较短的管状、柱状落物或具有卡取台阶落物的工具，如带接箍的油管短节、筛管、测井仪器、加重杆等。

（一）结构

开窗式打捞筒由接头、筒体、两副卡板和引鞋组成。上接头上部有与钻柱连接的钻杆

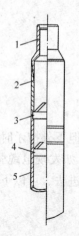

图1-52 开窗式打捞筒结构图
1—接头；2—筒体；3—卡板；
4—螺纹连接；5—引鞋

扣，下端与筒体相连。筒体一般采用套管制作，筒体上开有1~3排梯形窗口，在同一排窗口上有3~4只梯形窗舌，窗舌向内腔弯曲，弯曲后的舌尖内径略小于落物最小外径，如图1-52所示。

（二）工作原理

当落鱼进入筒体并顶入窗舌时，窗舌外胀，其反弹力紧紧咬住落鱼本体，窗舌也牢牢卡住台阶，即把落物捞住。

（三）操作方法

（1）地面检查工具完好及与落鱼配合情况，如有不合适，进行修整，直到合适为止。

（2）打捞时，下钻至鱼顶以上2~3m，慢转钻柱下放，引鱼入腔。

（3）继续下放管柱，稍加钻压一次后，提起1~2m，重复打捞数次，即可起钻。

（4）平稳起钻，勿碰与敲击钻柱，以免将落鱼震落。

五、三球打捞器

三球打捞器是专门用来打捞落井仪器和抽油杆接箍或抽油杆加厚台肩部位的工具。

（一）结构

三球打捞器由筒体、钢球、弹簧、引鞋、堵头等零件组成。筒体上部为公扣，用来连接加长筒接头和加长筒，然后连接变扣接头，以便与钻具配接。在公扣与筒体的台肩外，均布3个等直径斜孔，与筒体内大孔交汇。3个斜孔内各装有1个大小一致的钢球和弹簧，并被连接在筒体下端的引鞋上端面堵住。引鞋下部内孔有很大锥角，以便引入落鱼，工具可进行循环。其结构如图1-53所示。

（二）工作原理

三球打捞器靠3个钢球在斜孔中位置的变化来改变3个球公共内切圆直径的大小。落鱼进入引鞋后，接箍或台肩推动钢球沿斜孔上升。同时，压缩3个顶紧弹簧，待接箍或台肩通过3个球后，3个球在其自重和弹簧的压力作用下沿斜孔回落，停靠在落鱼本体上，

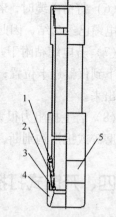

图1-53 三球打捞器结构图
1—堵头；2—弹簧；3—钢球；
4—引鞋；5—筒体

落井仪器马笼头打捞帽台肩或抽油杆台肩及管柱接箍因尺寸较大，无法通过而压在 3 个钢球上，斜孔中的 3 个钢球在斜孔的作用下，给落物以径向夹紧力，从而抓住落鱼或仪器。

（三）打捞测井仪器的操作方法

1. 安装

（1）校准拉力，按 6kN/km 计算，直井多提 5kN，斜井保持原拉力，距井口 0.5m 电缆处做记号。

（2）上提电缆 1~2m，打"T"形卡坐到井口，从记号处剁断电缆。钻井队安装天地滑轮，小队安装加重杆、快速接头。

（3）起电缆，将快速接头起至井架二层台，由钻工放入待下的第一根钻杆里。

（4）司钻提起钻杆，连接打捞筒。

（5）连接快速接头，上提电缆，将"T"形卡起出井口。检查天地滑轮、电缆、绞车。

（6）卸"T"形卡，慢放钻杆至井口。慢放电缆，将快速接头用卡盘坐在钻杆接头上，在绞车电缆上做好记号。

2. 下钻

（1）司钻将空游车提离井口，钻工打开快速接头。起电缆，将快速接头起至二层台，由钻工放入待下的钻杆中，下放电缆。

（2）司钻上提钻杆，钻工扶好钻杆到井口，连接快速接头。

（3）绞车上提电缆，将快速接头提离钻杆接头 5~10cm，钻工撤掉卡盘，接钻杆。

（4）匀速下钻到井口，司钻将空游车上提，钻工放好卡盘，绞车缓慢下放电缆，坐好卡盘，放松电缆，钻工打开快速接头，起电缆至二层台。

（5）下钻过程中如果出现遇阻现象（砂桥），应采取循环钻井液的方法冲洗，仍不能下放，应起出该打捞器，更换小直径打捞器，遇阻吨位不能超过 30kN，防止切断电缆。

（6）下钻时，注意观察电缆张力，如张力下降，可上提电缆；如提前解卡，可停止下钻。起电缆，将快速接头起至井架二总层台，计算好打捞筒至仪器距离，铠装好电缆后，起电缆至仪器进打捞筒。下钻时，若需循环钻井液，可将快速接头用循环挡板坐在钻杆水眼里，井队可接方钻杆循环钻井液。在铠装电缆和起电缆过程中，井队要注意活动钻具，只能上下活动，不能转动钻具。

3. 打捞

（1）打捞筒距仪器 2~3 立柱时，就要缓慢下放钻具。密切观察电缆张力，若电缆张力持续增加，说明打捞器已压紧仪器。

（2）司钻上提钻具，若电缆张力持续下降，接近零张力，说明已抓住仪器，否则继续下放钻具。

（3）上提电缆，张力上升，可比原张力增加 10~15kN。下放电缆，若张力持续下降，接近零张力，说明已抓住仪器。

（4）起钻杆1立柱，卸开钻杆，打开快速接头，反抽钻杆1~2立柱，为铠装电缆留下足够长度。

（5）在钻杆接头处将电缆用"T"形卡卡住，将快速接头连同电缆拉下钻台，从快速接头两端剁断电缆。铠装电缆时，井队注意活动钻具。

（6）卸"T"形卡，绞车上提电缆，保持张力40~50kN，重新打好"T"形卡，井队用游车缓慢拉断电缆。

（7）卸"T"形卡，用绞车起出电缆（井队注意活动钻具）。

（8）电缆起出后，井队起钻，严禁钻盘卸扣。

（9）如果起钻时出现遇卡现象，钻具提拉负荷不能超过该井钻具悬重加150kN的拉力，应在小于该吨位的拉力下，平稳地上下活动钻具。

4. 退出落物

（1）不带台阶落物退出方法。

卸掉接头及加重筒部分，向上拉出马笼头。

（2）带台阶落物退出步骤。

①卸掉接头及加重筒部分。

②卸掉丝堵及弹簧。

③旋转打捞筒，倒出钢球。

④抽出马笼头。

（四）维护保养

（1）各种尺寸打捞器必须建立使用档案，记录使用过程中是否加压超限，大吨位提拉和受到强大的扭转力。如有以上现象，必须经过超声波探伤，方能再次下井。

（2）各部位清洗干净后，上油防锈，并且每口井必须更换钢球和弹簧。

（3）如打捞器在高浓度硫化氢、二氧化碳环境中作业达到3次，应强制性报废。

（4）使用5年有过多次遇卡遇阻记录，经探伤强度下降，应强制性报废。

（5）决不允许在打捞器任何部位电焊与气焊，防止出现应力集中，造成落井故障。

（五）技术参数

三球打捞器技术参数，见表1-37。

表1-37 三球打捞器技术参数

序号	规格型号	外形尺寸/mm	接头螺纹	使用规范及性能参数	
				落物规格	工作井眼/in
1	SQ95—01	95×305	2in 油管母扣	3/8in 3/4in 抽油杆台肩接箍	4½
2	SQ95—02	95×305	2in 油管母扣	7/8in 1in 抽油杆台肩接箍	4½
3	SQ102—01	102×700	2½in 外加厚油管母扣	ϕ52~61mm 测井仪器马笼头打捞帽	5

续表

序号	规格型号	外形尺寸/mm	接头螺纹	使用规范及性能参数	
				落物规格	工作井眼/in
4	SQ102—02	112×305	2½in 外加厚油管母扣	7/8in 1in 抽油杆台肩接箍	5
5	SQ102—03	112×180	依钻具定	φ57~62mm 测井仪器马笼头打捞帽	5
6	SQ114—01	114×305	依钻具定	5/8in 3/4in 抽油杆台肩接箍	5½
7	SQ114—02	114×305	依钻具定	7/8in 1in 抽油杆台肩接箍	5½
8	SQ134—02	134×800	依钻具定	φ58~61mm 马笼头打捞头	5½
9	SQ140	140×320	依钻具定	3/4in 7/8in 1in 抽油杆	6⅝
10	SQ150	150×320	依钻具定	台肩及接箍	7
11	SQ160	160×800	依钻具定	φ82~92mm 测井仪器马笼头	7

第八节 辅助打捞工具

辅助打捞工具是指与常规打捞工具配合，以便打捞作业更加安全、可靠，提高打捞成功率的一些配套工具。如安全接头、正反接头、铅模、可变弯接头、壁钩、套筒磨鞋、领眼磨鞋、扩孔铣锥等，本节主要介绍其结构、工作原理、操作方法、注意事项、维护和保养等内容。

一、AJ 型安全接头

AJ 型安全接头是钻井、修井、试油（气）等钻井施工过程中能安全退出的一种专用工具。它适用于井下故障处理，也适用于钻井、取心和中途测试。将它连接于所用钻柱的需要部位，保护钻柱，不影响钻具正常工作，一旦井下工具被卡，可借助安全接头退出卸开卡点以上钻柱，再次下钻时还可以对接。

（一）结构

AJ 型安全接头由上部的公接头、下部的母接头和两组"O"形密封圈组成，其结构如图 1-54 所示。

（二）工作原理

公、母接头上设计有拉紧机构，在圆周上等分为三个凸台，工作面是接触面，施加一定的扭矩后，由于工作面

图 1-54 AJ 型安全接头结构图
1—公接头；2，3—"O"形密封圈；
4—母接头

的升角,使公、母螺纹接头被拉紧并连接成一个刚性体。下部钻具被卡后,处理不能解卡,施加扭矩钻柱可以退出,再次下钻时还可以对接。

(三)操作方法

1. 下井前的检查

把安全接头卸开检查,看公、母锯齿螺纹及"O"形密封圈是否完好,并且涂好润滑脂重新上好。注意:短斜面应靠紧,而长斜面应有一定间隙。为保险起见,可以再试卸一次,卸扣力矩应为上扣力矩的 40% ~ 60%。

2. 安装位置

安全接头应直接接在打捞工具上面,落鱼被卡需要退出安全接头时,留在井下的工具最少。井下情况允许时,在安全接头上再接一个下击器,便于解脱安全接头。

3. 退出与对扣

(1)给安全接头施加一反扭矩〔约(1~2)圈/1000m〕,然后用下击器下击或用原钻具下顿,使安全接头解除自锁。

(2)上提钻具,使安全接头处保持 5 ~ 10kN 压力。注意:上提拉力不能超过钻具原悬重,否则,安全接头又被自锁。

(3)反转退扣,由于安全接头是宽锯齿螺纹,螺距大,退扣时钻具的上升速度是普通钻具螺纹的 6 ~ 8 倍,判断是否已经松开。反转时,悬重下降,应及时上提,一直保持 5 ~ 10kN 的压力,直至完全退开。

(4)对扣:公接头下到公、母螺纹对接面处,加压 3 ~ 6kN,缓慢转动钻具上扣,并适当下放,保持钻压,即可将安全接头啮合。

(四)维护保养

(1)每次使用安全接头后,必须拆卸检查、清洗和润滑。

(2)公、母接头应进行探伤检查,有损坏的应按要求进行更换。

(3)"O"形密封圈有损坏或老化的应更换;"O"形密封圈有效储存期为 18 个月,建议每次维修时更新。

(4)组装。

①将上、下"O"形密封圈分别装在公接头的密封槽内。

②在公、母接头的宽锯齿螺纹面上涂上润滑脂,不得使用铅基或锌基,建议使用锂基、钙基、铝基润滑油脂。

③将公接头装入母接头旋紧,然后旋松,检查锯齿螺纹旋紧扭矩是否合适,以旋松扭矩为旋紧扭矩的 40% ~ 60% 为合格。

(5)安全接头在保养后,接头螺纹涂钙基润滑脂,并戴护丝。总成表面除锈涂漆,标明规格,妥善保管。

（五）技术参数

AJ 型安全接头技术参数，见表 1 – 38。

表 1 – 38　AJ 型安全接头技术参数

型号	外径/mm	连接螺纹	水眼直径/mm	最大工作拉力/kN	最大工作扭矩/kN·m
AJ 86	86	NC26 (2$\frac{3}{8}$inIF)	44	925	6.34
AJ95	95	2$\frac{7}{8}$inREG	32	1370	10.15
AJ105	105	NC31 (2$\frac{7}{8}$inIF)	54	1340	12.70
AJ105（UP）	105	2$\frac{7}{8}$inTBG 2$\frac{7}{8}$inUPTBG	58 54	1340	12.70
AJ108	108	3$\frac{1}{2}$inREG	38	2005	13.7
AJ121	121	NC38 (3$\frac{1}{2}$inIF)	57 68	1515	17.65
AJ140	140	4$\frac{1}{2}$inREG	57	2560	27.35
AJ146	146	NC46 (4inIF)	83	2255	30.70
AJ152	152	NC46 (4inIF)	83	2130	34.05
AJ156	156	NC50 (4$\frac{1}{2}$inIF)	95	3075	35.10
AJ159	159	NC50 (4$\frac{1}{2}$inIF)	80 95	3110	38.90
AJ171	171	5$\frac{1}{2}$inREG	70	3710	54.45
AJ178	178	5$\frac{1}{2}$inFH	92 102	3385	57.00
AJ197	197	6$\frac{5}{8}$inREG	89	3650	82.75
AJ203	203	6$\frac{5}{8}$inREG	127	2275	32.00
AJ229	229	7$\frac{5}{8}$inREG	101	—	—
AJ254	254	8$\frac{5}{8}$inREG	121	—	—
AJ115	115	3$\frac{1}{2}$inTBG 3$\frac{1}{2}$inUPTBG	72	600	—
AJ165	165	NC50	83	3360	48.90
AJ105（DP）	105	2$\frac{7}{8}$inDP	47	1365	11.90
AJ127	127	4UPTBG	88	658	—

注：若是左旋连接螺纹在型号后加注"—LH"，如 AJ—C86—LH。

二、H 型安全接头

H 型安全接头可以装在井下管柱所需部位，能够传递扭矩并能承受压力，一旦需要，可以从该接头处卸开，提出上部钻具，也容易重新对扣，继续井下作业。

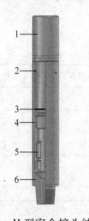

图 1 – 55　H 型安全接头结构图
1—公接头；2—销子；
3—"O"形密封圈；4—母接头滑块；
5—公接头凸块；6—母接头

（一）结构

　　H 型安全接头由上接头、下接头组成，两接头用销子连接成整体，上接头、下接头间用"O"形橡胶密封圈密封，如图 1 – 55 所示。

（二）工作原理

　　公接头设计有横、竖有序的凸块和滑槽，母接头内孔中有滑块。装配后，母接头的滑块在公接头的滑槽里。作业中，上提剪断销子后，公接头的滑槽沿母接头的滑块上、下、左、右运动，完成该安全接头的退、对动作。

（三）操作方法

　　退安全接头具体操作有下放法和上提法两种。

　　（1）下放法。首先上提钻具，剪断安全销子，然后反转［（1 ~ 3）圈/1000m］憋住，将钻具慢慢下放至遇阻，再上提即退开安全接头。

　　（2）上提法。上提钻具，剪断销子，下放钻具至原悬重使安全接头复位，反转［（1 ~ 3）圈/1000m］憋住，慢慢上提即退开安全接头。

　　注意：上提法是反转憋住上提，容易提飞对开式方补心，只适用于滚子方补心式顶驱情况。对扣方法是下放钻具到 H 型安全接头对扣位置，待公接头进入母接头遇阻后正转半圈，再下放便对好 H 型安全接头。

（四）维护保养

　　（1）从钻具上卸下安全接头并取出销子断头。

　　（2）卸开公、母接头并冲洗干净。

　　（3）检查公、母接头滑块有无拉毛和损伤，若有要修平整。

　　（4）检查"O"形橡胶密封圈是否老化和有无损伤，若老化或损伤，则更换新圈。

　　（5）公、母接头按钻具探伤要求进行探伤。

　　（6）公、母接头的滑块、滑槽及两端连接螺纹涂抹防锈、防腐润滑脂，然后装好放在通风干燥处存放。

　　（7）存放超过 18 个月，下井前必须重新换"O"形密封圈和重新涂抹润滑脂。

（五）技术参数

　　H 型安全接头技术参数，见表 1 – 39。

表1-39 H型安全接头技术参数

型号	外径/mm	内径/mm	接头螺纹 API	最大工作扭矩/kN·m	最大工作拉力/kN	剪销剪断力/kN		
						铝销	铜销	钢销
HAJ121	121	54	NC38	12	1000	56	85	113
HAJ159	159	57	NC50	16	1500	88	132	176
HAJ165	165	57	NC50	18	1500			
HAJ178	178	80	5½inFH	22	2000	127	137	225
HAJ203	203	71	6⅝inREG	22	2500			

三、正反接头

正反接头是处理钻井复杂故障中常用的一种井下辅助打捞工具,打捞作业时可以代替安全接头使用。

(一)结构

其结构如图1-56所示,由上接头、下接头、连接螺纹、接头水眼等组成。

(二)工作原理

图1-56 正反接头结构图
1,8—正扣母螺纹;2,5—正扣公螺纹;
3,6—反扣母螺纹;4,7—反扣公螺纹

由两只公、母接头组合而成,根据打捞钻具组合、钻具扣型来选择正反接头的组合形式。当钻具组合是正扣时,则正反接头的上下扣为正扣,两接头为反扣连接。否则,两接头为正扣连接,上下接头为反扣,用于打捞反扣落鱼。

(三)操作方法

(1)根据井下落鱼的扣型和尺寸,选择合适的正反接头。

(2)检查螺纹的磨损及接头扣型。

(3)组合正反接头,紧扣扭矩略大于正常钻具组合扭矩。

(4)将正反接头连接在打捞工具上面。

(5)按照使用打捞工具类型进行操作。

(6)打捞过程如出现钻具卡死,退出打捞管柱时,增大扭矩将正反接头之间的螺纹扭开即可。

（四）注意事项

（1）打捞前，进行通井循环，确保井眼畅通。

（2）由于正反接头之间连接螺杆和使用的打捞组合扣型相反，下钻遇阻不可强扭。

（五）维护和保养

使用后，要将两接头之间的螺纹卸开，检查螺纹是否损毁，并涂好密封脂。

四、铅模

当井下落物情况不明、鱼头变形，无法确定使用什么打捞工具时，需用铅模探测落鱼形状、尺寸和位置。有时，套管断裂、错位或挤扁时，也需用铅模加以证实。

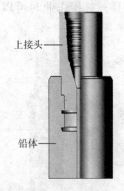

上接头——

铅体——

图 1 – 57　铅模结构图

（一）结构

铅模是由接头体和铅模两部分组成，接头体上部有螺纹，用以连接管柱，接头体下部在浇铸铅模的部位车有多个环形槽，以便固定铅模。铅模中心有孔，可以循环钻井液。平底铅模用于探测平面形状；锥形铅模用于探测径向变形，如图 1 – 57 所示。

（二）操作方法

（1）根据套管内径和井眼尺寸选择相应规格的铅印。一般情况下，铅印直径小于井眼直径 10%。

（2）下钻前，将印底（锥形铅印的圆周）整理平整，残余印迹应做好记录。

（3）井眼必须畅通无阻，严格控制下放速度，遇阻不得硬压。

（4）打印位置必须准确。平底铅印打印前，应先循环钻井液，待鱼顶冲洗干净后再打印。

（5）打印压力应根据鱼顶情况确定。如果鱼顶断面为尖茬，打印压力应小（5~15kN），加压过大容易将铅印损坏。如果判断鱼顶较为平整，可适当增加打印压力。例如，使用 ϕ255mm 铅印打印 ϕ127mm 钻杆接头时，打印压力一般为 50~80kN。

（6）使用锥形铅印打印套管磨损部位时，打印深度必须准确，并且不得硬压，否则将会挤掉铅模。

（7）井口卸铅印时，注意保护好印迹，防止地面印迹与打印印迹的混淆。

（三）注意事项

（1）铅模在搬运过程中必须轻拿轻放，严禁碰撞。放置时，应用软材料垫平。

（2）打印加压时，只能加压一次，不得二次打印，以免印痕重复，难于分析。

（3）为防止水眼堵塞，下钻时，每下放 300～400m 循环一次。

（四）规格参数

铅模技术参数，见表 1－40。

表 1－40　铅模技术参数

型号	外径/mm	水眼/mm	总长/mm	接头螺纹 API
QM78	78	20	200	2⅜inUPTBG
QM95	95	35	450	NC26
QM97	97	20	200	2⅞inUPTBG
QM116	116	20	200	2⅞inUPTBG
QM127	127	35	450	NC38
QM150	150	35	450	NC38
QM160	160	35	450	NC38
QM195	195	35	450	NC50
QM197	197	35	480	NC46
QM200	200	35	450	NC50
QM203	203	35	480	NC50
QM210	210	35	480	NC50
QM225	225	35	450	NC50
QM270	270	35	450	6⅝inREG
QM299	299	35	480	6⅝inREG
QM305	305	35	450	6⅝inREG
QM340	340	35	450	6⅝inREG
QM406	406	35	450	7⅝inREG

五、可变弯接头

可变弯接头是与打捞筒配合使用的专用工具，它除了能抓住倾斜落鱼外，还能寻找掉入"大肚子"井段的落鱼。可变弯接头可承受拉、压、扭、冲击等负荷。

（一）结构

KJ 型可变弯接头主要由上接头、筒体、限流塞、活塞、活塞凸轮、凸轮座、接箍、方圆销、定向短节、球座、调整垫、下接头及密封装置等组成，如图 1－58 所示。

（二）工作原理

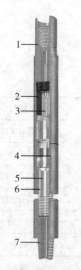

图 1-58　KJ 型可变弯接头结构图

1—上接头；2—筒体；

3—限流塞；4—凸轮座；5—球座；

6—接箍；7—方圆销

限流塞内孔很小，坐入活塞内孔后，改变了原来的流道面积，循环钻井液时，在活塞面上便产生一个压力差，这个压力差推动活塞下行，活塞下端与控制凸轮上端接触时，推动凸轮下行并围绕定位轴旋转一个角度，使凸轮下曲面摆向轴心，凸轮下曲面又推动球杆的上曲面向右偏移，使球杆围绕转向销子旋转一个角度，球杆下部向左摆，便形成一个偏斜弯接头。如果不停地循环钻井液，活塞上一直保持这个压力，则活塞施加于球杆的摆动力永远存在，球杆就不会回位。同时，转向销子又把球座与球杆销在一起，可以传递扭矩，所以转动钻具时，打捞工具可以指向不同的方向去寻找落鱼。

（三）操作方法

1. 钻具组合

壁钩 + 卡瓦打捞筒 + 可变弯接头 + 钻杆。

井下情况不明时：壁钩 + 卡瓦打捞筒 + 安全接头 + 可变弯接头 + 下击器 + 上击器 +1 柱钻铤 + 钻杆。

如果井眼直径较大，可变弯接头下端打捞工具的回转半径较小时，可在打捞工具和可变弯接头之间接短钻杆，以加大壁钩的回转半径。也可在可变弯接头上部接 2~3 根钻铤以增加其刚性，有利于找鱼顶。

若判断落鱼可能被卡时，应在可弯肘节与钻具之间接上击器、下击器等工具。必要时，可方便退出打捞筒。注意：不能将安全接头接在可变弯接头之上。

2. 井口试验

根据钻具内径选用合适的限流塞、活塞和打捞器。将活塞装进可弯肘节，放入限流塞，接方钻杆开泵试验，检查是否弯曲。同时，记录试验排量和泵压，以供井下操作时参考。

3. 操作步骤

（1）根据井径及落鱼情况，选用合适的可变弯接头。

（2）钻具下到鱼顶，开泵冲洗鱼顶沉砂，试探鱼顶。

（3）停泵，往钻具内投入预先选好的限流塞，开泵送塞入座（注意：限流塞入座后泵压会突然增高，在限流塞即将到位前应减小排量）。

（4）以小排量循环憋压打捞，只要保证可变弯接头有 8~10MPa 的压降，即可弯曲。

4. 注意事项

（1）下部壁钩钩尖调整到与可变弯接头弯曲方向相同。改变可变弯接头下接头内的调整垫圈的厚度即可调整下部工具的方向。

（2）打捞工具上部至少接一根加重钻杆，增加钻柱刚性。

（四）维护和保养

（1）使用后的可变弯接头应及时清洗，特别注意清洗限流塞；然后拆卸保养，以免钻井液锈蚀工具。

（2）卸掉上、下接头。

（3）卸下球座和定向短节，并清洗球面。

（4）起出活塞和限流塞并清洗，损坏的橡胶件必须更换。

（5）起出（或不起出清洗）凸轮和凸轮座并洗干净。

（6）检查是否有损坏的零件，有损坏的零件必须更换；并按以上卸下顺序逆向操作，装好可变弯接头，待用。

（7）再装配时，首先检查凸轮、定向短节铰接部位的转动灵活性，应无卡滞现象。

（8）装配时，凸轮面涂防蚀脂，螺纹部位涂钻具螺纹脂。

（9）紧扣后，装入限流塞。试验压力 15MPa，保压 5min，工具压力降不得超过 0.75MPa，合格后备用。

（五）技术参数

可变弯接头技术参数，见表 1-41。

表 1-41 可变弯接头技术参数

| 型号 | 外径/mm | 接头螺纹 API | | 水眼直径/mm | 弯曲角度/(°) | 最大抗拉载荷/kN | 最大工作扭矩/kN·m |
		上接头	下接头				
KJ102	102	NC31	NC31	25	7	1198	10.4
KJ108	108	NC31	NC31	35	7	1350	13.2
KJ120	120	NC31	NC31	45	7	1690	18.3
KJ146	146	NC38	NC38	60	7	2390	28.9
KJ165	165	NC50	NC50	70	7	2910	37.3
KJ184	184	5½inFH	NC50	75	7	3450	45.6
KJ190	190	5½inFH	NC50	80	7	3600	47.3
KJ200	200	5½inFH	NC50	85	7	2580	51.3
KJ210	210	5½inFH	NC50	90	7	4140	55.0
KJ222	222	5½inFH	6 5/8REG	100	7	4480	60.6
KJ244	244	6⅝inREG	7 5/8REG	110	7	5080	70.6

六、壁钩

壁钩无一定规范，根据需要而做，大致说来有两种：一种配合打捞工具使用，长度较短；另一种专门用来拨动鱼头，长度在 3~7m 之间。

图 1-59　壁钩

（一）结构

壁钩结构如图 1-59 所示，它是由高强度厚壁管或钻铤切割、锻制而成，上部和钻柱或打捞工具连接，下部为螺旋形钩头，内径要大于落鱼外径。

（二）操作方法

（1）下钻时，钻柱螺纹必须上紧，下入深度视壁钩长度而定。

（2）若带有打捞工具，不能使打捞工具下端超过鱼头，转动钻具，观察转动情况。若没有憋劲，说明钩头未碰到鱼身，若有憋劲，则说明钩头已钩到鱼身，应在保持憋劲的情况下锁住转盘，下放打捞工具对鱼。憋劲以（1~2）圈/1000m 钻具旋转为宜。

（3）若下入的是长壁钩，未带打捞工具，则下入深度可以超过鱼顶多一点，但不能超过鱼顶下部的第一个钻杆接头，在转动钻具有憋劲时，可以在保持憋劲的情况下上提钻柱，憋劲消失时的井深，就是鱼顶所在位置。可再下放壁钩，重复上述动作。若上提时发现憋劲减小，可再转 1~2 圈，此时最好不要脱离鱼顶，在鱼顶以下上下活动，若发现憋劲的方向有变化，表明鱼头可能已被拨动，即可起钻打捞。

七、套筒磨鞋

若落鱼的鱼头不规则，如变形、破裂、弯曲或鱼顶不齐，妨碍打捞工具进入或无法造扣，需要修整鱼顶，使其符合打捞工具的打捞要求，一般使用套筒磨鞋，禁止用平底磨鞋或凹底磨鞋。

（一）结构

套筒磨鞋，也叫外引磨鞋，因为它面积大，容易套住鱼头，可以防止鱼顶偏磨。若鱼顶在套管内，可以起到保护套管的作用，结构如图 1-60 所示。

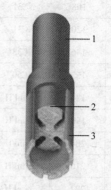

图 1-60　套筒磨鞋结构图
1—接头；2—磨鞋体；3—外引

（二）操作方法

（1）根据井径及鱼顶外径选择合适的套筒磨鞋，套筒外径应小于井径6%以上，套筒内径应大于鱼头外径10mm以上。

（2）转动时不能有憋劲，因为鱼头进入套筒后，一般不会发生憋钻，如有憋钻现象发生，则可能是套筒骑在鱼头上，应将钻具上提离开鱼头转动方向后，重新下放钻具。否则，易导致套筒变形，以后再难套入。

（3）套铣时加压不能过大，每英寸直径保持2~5kN即可，加压过大鱼顶部位产生弯曲，不利于磨铣修整。

（4）磨铣到预定深度后，减压至1~5kN，再研磨0.5~1h，消除可能产生的毛刺。

八、领眼磨鞋

领眼磨鞋也叫内引磨鞋，如鱼顶胀裂，或环形空间太小，下入套筒磨鞋不便时，可以下入领眼磨鞋修整鱼顶。

（一）结构

领眼磨鞋是由平底磨鞋和导向杆组成，导向杆的直径应根据鱼头内径来决定，顶部做成锥形或笔尖状，使它容易进入鱼头，导向杆可以是实心钢杆，也可以是空心钢杆，实心钢杆的优点是耐磨，不易掉落，空心钢杆的优点是可以通过导向杆循环钻井液，落鱼水眼内不会掉入铁屑，结构如图1-61所示。

图1-61 领眼磨鞋结构图
1—接头；2—硬质合金；
3—导杆；4—水眼

（二）操作方法

（1）根据井眼直径和落鱼水眼尺寸选择领眼磨鞋型号。

（2）用空心杆作导向杆时，壁厚不能小于10mm，磨鞋直径不能太大，因磨鞋直径越大，导向杆越不容易进入鱼头水眼。

（3）磨铣时有憋钻现象，可能是导向杆未插入鱼顶水眼，不可盲目磨进，应提起磨鞋，重新对中鱼顶。

（4）磨铣时加压不可过多，每英寸直径保持2~5kN即可。

（5）容易产生外伸的毛刺，若准备从外径打捞，应在起钻前减压研磨0.5~1h，以消除可能产生的毛刺。

九、扩孔铣锥

当母锥、打捞筒等外捞工具无法使用时，有时要利用扩孔铣锥扩大落鱼水眼，以便下入强度较大的打捞工具进行打捞。

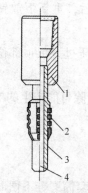

图 1 – 62　扩孔铣锥结构图

1—接头；2—钨钢；

3—引杆；4—水眼

（一）结构

扩孔铣锥如图 1 – 62 所示，由三部分组成，上部为连接螺纹，可以和钻柱连接，中部为铣锥，其外径根据需要设计；由碳化钨块镶嵌于钢体制成，其长度应不小于打捞工具的需要量；下部为导向杆，其外径应小于落鱼内径10 ~ 15mm，中心有循环孔，用以循环钻井液，整个工具要有较好的同心度和垂直度。

（二）操作方法

（1）根据井眼直径和落鱼水眼尺寸选择扩孔铣锥型号。

（2）使用扩孔铣锥的特定环境是"两小"，即落鱼水眼小，环形空间小，在扩孔时必须轻压（10 ~ 20kN）慢转（40 ~ 60r/min），保持钻井液循环，保护铣锥。

（3）进尺必须测量准确，要在相同工况下进行测量，当导向杆进入水眼后，加压10kN，量一个方入，磨铣完毕，稍稍提起铣锥至恢复原钻具悬重，然后下放加压 10kN，再量一个方入，两方入之差即为实际进尺。每磨铣 1h，应提起钻柱，校正指重表一次，确保加压值准确。

（4）起出铣锥后，丈量铣锥外径，实际扩孔内径应比铣锥外径大 1 ~ 1.5mm，以此选择打捞工具。

第九节　扩眼工具

扩眼技术是钻井工程重要的技术手段之一，在井身结构优化设计、复杂地层处理、提高套管环空间隙等方面具有广泛应用，扩孔技术的关键是扩眼工具，又称扩眼器。按照扩眼工艺，扩眼器分为随钻扩眼器和钻后扩眼器。钻后扩眼器根据切削翼的不同，又分为臂式扩眼器和块式扩眼器；随钻扩眼器按照执行机构的不同，又分为机械式、液压式和偏心式三种。

一、钻后扩眼器

钻后扩眼是在井眼钻完之后进行扩眼的技术，它可以解决套管环空间隙小（如盐膏层蠕变缩径等）导致的下套管困难、固井质量差等问题，常用的钻后扩眼器有臂式扩眼器和块式扩眼器。

（一）臂式扩眼器

1. 结构

臂式扩眼器通常由本体、控制机构和扩眼体三部分组成，如图 1-63 所示。

图 1-63　臂式扩眼器结构图
1—本体；2—控制机构；3—扩眼体

2. 工作原理

臂式扩眼器的控制机构可将中心管的垂直运动转换为扩眼体绕固定销的旋转运动，从而到达工作位置，扩眼体的收回通常依靠弹簧力或自身的重力作用。扩眼臂一般沿本体的周向均匀布置。臂式扩眼器目前使用较为广泛，如帝陛艾斯、胜利钻井院、国民油井等。帝陛艾斯 UR 扩眼工具如图 1-64 所示，机加工本体，三个刀翼，没有机械锁紧装置，可换水眼，该工具通过液压使刀翼张开，停泵后，回动弹簧闭合刀翼，由于设有制动块，切片翼的张开角度受到限制，只能为 35°或 90°。该工具有三层套筒，用于切换三种工作状态，实现钻后扩、纯钻进、随钻扩，但国内目前如新疆工区主要作为钻后扩孔工具使用。胜利钻井院的液压式扩孔器采用水力活塞式结构，利用喷嘴产生的压降推动活塞外张扩眼刀翼达到扩眼的目的，采用 PDC 复合片作为切削刃，各扩眼刀翼增设了保径齿，工作寿命长；大尺寸扩眼器本体外部设计了钻井液流道，如图 1-65 所示。国民油井扩眼工具如图 1-66 所示。该工具也是依靠液力激活，原理与上面相同。

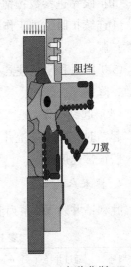

图 1-64　帝陛艾斯 UR
扩眼工具

图 1-65　胜利钻井院 YK 系列液压扩孔器

图 1-66　国民油井扩眼工具

3. 操作方法

（1）准备工作。

①丈量扩孔器尺寸，画出示意图，配合技术服务人员做好井口试验：检查刀片张开、

收缩是否正常；张开至最大位置所需的最小排量；测试在工具上产生的压差；捆绑好后方可入井。

②工具入井前通井，确保井眼畅通，扩眼器一次下至扩眼井段。

③钻具组合：钻头＋扩眼器＋钻铤＋钻杆。

④下扩眼器时，应避免中途开泵循环和转动钻具划眼。

（2）下钻操作。

①刹把操作平稳，严格控制下放速度，防止损坏扩孔刀片。

②下钻中途遇阻，如反复上提下放无效，则应转动转盘、轻划通过，避免中途开泵。

（3）扩眼操作。

①下钻至扩眼井段，先启动转盘正常旋转后，逐渐开泵，记录立压变化。

②造台阶，加压 10～20kN，循环旋转 20～30min，停转盘观察立压变化情况，当初始台阶形成时，立压会下降 2～5MPa（认真记录立压变化量）。

③扩眼钻进参数：钻压 10～30kN；转速 60～70r/min；排量根据井眼及泵压调整。

④连续扩眼钻进工作时间控制在 14～16h，将扩眼器提至已扩眼井段顶部，然后下钻继续扩眼。

⑤扩眼过程密切注意扭矩、悬重、泵压、钻井液密度的变化，遇到特殊情况及时调整参数，降钻压、转速。

（4）起钻操作。

起钻时，大排量洗井一周，确保井眼干净；扩眼器起至套管鞋缓慢上提，进入套管后，按正常速度起钻。

4. 技术参数

胜利钻井院 YK 系列液压扩孔器技术参数，见表 1－42。

表 1－42　胜利钻井院 YK 系列液压扩孔器技术参数

型号	通过井径（ϕ）/mm	刀翼数量	上端螺纹	下端螺纹	排量/（L/s）	钻压/kN	刀翼张开外径（ϕ）/mm
YK311－380	>311	3	6⅝inREG	6⅝inREG	30～40	5～40	352～380
YK216－280	>216	3	NC50	4½inREG	20～28	5～40	280
YK216－245	>216	6	NC50	4½inREG	20～28	5～40	245
YK165－190	>165	3	NC38	NC38	12～15	5～30	190
YK152－178	>152	4	NC38	NC38	12～15	5～30	178
YK118－140	>118	4	NC31	NC31	8～11	5～30	140

（二）块式扩眼器

1. 结构

块式扩眼器通常由本体、控制机构和扩眼体三部分组成，如图 1－67 所示。

2. 工作原理

块式扩眼器对扩眼体的控制方式
与臂式扩眼器类似，也是将中心管的
垂直运动转换为扩眼体的径向运动。
扩眼体的收回通常依靠弹簧力或燕尾
槽等机械装置，没有销轴等易损部件，
一般不会发生切削块脱落。

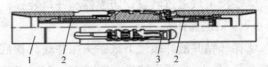

图 1-67　块式扩眼器结构图
1—本体；2—控制机构；3—扩眼体

块式扩眼器刀的翼轮廓一般设计为抛物面，可使领眼和扩眼井筒平滑过渡。在刀翼的
上半部分安装切削齿，可使扩眼器具备倒划眼功能；在中部布置带有保径齿的平垫，则可
使扩眼器具备扶正功能。

3. 操作方法

同臂式扩眼器。

二、随钻扩眼器

随钻扩眼顾名思义就是钻进的同时进行扩眼，主要是受上层套管的尺寸限制，大尺寸
钻头无法使用时所采取的一种扩眼措施。目前，主要采用双心随钻扩眼钻头与随钻扩眼
工具。

（一）一体式双心随钻扩眼钻头

1. 结构

双心随钻扩眼钻头由领眼钻头和扩眼刀
翼两部分组成，图 1-68 为双心随钻扩眼钻
头示意图。

2. 工作原理

领眼部分与常规钻头结构相同，钻进时

图 1-68　双心随钻扩眼钻头结构图
1—扩眼体；2—领眼钻头

处于井筒的最下端，可钻出 1 个直径较小的领眼；扩眼刀翼是带有切削刃的棱柱结构，沿
圆周方向布置于双心随钻扩眼钻头的侧面，通常只分布在1/4圆周范围内，能将领眼扩大
为工艺要求尺寸的井眼。

3. 操作方法

（1）准备工作。

①检查上一只钻头有无外径磨损、崩齿和落物损坏现象，如果上一只钻头磨小，必须
单独下一趟钻，使用常规钻头钻至正常井眼，不允许用双心随钻扩眼钻头进行扩缩径井段
作业。

②双心随钻扩眼钻头与常规的 PDC 钻头上扣方法一致。

③缓慢下放通过转盘、防喷器和井口装置，遇阻不可硬压。

（2）钻进操作。

①循环钻井液并缓慢下放钻头探井底（探底钻压不超过 5kN），到井底后将钻头提离井底 0.2～0.3m，开启转盘，转速 20～30r/min，大排量循环钻井液 5～10min。

②井底造型：在马达钻井中，转盘转速为 30～60r/min，排量要开到最大。

③记录泵冲和立压，比较设计与实际水力参数。

④井底造型至少 1.0m。

⑤提高转盘转速，以 10kN 的增幅增加钻压，以确定最佳的钻压。

⑥进行试钻，以确定最佳钻井参数。

（二）随钻扩眼工具

随钻扩眼工具具有随钻和扩眼功能，能与常规钻井工具匹配，能在地面启动或停止井下工具的工作，扩眼功能的实现则要求工具能够扩出所要求的井眼尺寸，而且扩眼钻井的速度应与常规钻井速度相当。为实现随钻扩眼工具的这些基本功能，国内外发展了多种结构形式的扩眼工具。

1. 结构

（1）胜利钻井院研制的 JK215-237X 型随钻扩孔器。

其结构可分为：执行机构、扩眼总成和本体结构三部分。其中：本体结构主要是容纳执行机构和扩眼总成，并与钻柱、钻头等钻具相连；执行机构是启动或停止工具扩眼作业的机构；扩眼总成则是具体执行破岩扩眼作业。胜利钻井院研制的 JK215-237X 型随钻扩孔器结构如图 1-69 所示。

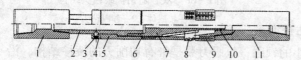

图 1-69 JK215-237X 型随钻扩孔器结构图

1—上接头；2—八方杆；3—锁销；4—定位套；

5—八方套；6—主体；7—锥体；8—刀片；

9—扶正套；10—密封圈；11—下接头

（2）百施特 MDR 随钻扩眼工具结构如图 1-70 所示。

（3）胜利钻井院研发的钻柱式双心随钻微扩眼工具如图 1-71 所示。

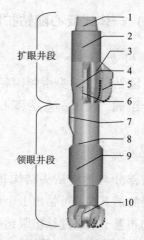

图 1-70 百施特 MDR 随钻扩孔工具结构图

1—上部连接丝扣；2—扩眼工具主体；

3—扩眼刀翼；4—导眼刀翼；

5—PDC 切削齿；6—可调喷嘴；

7—扩眼扶正块；8—下部连接丝扣；

9—BHA（井底钻具结合）；

10—可换领眼钻头（牙轮钻头或 PDC 钻头）

（4）胜利钻井院研发的超大直径液压扩眼器如图 1 - 72 所示。

图 1 - 71　胜利 DSR 双心微扩眼工具　　图 1 - 72　YKCD 超大直径液压扩眼器

2. 工作原理

双心微扩眼工具可接到钻柱中实现随钻微扩眼。具有上、下两组螺旋扩眼刀翼，下刀翼组负责钻进期间的随钻扩眼或下钻过程中的正扩眼，上刀翼组负责起钻过程中的扩眼。

3. 操作方法

现以胜利双心随钻微扩眼工具为例介绍。

（1）每次下井前均需进行外观检查，并绘制工具结构简图。

（2）未按要求进行探伤检验或丝扣、台阶磨损严重时，不得继续下井使用。

（3）根据实钻井眼轨迹和井眼实钻情况，根据使用目的选择在合适的位置，一般安装到钻铤与加重钻杆之间，对于蠕变和缩颈严重的情况，考虑在钻头上再接一个。

（4）在软地层中使用时，尽量避免在井下某一点长时间工作。

（5）应尽量避免在套管内和套管鞋处工作，以免碰坏套管或工具的 PDC 齿。

（6）使用后用清水冲洗干净，按钻杆探伤要求进行探伤，探伤不合格严禁入井。

（7）暂时不用时，两端涂抹防锈脂并戴护丝存放。

4. 技术参数

胜利 DSR 双心微扩眼工具技术参数，见表 1 - 43。胜利 YKCD 超大直径液压扩眼器技术参数，见表 1 - 44。

表 1 - 43　胜利 DSR 双心微扩眼工具技术参数

型号	扣型/mm	井眼尺寸/mm	本体直径/mm	扩后直径/mm	PDC 齿直径/mm
DSR—118	211×210	118	105	130	8
DSR—152	311×310	152.4	121	158	8
DSR—165	311×310	165.1	121	173	8
DSR—216	411×410	215.9	165	226	13
DSR—241	411×410	241.3	165	254	13
DSR—311	411×410	311.2	178	326	13

表 1 - 44　胜利 YKCD 超大直径液压扩眼器技术参数

型号	工具外径/mm	连接螺纹	工具总长/mm	井眼尺寸/mm	排量/（L/s）	钻压/kN	可扩最大直径/mm
YKCD118—500	115	NC31	1213	118	6 ~ 12	5 ~ 15	500
YKCD118—650	115	NC31	1213	118	6 ~ 12	5 ~ 15	650

续表

型号	工具外径/mm	连接螺纹	工具总长/mm	井眼尺寸/mm	排量/ (L/s)	钻压/kN	可扩最大直径/mm
YKCD152—500	142	NC38	1213	152	8 ~ 15	10 ~ 20	500
YKCD152—650	142	NC38	1213	152	8 ~ 15	10 ~ 20	650

三、破键器

破键器是为了破坏井眼内的键槽而设计的专用工具。该工具连接于钻铤上方，能有效地扩大键槽部位的尺寸，是钻井过程中常用的工具之一。

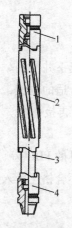

图 1 – 73　破键器结构图
1—上接头；2—滑套；
3—心轴；4—下接头

（一）结构

破键器由上接头、滑套、心轴、下接头四部分组成，如图 1 – 73 所示。滑套可以在心轴上做上下移动和转动，其外面堆焊 5 条螺旋硬质合金棱。滑套两端有锯齿形牙嵌，可分别与上接头下端牙嵌和下接头上端牙嵌相匹配。

（二）工作原理

正常钻进时，由于滑套自重，使下接头与滑套的牙嵌相啮合，该工具随钻柱一起旋转。到达键槽位置，滑套卡入键槽，加压正转时，可以产生向下的震击作用，使滑套解卡，迫使滑套向下移动。相反，如在钻具上施加一定拉力并正转，使键槽扩大器下接头与滑套牙嵌相啮合，滑套外圆的 5 条螺旋硬质合金棱切削键槽，从而破坏键槽。

（三）操作方法

1. 钻具组合

钻头十钻铤（长度同正常钻进）＋破键器＋钻杆。

2. 下井前的检查

接头螺纹是否完好；硬质合金棱尺寸是否符合要求；上牙、下牙无损坏；心轴加油润滑。

3. 操作步骤

将破键器下过键槽，循环调整好钻井液，用较低的速度上提钻柱，并随时注意遇阻情况。若发现遇阻，不要提死而应立即下放钻具，并采取下述方法破坏键槽。

（1）分清是钻具遇卡还是破键器遇卡。破键器遇卡与钻具遇卡的区别是：破键器遇卡时钻具能自由转动，且有上下为"L"的移动行程，而钻具遇卡时不能转动，没有移动行程。

（2）如果破键器遇卡，应下放钻具，加压 30～50kN 转动钻具，使上接头与滑套牙嵌啮合后产生震击使滑套解卡。

（3）接方钻杆开泵，比原悬重多提 10～20kN，正转使下接头和滑套牙嵌相啮合。采用倒划眼方法使滑套外圆的 5 条螺旋硬质合金棱切削键槽，从而破坏键槽。

（4）检查键槽是否完全被破坏，可将钻具下过原键槽井段，然后起钻观察是否遇卡。也可以将钻具下到井底，钻进 1～2h 后再起钻，观察是否遇卡。

（四）维护和保养

破键器上、下钻台以及搬运时，要戴好护丝，吊、放要平稳。每次起出后，用清水洗净内、外表面的泥污，检查各部位螺纹，本体外径磨损、有无弯曲变形。现场检查，出现判修、判废依据情况之一时，应回收修理或报废。

（五）规格参数

破键器技术参数，见表 1-45。

表 1-45　破键器技术参数

型号	外径/mm	水眼/mm	接头螺纹 API	硬质合金棱外径/mm	滑套行程/mm	总长/mm
JKQ121	121	40	NC38	125	315	1602
JKQ159	159	57	NC46	163	251	1650
JKQ178	178	57	NC50	183	251	1740
JKQ203	203	70	NC50	207	251	1739

第二章　取心工具

钻井取心是获取岩心的最直接方式，在油气勘探开发中发挥着极为重要的作用。岩心作为油气勘探开发过程中的第一手资料，可提供岩性、物性、矿物成分等地层信息，通过岩心分析可了解地层的强度、可钻性等指标，进而指导钻井作业实施和开发方案制定等工作。

取心工具分为常规取心工具和特殊取心工具。特殊取心包括密闭取心、定向取心、保压取心、保形取心、水平井取心等。

本章主要论述钻井取心工具的分类、结构组成、工作原理、操作方法及注意事项等。

第一节　常规取心工具

图 2-1　投球自锁式取心工具
（川-4 型）结构图
1，3—"O"形密封圈；
2—安全接头；4—旋转总成；
5—外筒；6—内筒；
7—稳定器；8—岩心爪

常规取心在石油勘探作业中被广泛使用，该工艺已有数十年的发展历史并不断获得改进。目前，最常用的是自锁式取心工具，分为投球式（川-4）和非投球式（川-5）两类。主要是利用岩心爪和岩心之间的摩擦力，在缩径套内，岩心爪收缩包心实现割心，一般适用于中硬-硬地层或成岩性较好的软地层取心。

一、投球自锁式取心工具

本节以川-4 型（投球式）常规取心工具为例进行说明。川-4 型（投球式）取心工具是石油、地质勘探钻井中最理想的取心工具之一，工具配套完善、规格齐全、技术先进，适用于软、中、硬及破碎地层取心。

（一）结构

川-4 型常规取心工具如图 2-1 所示，主要由安全接头、旋转总成、差值短节（或稳定器）、外筒、内筒、岩心爪组合件、取心钻头和辅助工具等部分组成。

（二）工作原理

该工具下钻到井底后，开泵循环清洗内筒和井底沉砂。取心钻进前，将凡尔球投入钻柱内，开泵送球入座。取心钻进时，内筒悬挂于轴承上不转动。割心时，上提钻具，使得岩心爪与岩心爪座锥面产生相对位移并卡紧割断岩心。

（三）操作方法

1. 取心准备

（1）取心前，保证井底无金属落物，井眼畅通。

（2）检查工具主要部件是否完好，冲洗孔无钢球及其他杂物堵塞。

（3）安全接头的摩擦环、螺纹完好，"O"形密封圈无损伤。

（4）旋转总成转动灵活。

（5）内、外筒无碰扁和影响强度的裂纹等缺陷，螺纹完好。

（6）卡箍岩心爪敷焊的碳化钨颗粒均匀，弹簧片岩心爪弹性要好。

（7）稳定器的外径应比钻头外径小 $1 \sim 3mm$。零部件完好，接头端面及螺纹完好无损。

2. 工具组装

（1）在地面上，首先将选用的岩心爪组合件和差值短节（或稳定器）上好，并戴好护丝。

（2）用提升短节将工具吊至钻台，安装钻头并按要求上扣后下入井眼内，并用安全卡瓦卡牢。

（3）外筒 1 个长度单元有效长度 $9.20m$，每次可下 $1 \sim 3$ 个单元。旋转总成的差值，用差值短节（或稳定器）来补偿。

（4）用内筒卡盘卡住内筒，并坐在外筒端面上，卸掉提升短节，按上述方法，将所需下井的内、外筒依次连接，用链钳上紧内筒组件。

（5）将地面上组装好的安全接头和旋转总成与内筒内螺纹连接好后，卸掉内筒卡盘下放内筒，最后将安全接头外螺纹与外筒内螺纹上紧。

（6）岩心爪座底面与钻头内台肩的纵向间隙为 $8 \sim 13mm$，否则，必须卸开旋转总成调整间隙。

3. 下钻

（1）下钻做到操作平稳，不猛刹、猛放、猛顿。

（2）下钻若遇键槽、狗腿、井径缩小井段，应缓慢下放；若严重遇阻，应下钻头进行通井。

（3）下钻中若遇沉砂（或垮塌物），应开泵循环转动钻具，清除沉砂（或垮塌物）。

（4）下钻完毕，充分循环钻井液、冲洗内筒、清洁井底，在转动钻具的同时下放钻具，使钻头接近井底，校对灵敏表。

（5）在转动钻具时，严禁钻具猛烈反转，以防倒开安全接头。

4. 取心

（1）缓慢下放钻具，让钻头接触井底，采用低限转速、排量、轻钻压（5kN）树心。树心完成，井底与钻头形状逐步吻合，这时可以逐渐调整至推荐取心钻井参数进行正式取心，见表 2-1。

表 2-1 推荐取心钻井参数

常规取心工具型号	钻头尺寸/in	软地层参数			硬地层参数		
		钻压/kN	转速/（r/min）	排量/（L/s）	钻压/kN	转速/（r/min）	排量/（L/s）
川 5-4	5⅞	10~60	50~100	6~12	20~70	40~65	7~12
川 6-4	6	10~60	50~100	6~12	20~70	40~65	7~12
川 6T-4	7½	10~60	50~100	6~14	30~80	40~65	8~14
川 7-4	8½	20~90	50~100	11~20	40~110	50~80	16~22
川 8-4	8½	20~90	50~100	11~20	40~110	50~80	16~22
川 9-4	12¼	45~120	60~100	22~32	60~130	50~80	24~32

（2）送钻均匀，增加钻压要缓慢，防止溜钻。

（3）施工要连续，无特殊情况，不准停泵、停转，钻头不得提离井底。

（4）观察机械钻速、泵压的变化，发现异常，果断处理。

（5）如遇卡心、磨心，应立即割心起钻。

5. 割心和接单根

（1）割心时，缓慢上提钻具，注意观察指重表变化，一般情况下，增加悬重 50~150kN 又立即消除，表明岩心已拔断。如果悬重增加 50~150kN 稳住不降，则应停止上提钻具，保持岩心处于受拉状态，增加钻井液循环排量，直至岩心完全拔断。

（2）若上提钻具不增加悬重，应立即起钻。

（3）若需接单根，拔断岩心后，关转盘锁销，保持井下钻具不转动，接好单根后，缓慢下放钻具到底，钻压提高 10%~50%，利用余心顶松岩心爪，上提钻具，恢复悬重后，启动转盘，逐渐增加至推荐钻压。

6. 起钻

（1）操作平稳，不要猛刹、猛放。

（2）不要用转盘绷扣、卸扣。

（3）起钻过程中，要连续灌钻井液，取心工具起出井口后，立即盖好井口，防止掉心和落物。

（4）用大钳卸松外岩心筒上的螺纹，并将钻头松扣（必须用钻头装卸器），然后用大钩和气葫芦将取心工具抬放到场地上。

7. 出心

在场地上采用活塞加堵头，用试压泵推出岩心，按岩心出筒顺序标出方向、序号，依序排列在岩心盒内。

（四）主要规格参数

投球式取心工具主要技术参数，见表2－2。

表2－2 投球式取心工具主要技术参数

工具型号	川9－4型	川8－4型	川7－4型	川6T－4型	川6－4型	川5－4型
外筒尺寸/mm（外径×内径×壁厚）	203×169×17	180×144×18	172×136×18	146×118×18	133×101×16	121×93×14
内筒尺寸/mm（外径×内径×壁厚）	159×140×9.5	127×112×7.5	121×108×6.5	108×94×7	89×76×6.5	85×72×6.5
岩心直径/mm	133	105	101	89	70	66
钻头外径/in	$9\frac{5}{8} \sim 12\frac{1}{4}$	$8\frac{1}{2} \sim 9\frac{5}{8}$	$7\frac{7}{8} \sim 9\frac{5}{8}$	$6\frac{1}{2} \sim 7\frac{7}{8}$	$5\frac{7}{8} \sim 6\frac{1}{2}$	$5\frac{7}{8} \sim 6\frac{1}{2}$
顶端扣型	$6\frac{5}{8}$inREG	NC50	NC50	NC38	NC38	NC38

二、非投球自锁式取心工具

川－5型（非投球）取心工具是川－4型取心工具的升级换代产品。结构、工作原理、操作方法与川－4型（投球式）取心工具完全相同。主要区别是钢球内置在旋转总成里。它不受内防喷工具使用的限制，可以在高压、高含硫地层中使用。

（一）结构

川－5型（不投球）取心工具采用大螺距、高强度螺纹来取代以往的普通三角形螺纹，大幅度提高了取心工具的强度。工具的主要结构包括悬挂体组合件、内筒、外筒、旋转总成及自动泄压机构等。其中，悬挂体组合件包括压帽、悬挂接头、制动环及调节螺帽等；旋转总成包括心轴、轴承盒、轴承等，和川－4系列取心工具心轴相比，不需要铣键槽，以免钻井液的持续冲刷键槽刺坏整个心轴，进而提升旋转总成强度；自动泄压机构包括钢球、梅花挡板、单流球座等，如图2－2所示。

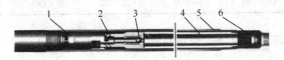

图2－2 非投球式取心工具（川－5型）结构图

1—悬挂体组合件；2—旋转总成；3—自动泄压机构；4—内筒；5—外筒；6—岩心爪组合件

（二）工作原理

安装好的岩心爪组合件和内筒之间相互连接，之后放置在外筒内，并且旋转总成的下端和内筒相互相连，而上端和悬挂体的组合件一同连接，其悬挂体的组合件上端和钻铤相互连接，下端外筒的螺纹和外筒相互连接。经有效调节其悬挂体组合件内的调节螺帽，可较好地调节整个内筒和钻头内台阶间存在的间隙，待工具组装完成以后进行下钻，且循环之后进行取心钻进。

（三）操作方法

1. 取心准备

（1）取心前，保证井底无金属落物，井眼畅通。

（2）安全接头的摩擦环、螺纹完好，"O"形密封圈无损伤。

（3）旋转总成转动灵活。

（4）内、外筒无碰扁和影响强度的裂纹等缺陷，螺纹完好。

（5）卡箍岩心爪敷焊的碳化钨颗粒均匀，弹簧片岩心爪弹性要好。

（6）稳定器的外径应比钻头外径小 1～3mm。零部件完好，接头端面及螺纹完好无损。

2. 组装、下钻和注意事项

工具组装、下钻的程序和注意事项参照"投球自锁式取心工具"的相应程序执行。

3. 取心

（1）不同取心工具推荐参数，见表 2-3。

表 2-3 推荐取心钻井参数

常规取心工具型号	钻头尺寸/in	软地层参数			硬地层参数		
		钻压/kN	转速/（r/min）	排量/（L/s）	钻压/kN	转速/（r/min）	排量/（L/s）
川 5-5	5⅞～6½	9～60	50～100	6～12	20～70	40～65	7～12
川 6-5	5⅞～6½	9～60	50～100	6～12	20～70	40～65	7～12
川 6T-5	6½～7⅞	9～60	50～100	6～14	30～80	40～65	8～14
川 7-5	7⅞～9⅝	20～90	50～100	11～20	40～110	50～80	16～22
川 8-5	8½～9⅝	20～90	50～100	11～20	40～110	50～80	16～22
川 9-5	9⅝～12¼	45～120	60～100	22～32	60～130	50～80	24～32

（2）操作程序和注意事项与"投球自锁式取心工具"相同。

4. 割心和接单根、起钻、出心等操作程序和注意事项

割心和接单根、起钻、出心等操作程序和注意事项参照"投球自锁式取心工具"执行。

（四）技术参数

川 – 5 型技术参数，见表 2 – 4。

表 2 – 4　川 – 5 型技术参数

工具型号	川 9 – 5 型	川 8 – 5 型	川 7 – 5 型	川 6T – 5 型	川 6 – 5 型	川 5 – 5 型
外筒尺寸/mm （外径 × 内径 × 壁厚）	203 × 169 × 17	180 × 144 × 18	172 × 136 × 18	146 × 118 × 14	133 × 101 × 16	121 × 93 × 14
内筒尺寸/mm （外径 × 内径 × 壁厚）	159 × 140 × 9.5	127 × 112 × 7.5	121 × 108 × 6.5	108 × 94 × 7	89 × 76 × 6.5	85 × 72 × 6.5
岩心直径/mm	133	105	101	89	70	66
钻头外径/in	$9\frac{5}{8} \sim 12\frac{1}{4}$	$8\frac{1}{2} \sim 9\frac{5}{8}$	$7\frac{7}{8} \sim 9\frac{5}{8}$	$6\frac{1}{2} \sim 7\frac{7}{8}$	$5\frac{7}{8} \sim 6\frac{1}{2}$	$5\frac{7}{8} \sim 6\frac{1}{2}$
顶端扣型	$6\frac{5}{8}$ inREG	NC50	NC50	NC38	NC38	NC38

第二节　特殊取心工具

特殊取心是指对岩心有特殊要求的取心工艺，多用在油田开发阶段。特殊取心工具按功能分，包括密闭取心工具、保形取心工具、保压取心工具。本节主要介绍工具的结构、原理、使用方法和技术参数。

一、密闭取心工具

在油田开发过程中，为真实了解地层岩性、物性、矿物成分等信息，采用密闭取心工具与密闭液，确保岩心不受钻井液污染，从而获得准确的含油、含气和含水饱和度等地质参数，为油气田开发之前的油田储量预测、合理开发方案制定和开发中期的剩余油饱和度及驱油效率的分布规律与变化规律分析提供可靠依据。

（一）结构

密闭取心工具按使用范围可分为直井密闭取心工具和定向井/水平井密闭取心工具两类，直井密闭取心工具为双筒双动，定向井/水平井密闭取心工具为双筒单动。其中，直井密闭取心工具如图 2 – 3 所示，主要由接头组件、"Y" 形密封圈、平衡活塞、外筒体、内筒体、岩心爪组合件、定位销和取心钻头等组成。

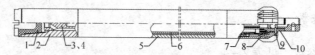

图 2 - 3 密闭取心工具结构示意图

1—塑料护丝；2—接头组件；3—平衡活塞；4—"Y"形密封圈；5—外筒体；

6—内筒体；7—岩心爪组合件；8—钻头；9—定位销；10—密封头组

（二）工作原理

密闭取心工具的内筒装满密闭液，上下密封。在取心钻进前，钻井液中加入示踪剂。开泵循环，使其均匀分散并达到地质化验要求。然后将工具下到井底加压将下活塞销钉剪断，钻进时岩心推动活塞上行，内筒的密闭液随岩心进入而被排出，排出的密闭液在钻头周围形成保护区，并立即粘附在岩心表面形成保护膜，防止钻井液渗入污染岩心，从而达到密闭取心的目的。

（三）操作方法

1. 取心准备

（1）检查工具，内外筒无变形、无裂纹，螺纹和密封槽完好，内筒中无剩余密闭液和污物，直线度不超过总长度的 0.2%。

（2）钻头内、外径符合要求，固定活塞销钉孔位置符合要求，内腔密封部位光洁。

（3）岩心爪无变形，尺寸符合要求，放在缩径套内转动灵活。

（4）下活塞外径与钻头内径间隙不大于 2mm。

（5）上活塞泄压阀灵活无锈蚀，密封完好。

（6）保证井眼畅通无阻，无缩径、掉块、阻卡现象，井底无落物。

（7）作业现场应准备 3m 和 6m 短钻杆各一根供调节方入用，并准备配合接头一只，管钳、链钳等工具。

（8）钻井液失水控制在 4mL 以下，钻井液密度尽量按近平衡钻井设计，取心前按要求在钻井液中加入适量示踪剂且循环均匀，其质量符合有关标准。

（9）密闭液的质量符合 SY/T 5347—2016 要求，在冬季施工时，密闭液适当保温，便于顺利装筒。

（10）设备和仪表性能良好，工作正常。

（11）井场应备有拆装取心筒的工具和相应的井口工具。

（12）造斜段、稳斜段的井斜角、方位角都应控制在设计下限，并保证井眼轨迹平滑。

（13）斜井段坚持短程起下钻，遇阻认真划眼，确保井眼畅通、井壁稳定、无坍塌掉块、无溢流、无漏失、井底干净无落物。

2. 工具组装

（1）在地面上依次安装自锁式岩心爪、下活塞总成和密封圈至钻头内部，嵌入销钉，同时做好钻头保护措施。

（2）必须用大钩和电（气）葫芦抬上钻台，钻台上应设栏绳，防止碰断活塞销钉。

（3）外筒上所有螺纹，用大钳紧扣，上扣扭矩与钻杆扭矩相同。

（4）密闭取心工具坐在井口后，在井口向内筒缓慢灌入密闭液，液面至分水接头水眼位置后静置 5min，保证灌满，然后上紧上活塞。

3. 下钻

（1）取心工具下井时，用 15m/min 的速度下放钻具，防止猛放、猛刹和硬压。

（2）下钻遇阻不超过 50kN，遇阻 50kN 时，应接方钻杆开泵循环，上下活动钻具，必要时可在取心技术人员指导下适当划眼，划眼 2m 应上提钻具，重新下放划眼。若遇阻井段较长或遇阻严重时，应起钻通井。

（3）取心工具下至斜井段时，司钻操作刹把，必须控制下钻速度，操作平稳。

（4）通过造斜点时，下放速度要慢，在斜井段内钻具静止时间不得超过 2min。

（5）记录起、下钻具时的摩阻数据，作为取心钻进时的参考数值。

（6）下钻到还剩一根单根时开泵循环。

（7）活动钻具时要切实把钻具活动开。

4. 取心

（1）钻头离井底 1.5~2m 开泵循环钻井液，清洗井底。

（2）钻井液调整好后，在方钻杆上划好到底方入记号，清洗井底，加压 80~100kN 剪断活塞销钉后开始取心钻进。

（3）取心操作启动转盘平稳、送钻均匀、控制憋跳钻，在设计钻井参数允许范围内，司钻可根据井下情况适当调整钻进参数。

（4）树心钻进时，钻压 10~20kN，转速 50~60r/min，钻进 0.1~0.2m 后，逐渐增加至设计钻压。

（5）对膨胀性泥岩，钻时快，岩心粗，应控制送钻速度。

（6）取心钻进中避免停泵、停钻。

（7）如果取心过程中发生堵心，应立即割心、起钻。

（8）注意观察机械钻速、泵压的变化，发现异常，果断处理。

5. 割心

（1）根据地质预告与钻时快慢，尽可能选在泥岩段割心。

（2）疏松地层在距割心部位 0.5m 左右时，比原钻压多加 20~30kN，形成粗心，以便割心卡得牢固，待钻压恢复至原钻压 50%~67% 时割心。

（3）钻遇硬地层，钻压恢复至原钻压 50%~60% 时割心。

（4）割心开始时，上提钻具要慢，上提拉力不得超过 200kN，如割不断不要硬拔，可采用磨心，以 30kN 左右拉力上提并启动转盘转 3~5 圈，或小排量开泵循环震动等方法把岩心割断。

（5）试探余心，钻头距井底 0.5m 左右，防止顶松岩心。

6. 起钻

（1）操作平稳，不要猛刹、猛放。

（2）不要用转盘绷扣、卸扣。

（3）起钻过程中，连续向井内灌满钻井液，取心工具起出井口后，立即盖好井口，防止掉心和落物。

（4）必须用大钳卸松外岩心筒上的螺纹，钻头松扣时，必须用钻头装卸器，并用大钩和电（气）葫芦将取心工具抬放到场地上。

7. 出心

（1）取心工具放在场地后，应立即出岩心。

（2）岩心出筒过程中如遇大雨、大雪，应停止出筒，同时保护好已出筒的岩心。

（3）顶岩心时，应缓慢顶出，岩心出口的正前方不准站人。

（4）用棉纱将岩心擦干净按顺序摆放，做好丈量记录。

（5）严禁用油手套、水等污染物接触岩心，防止岩心污染。

（6）如分层段取心，每段最好一次取心，在计算岩心收获率时，应减去岩心爪以下进尺长度。

二、保形取心工具

在疏松砂岩地层中，由于岩心强度低，不成柱，岩心出筒后就往往自成一堆散砂，岩心物性资料无法获得。因此，保持岩心原有形状，避免人为破坏，就成为保形取心的技术关键。目前，常采用保形取心工具，配合使用橡皮筒、玻璃钢内筒或复合材料衬筒，可满足保形取心的要求。

（一）结构

保形取心工具如图 2-4 所示，主要由护丝、上接头、活塞、加压杆、上活塞、分流接头、旋转轴承、内筒、外筒、加压式岩心爪、下活塞总成、取心钻头和定位销钉等组成。

图 2-4　加压式保形取心工具结构图

1—护丝；2—上接头；3—外筒短节；4—加压接头；5—旋转总成；6—内筒短节；7—上活塞；
8—扶正器；9—外筒；10—内筒；11—加压式岩心爪；12—钻头；13—定位销钉；14—下活塞

（二）工作原理

针对地层胶结松散、岩心不易成形、岩心出筒坍塌破碎而无法进行现场选样，采用内筒加装衬管对岩心保形，然后切割衬管保存岩心的特种取心技术。取心时，施加一定钻压将下活塞与钻头间的销钉剪断，形成的岩心顶着下活塞上移，钻井液便从岩心与内筒的环形空间向下做等体积排出，然后再采用切割衬管的方式出心。如需保形密闭取心时，将钻井液替换为密闭液。

（三）操作方法

1. 取心准备

（1）取心前，保证井底无金属落物，井眼畅通。

（2）检查工具主要部件是否完好，内部无其他杂物堵塞。

（3）旋转总成转动灵活。

（4）内、外筒无变形，无裂纹等缺陷，螺纹完好。

（5）衬管内壁光滑、平整、壁厚均匀。

（6）保形取心工具连接组装后，整个岩心管路应平滑，无台阶。

（7）取心前，必须充分循环钻井液并调整好钻井液性能，保证井底清洁、井眼通畅。

2. 工具组装

（1）内筒中放入长度适当的衬筒。

（2）取心工具上、下钻台必须用电（气）葫芦抬上、抬下，严禁在场地拖拉，防止取心工具和取心钻头损坏。

（3）取心工具外筒的所有连接螺纹必须用大钳（或液压大钳）紧固，紧扣力矩为 $13\sim16kN\cdot m$。

（4）所有密封圈必须完好无损，装配时应涂抹润滑脂，不允许有反转折扭现象。

（5）加压活塞杆紧固无松动，悬挂轴承转动灵活，轴向间隙为 $0.5mm\pm0.1mm$，3 个悬挂销子、销堵要安装完好，材质合格、无变形、无毛刺。

（6）岩心爪下端面与取心钻头内台阶之间的轴向间隙为 $7\sim10mm$。

（7）钻头紧扣或卸松必须用钻头装卸器。

3. 下钻

（1）下钻操作要平稳，严禁猛刹、猛放、猛顿、硬压，下放速度小于 $15m/min$。

（2）下钻遇阻不得超过 50kN，严禁用取心工具划眼。

（3）下钻到钻头离井底不小于 3m 时接方钻杆，开泵循环钻井液，冲洗内筒，清洁井底。

4. 取心

（1）开泵应缓慢，泵压不超过销钉的剪切压力（销钉的理论剪切压力为 110kN）。

（2）循环钻井液至振动筛上没有明显岩屑返出，同时调整钻井液性能符合设计要求。

（3）开始取心钻进前，卸开方钻杆，向钻具内投入钢球，开泵送球，观察钢球落座时间和泵压的变化情况，钢球落座后泵压升高 1 ~ 1.5MPa。

（4）取心必须由司钻操作，启动转盘平稳，送钻均匀，严禁溜钻，控制憋跳钻。无特殊情况，不停泵、不停钻，钻头不提离井底。

（5）推荐取心钻进参数为：钻压 30 ~ 120kN，排量 12 ~ 24L/s，转速 60 ~ 70r/min，松散地层取排量的低值；

（6）在设计钻井参数允许范围内，司钻可根据井下情况适当调整钻进参数；

（7）必须做好钻时记录，若发现钻时突然猛增、转盘扭矩变小或经判断为堵心时，应果断割心起钻。

5. 割心

（1）根据地质预告与钻时判断，应选择泥岩段割心。

（2）钻完取心进尺，停钻、停泵、量方入，做方入标记，然后在高压管线投球处，投入钢球，投球完毕，用泵送球。

（3）当钢球经过方钻杆时，能听见敲击声，这时可把排量增加取心钻进时的 1/3 左右，增加剪切力和剪切后内筒的下行冲击力，使岩心爪收拢得更好，钢球下落时间超过 3min，可适当转动钻具以防井下故障。

（4）当钢球落座时，瞬间泵压上升，然后又落至正常取心钻进时的泵压，同时手扶方钻杆，有明显的震动感，割心成功。

6. 起钻

（1）割心完毕后，应立即起钻。

（2）起钻操作要平稳，起钻速度应严格控制在二挡以内，必须用旋绳或液压大钳卸扣，严禁用转盘卸扣。

（3）起钻过程中，应连续向井内灌满钻井液，防止钻井事故发生。

（4）取心工具起至井口卡牢固定后，卸松缸体，卸开下接头，取出加压杆，然后卸开定位接头（内、外筒连接螺纹），用专用提丝将内筒提出外筒，把内筒平稳抬下钻台，平放在场地垫杆上。

7. 出心

（1）取心工具放在场地后，应立即出岩心。

（2）卸掉岩心爪及内筒下接头，将衬管抽出，若岩心需要保形，按规定长度进行切割，注上标记，进行包装冷冻处理，并进行丈量与计算。

（四）技术参数

常见的保形密闭取心工具主要尺寸，见表 2-5。

表2-5 保形取心工具主要尺寸

型号	取心工具外径/mm	工具顶端连接螺纹	岩心直径/mm
QT/BM133—66	133	NC38	66
QT/BM178—100	178	NC50	100
QT/BM180—101	180	NC50	101

三、保压取心工具

保压密闭取心技术是取得保持储层流体完整岩心的一种有效方法。这种岩心可准确求得井底条件下储层流体饱和度、储层压力、油层相对湿度及储层物性等资料。它对于正确认识地质情况和进行残余油储量计算，合理地制定开发调整井方案，提高采收率有着十分重要的意义。

（一）结构

保压密闭取心工具由上接头、球挂式差动装置、悬挂轴承总成、单向阀总成、内筒、外筒、球阀总成、岩心爪总成、取心钻头和密闭总成等组成，如图2-5所示。

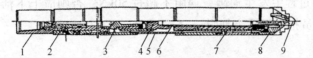

图2-5 保压密闭取心工具结构图
1—上接头；2—球挂式差动装置；3—悬挂轴承总成；4—侧压头；
5—外筒；6—内筒；7—球阀总成；8—钻头；9—密封头

（二）工作原理

保压取心筒是一种双筒单动式取心筒，外筒与取心钻头连接，传递钻压和扭矩，内筒悬挂于轴承上，工具下部是球阀总成。当割断岩心投入 $\phi50mm$ 的钢球，使之坐于滑套球座上时，在重力作用下球阀关闭，从而密封内筒岩心，同时压力补偿系统可恒定向内筒补充压力，直到与地层压力平衡为止。

（三）操作方法

1. 取心准备

（1）井场准备充足的淡水和运输工具。

（2）准备制冷设备、氮气、冲洗溶剂、示踪剂及易损零部件。

（3）取心设备和净化设备工作可靠，运转正常。

（4）所有密封部位无损伤，花键差动装置滑动无阻卡，球阀总成转动自如。

（5）工具清水试压。试压时，逐渐增压至 35.2MPa，经 15～30min 球阀面和球座不渗、不漏为合格。

（6）将所有部件清洗干净，密封面涂密封脂，螺纹涂丝扣油，不得碰伤。

（7）计算取心时的井底压力。

2. 工具组装

（1）向气体储存室和压力调节总成注入高压氮气。当压力调节达到井底压力时，再将气体储存室的压力增加到井底压力的 2.6～3 倍。

（2）模拟压力损失，开、关几次阀门，压力表的读数能回到预定的井底压力，表明压力调节系统工作正常。关闭所有阀门，放余压，拆除管汇、仪表，装上丝堵，放入水中检查有无渗漏。

（3）组装工具时，不得有任何操作不当，防止将滑阀打开。

（4）钻头内台肩与内筒鞋下端的间隙应为 6～9mm。

3. 下钻

（1）控制下钻速度在 15m/min 左右。

（2）严禁在同一位置长时间循环。

（3）下钻到距离井底一个单根时，开泵循环。

（4）如果下钻过程中发生遇阻，遇阻不超过 50kN，否则应上下活动，开泵循环，必要时在取心技术人员指导下适当划眼。

4. 取心

（1）下钻应控制速度，操作平稳，遇阻不超过 50kN。

（2）必须使用钻杆滤清器。

（3）配好方入，尽量不接单根（允许接单根）。

（4）钻井参数：钻压 10～60kN，转速 60～90r/min，排量 3.9～12.6L/s。

（5）取心钻进前，应在钻井液中加入示踪剂，待循环均匀后再取心钻进。

（6）对膨胀性泥岩，钻进快、岩心粗，应控制送钻速度。

（7）每取心钻进 0.25m 记钻时一次。

（8）如果取心过程中发生堵心，应立即割心、起钻。

（9）取心钻进中尽量避免停泵、停钻。若需要停钻时，钻头不得提离井底。

5. 割心

（1）割心尽可能选择岩心成柱性好段或泥岩段。

（2）钻完进尺以后，停泵，上提钻具割心。然后，投入一颗钢球，循环送球入座，当泵压比钻进泵压高 1～1.5MPa，延续 1～5s 以后，压力下降至钻进泵压以下时，说明球阀关闭，即可起钻。

（3）工具起出井口时，切勿用手检查球阀是否关闭，以免伤手。

（4）工具用大钩和气动绞车抬下钻台，清洗干净，送入工作间。

6. 起钻

（1）起钻速度适当，操作平稳，防止较大震动。

（2）起钻采用液气大钳卸扣，严禁转动转盘。

（3）取心工具起出井口后，立即盖好井口，防止掉心和落物。

7. 出心

（1）冲洗电子检测仪器。

（2）用切割机从岩心爪端开始，按顺序把内筒和岩心切割成要求长度，并尽可能在短时间内完成。

（3）将岩心两端戴上橡胶护帽，并用卡箍固定，在每段岩心两端挂上标牌后，再进行冷冻。

第三节 绳索式取心工具

绳索式取心工具适用于在松软地层或煤层气井快速取心。当井比较浅、井眼稳定、岩心成柱性好且岩心直径要求不大时，可采用绳索取心工具。

（一）结构

绳索式取心工具主要由打捞机构、弹卡机构、旋转总成、差值短节（或稳定器）、外筒、内筒、岩心爪组合件、取心钻头和辅助工具等部分组成，如图2-6所示。

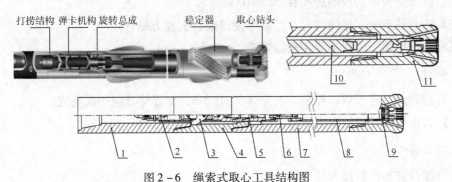

图2-6 绳索式取心工具结构图

1—上接头；2—打捞机构；3—弹卡机构；4—弹卡腔体；5—接头；6—旋转总成；7—外筒；
8—内筒；9—岩心爪组合件；10—补心杆组合件；11—取心钻头

（二）工作原理

绳索式取心工具的外筒和中筒是两个独立体，中筒可在外筒内上、下活动和转动，利用控制接头和控制卡板组保证中筒承座提出。取心钻进完成并割心后，从钻具水眼内下入带钢丝绳的打捞矛，捞住取心中筒打捞头，上提钢丝绳将取心中筒从钻具内提出。在地面取出中筒内的半闭合内筒，打开内筒取出岩心。同时，该工具可长段连续交替进行取心和钻进，减少起下钻次数，提高生产时效。该取心工具需采用专用钻杆，入井前需用内径规通内径。

（三）操作方法

1. 取心准备

（1）检查内、外筒总成的装配情况，调整好内、外筒配合间隙。

（2）下入前，用 $\phi80mm$ 通径规进行 $\phi127mm$ 钻杆通径。

（3）下钻要坚持分段循环，下钻时要严格控制速度，防止因压力激动压漏地层。

（4）下钻遇阻不超 50kN，否则接方钻杆划眼，按"一通、二冲、三划眼"操作，遇阻严重时，应改用牙轮钻头通井。

（5）钻具下到距井底 1 个单根时，循环钻井液。

（6）井内循环压力正常，井底无沉砂、掉块，井眼畅通无阻，方可送入内筒。

（7）内筒送入后，确认到位后方可钻进。

（8）取心前进行一次试取心。

（9）进入取心段以前，及时对钻井液进行预处理，充分做好防漏、防塌的技术和物资准备。

2. 取心

（1）推荐钻井参数：钻压 10～20kN、转速 65r/min，排量 20L/s。

（2）进尺变快时，控制进尺在 0.2～0.3m。

（3）正常钻进时，送钻均匀，严禁中途停泵、上提方钻杆。

（4）钻进中途，一般不要调整钻井液。

3. 割心

（1）钻到预定进尺后，停泵，上提 0.3～0.5m，上提钻具应一次完成。

（2）若地层较硬或钻遇夹矸煤层时，可在适当磨心后再行割心。

4. 提出岩心

（1）卸开方钻杆，投入打捞器。

（2）用随钻电缆线将打捞器均匀送下，距内筒打捞头约 50m，适当提高下放速度，以确保捞住内筒，不能放得太多，防止电缆跳槽或打绞。

（3）开始时要缓慢上提，待内筒进入钻杆后再加速，注意观察好指重表，以防卡死。

（4）上提遇卡应上、下活动，无效后将内筒在钻杆内脱开，否则可将打捞器的安全销拉断，起出电缆，进行起钻处理。

（5）起钻中严禁强拉，并随时往井内灌注钻井液，以保持井内压力。

（6）上卸钻头要注意保护好钻头的切削刃。

（四）技术参数

绳索式取心工具技术参数，见表 2 - 6。

表 2 - 6 绳索式取心工具技术参数

型号	取心工具外径/mm	工具顶端连接螺纹	岩心直径/mm
QT/SS 146—60	146	NC38	60
QT/SS 159—65	159	NC50	65
QT/SS 178—70	178	NC50	70

第三章　内防喷工具

内防喷工具是装在钻具管串上的专用井控工具，用来封闭钻具的中心通孔。发生溢流时，内防喷工具用来控制钻柱内压力，防止地层流体以及钻井液沿钻柱水眼向上喷出，损坏水龙带而导致井喷发生。内防喷工具主要有方钻杆上、下旋塞、顶驱旋塞、钻具止回阀、钻具旁通阀等。

第一节　旋　　塞

方钻杆旋塞阀简称"旋塞"，是一种重要的钻具内防喷工具，安装在方钻杆上端的旋塞称为方钻杆上旋塞，安装在方钻杆下端的旋塞称为方钻杆下旋塞。当发生溢流或井涌时，关闭方钻杆旋塞阀，阻断钻具内通道，防止溢流或井喷发生。

一、上旋塞

方钻杆上旋塞安装在水龙头下端与方钻杆上端之间，上部连接为内螺纹（母扣），下部连接为外螺纹（公扣），均采用左旋螺纹（反扣）连接。

（一）结构

旋塞结构如图 3-1 所示。由本体、孔用挡圈、卡环、挡圈、上阀座、密封件、挡环、定位环、旋钮、拨块、球阀、下阀座、波形弹簧、密封件等组成。

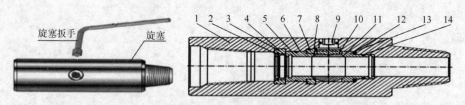

图 3-1　旋塞阀结构图

1—本体；2—孔用挡圈；3—卡环；4—挡圈；5—上阀座；6，14—密封件；7—挡环；
8—定位环；9—旋钮；10—拨块；11—球阀；12—下阀座；13—波形弹簧

（二）工作原理

1. 旋塞阀的打开

用专用工具即旋塞扳手，将旋塞阀旋钮逆时针旋转 90°，通过拨块，带动球阀一起旋转 90°，球阀通孔与本体通孔方向一致，旋塞阀处于打开状态。

2. 旋塞阀的关闭

用旋塞扳手，将旋塞阀旋钮顺时针旋转 90°，通过拨块，带动球阀一起旋转 90°，球阀的通孔与阀体通孔垂直正交，上、下阀座与阀心紧密配合，将水眼堵住形成密封。压力愈大，作用到球面的推力愈大，球阀心与阀座之间的密封也就越好，达到截断和密封钻具水眼的目的。

（三）操作方法

（1）使用前，选用专用扳手旋转阀心，检查阀心是否转动灵活。

（2）接到方钻杆上部后，再次用扳手试操作阀心的灵活程度，并将旋塞阀打在开位。

（3）打开旋塞阀时，用旋塞扳手将旋塞阀旋钮逆时针旋转 90°。

（4）关闭旋塞阀时，用旋塞扳手将旋塞阀旋钮顺时针旋转 90°。

（5）当发生溢流或井涌时，应就近关闭方钻杆上旋塞或下旋塞。

（四）技术参数

上旋塞技术参数，见表 3 - 1。

表 3 - 1　上旋塞技术参数

外径/mm	内径/mm	上端母螺纹	下端公螺纹	压力级别/MPa
197	71.4	6⅝inREG LH	6⅝inREG LH	35
197	63.5	6⅝inREG LH	6⅝inREG LH	70
197	63.5	6⅝inREG LH	6⅝inREG LH	105

二、下旋塞

下旋塞安装在方钻杆下端，上部连接为内螺纹（母扣），下部连接为外螺纹（公扣），均采用右旋螺纹（正扣）连接。

（一）结构、原理、操作

同上旋塞。

（二）技术参数

下旋塞技术参数，见表 3 - 2。

表 3 – 2　下旋塞技术参数

方钻杆规格/mm（in）	上端右旋内螺纹和 下端右旋外螺纹 API	最小孔径/mm	倒角直径/mm	压力级别/MPa
63.5（2½）	NC26（2⅜inIF）	31.8	83	35/70/105
76.2（3）	NC31（2⅞inIF）	44.4	100.4	35/70/105
88.9（3½）	NC38（3½inIF）	57.2	116.3	35/70/105
108.0（4¼）	NC46（4inIF）	71.4	145.3	35/70/105
108.0（4¼）	NC50（4½inIF）	71.4	154.0	35/70/105
133.4（5¼）	5½inFH	82.6	170.7	35/70/105
133.4（5¼）	NC56	82.6	171.0	35/70/105

三、顶驱旋塞

顶驱旋塞（顶驱内防喷阀）及其执行机构，在发现井涌时可立即执行井控动作，其作用类似于方钻杆旋塞。

（一）结构

顶驱旋塞也分为上旋塞和下旋塞，下旋塞同方钻杆旋塞相同，由专用扳手手动转动；上旋塞由本体、弹簧、下阀座、球阀、旋钮、上阀座、挡圈等组成，外部与执行机构相连，如图 3 – 2 所示。

（二）安装位置

顶驱旋塞用于顶驱钻井装置上，分上旋塞和下旋塞，连接顺序是：顶驱主轴 – 上旋塞 – 下旋塞 – 保护接头 – 钻具，连接如图 3 – 3 所示。

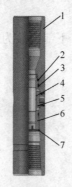

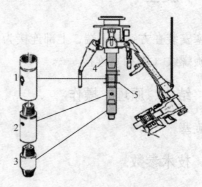

图 3 – 2　顶驱旋塞结构图　　　　　图 3 – 3　顶驱旋塞连接示意图

1—本体；2—弹簧；3—下阀座；4—球阀；　　1—上旋塞；2—下旋塞；3—安全接头；

5—旋钮；6—上阀座；7—挡圈　　　　　　4—主轴；5—上旋塞执行器

（三）工作原理

当井内压力高于钻柱内压力时，可以通过关闭顶驱旋塞阻断钻柱内部通道，从而防止井涌或者井喷的发生。上旋塞外面有液压驱动执行器，执行器和阀体之间靠一驱动销连接，当司钻操作顶驱控制箱上旋塞开/关按钮后，顶驱系统就会通过切换液压执行器的油路来实现上旋塞的开/关动作。

（四）操作方法

（1）使用前，对顶驱旋塞进行试压、检查，合格后方可使用。

（2）当需要开、关时，司钻扭动旋钮控制打开或关闭顶驱上旋塞。

（3）下旋塞用专用扳手打开或关闭。

（五）维护保养

（1）严格按照各顶驱服务手册的要求对顶驱旋塞进行维护保养，做好保养记录。

①控制装置滑套上移，露出遥控 IBOP 润滑孔。

②卸下锥堵，装上油嘴，用黄油枪向油嘴加注润滑脂。

③加完润滑脂后，卸下油嘴，装上锥堵。

（2）严格按照各顶驱服务手册的要求定期对顶驱旋塞进行磨损检查，并定期进行探伤检查。

（3）顶驱旋塞有问题（包括机械、液压等问题）要及时处理。

（4）确保顶驱旋塞开、关灵活，下旋塞每天要用专用扳手活动 1 次，以免卡死，专用扳手要由专人负责保管，不得挪为他用，液动上旋塞动作要可靠。

第二节　钻具止回阀

钻具止回阀是钻井过程中的一种重要内防喷工具。钻具止回阀按结构分为：箭形、球形、蝶形止回阀，投入式止回阀，钻具浮阀，还有快速抢接装置等。使用中安装在钻具的预定部位，只允许钻柱内的流体自上而下流动，而不允许其向上流动，防止流体从钻具内喷出。

一、箭形止回阀

箭形止回阀又称箭形回压阀，是常用的钻具内防喷工具之一。

（一）结构

箭形止回阀由阀体、阀心、阀座、弹簧、支撑座及密封件等组成，结构如图 3-4 所示。

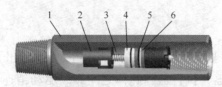

图 3-4 箭形止回阀结构图

1—阀体；2—支撑座；3—弹簧；

4—阀心；5—密封件；6—阀座

（二）工作原理

待命工况下，阀心在弹簧力的作用下，紧贴阀座，止回阀处于关闭状态。当钻井液正循环时，流动的钻井液克服阀心弹簧力推动阀心向下移动离开阀座，阀开启，钻具内通道畅通；当钻井液正循环停止或发生溢流、井涌时，在弹簧力和井内压力的作用下，阀心回位紧贴阀座，阀关闭，达到封闭钻具内通道的目的。

（三）操作方法

（1）使用前，对箭形止回阀进行检查，按动阀心看是否灵活。

（2）箭形止回阀接在钻铤与钻杆之间。

（3）每次使用完后，用清水将箭形止回阀内部清洗干净，并在止回阀内涂抹润滑油。

（四）技术参数

箭形止回阀技术参数，见表 3-3。

表 3-3 箭形止回阀技术参数

型号	外径/mm	内径/mm	总长/mm	接头螺纹 API	压力级别/MPa
JF86	86	34	400	NC26	35/70/105
JF105	105	45	400	NC31	35/70/105
JF121	121	57	500	NC38	35/70/105
JF152	152	74	500	NC46	35/70/105
JF162	162	83	550	NC50	35/70/105
JF184	184	83	550	$5\frac{1}{2}$inFH	35/70/105

二、球形止回阀

球形止回阀是一种钻柱内防喷工具，允许钻井液正向流过，不允许反向回流。

（一）结构

由钢球、弹簧、阀座、本体组成，结构如图 3-5 所示。

（二）工作原理

当钻井过程中发生溢流或井涌时，借助弹

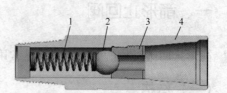

图 3-5 球形止回阀结构图

1—弹簧；2—钢球；3—阀座；4—本体

簧力及上返循环压力迅速关闭其阀道，关闭钻具水眼通道。

（三）操作方法

同箭形止回阀。

三、蝶形止回阀

蝶形止回阀与钻杆接头连接，是一种钻柱内防喷工具。当发生井涌、井喷时，借助弹簧力及上返循环压力迅速自动关闭其阀孔通道，堵截钻具水眼通道，防止井喷事故的发生。

（一）结构

由阀体、调节压帽、弹簧、阀瓣、扶正套等构成，结构见图3-6。

（二）原理、操作

同箭形止回阀。

四、投入式止回阀

投入式止回阀是一种钻柱内防喷工具。阀体接在钻柱需要的部位下入井内，需要时投入阀心，自动关闭钻柱内通道。

（一）结构

投入式止回阀主要包括就位接头和阀心两大部分，阀心结构主要包括接头、弹簧、阀体、堵塞器、卡瓦体、牙块组、阀体螺母等，如图3-7所示。

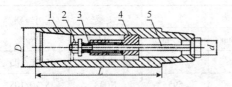

图3-6 蝶形止回阀结构图

1—阀体；2—调节压帽；3—弹簧；
4—扶正套；5—阀瓣

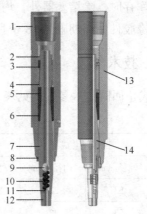

图3-7 投入式止回阀结构图

1，13—就位接头；2—阀体螺母；3—牙块组；4—卡瓦体；
5—止推垫圈；6—堵塞器；7—阀体；8—止动环；9—钢球；
10—弹簧；11—弹簧座；12—接头；14—阀心

（二）工作原理

正常钻进时，就位接头可作为钻具的组成部分接在预定位置，与其他钻具一起下井使用。

当发生溢流或井涌时，卸开方钻杆，将阀心总成从钻柱水眼内投入（也可以开泵送下），当阀心总成到达就位接头后被停止。此时，阀心总成的牙爪与就位接头的锯齿牙相互锁定，阀心总成被固定。阀心内的钢球在弹簧和井下高压液流的推举下压紧密封座，封闭水眼。井下高压推动阀心上行，迫使堵塞器胀大密封就位接头的孔壁，这时就位接头和阀心组件组成了一套内防喷器装置。

（三）操作方法

（1）入井前，上紧就位接头上的止动环，防止松脱。

（2）就位接头带止动环安装在钻柱的指定位置。

（3）发生溢流或井涌时，卸开方钻杆，从钻柱水眼内投入阀心总成（也可以开泵送下），当阀心总成到达就位接头后起到内防喷作用。

（四）维护保养

（1）工具从井内取出后要冲洗干净，并拆卸检查。

（2）涂润滑脂重新组装，保证牙块在阀体的导槽上运动灵活。

（3）堵塞器要防止油浸、涂料和有腐蚀性化学物质的侵蚀，不得有脆裂、老化和损伤密封面等情况，严禁浸泡在油中。

（4）当阀心总成在钻台上或库房储存时，堵塞器要用保护物包裹，牙块不被碰坏。在不受日晒雨淋和尘土飞扬的地方储存时，应放在通风良好的场所。

（5）库存时，除堵塞器外，均应涂防锈油，且每6个月保养一次。

（6）橡胶件储存期限为18个月。

（五）技术参数

投入式止回阀技术参数，见表3-4。

表3-4 投入式止回阀技术参数

型号	回压阀总成		就位接头			接头螺纹 API	压力级别/ MPa
	外径/mm	内径/mm	外径/mm	内径/mm	长度/mm		
HY46	53	22	121.5	54	595	NC38	35/70/105
HY50	53	22	127.5	54	595	NC38	35/70/105
HY62	84	30	159.5	86	646	NC50	35/70/105
HY62B	65	35	159.5	67	646	NC50	35/70/105

续表

型号	回压阀总成		就位接头			接头螺纹 API	压力级别/MPa
	外径/mm	内径/mm	外径/mm	内径/mm	长度/mm		
HY62C	80	30	159.5	81	646	NC46	35/70/105
HY62D	66	30	159.5	68	646	NC46	35/70/105
HY70	84	30	159.5	86	646	NC50	35/70/105

五、钻具浮阀

钻具浮阀简称"浮阀"，是一种全通径的钻具内防喷工具，当停止循环时能自动关闭。

（一）结构

浮阀主要由浮阀体和阀心组成。

（1）按阀体的连接形式可分为 A 型和 B 型两种。A 型钻具浮阀接头为上母下公结构，B 型钻具浮阀接头为双母结构。其内部结构相似，如图 3-8 所示。

（2）阀心分为两种：箭形阀心和板式阀心，结构如图 3-9 所示。

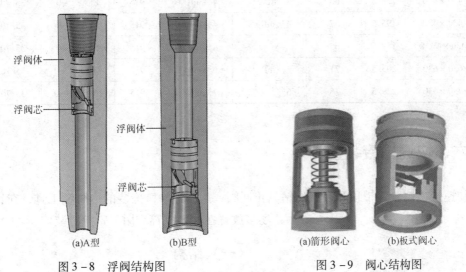

(a)A型　　(b)B型

图 3-8　浮阀结构图

(a)箭形阀心　　(b)板式阀心

图 3-9　阀心结构图

（二）工作原理

钻井液循环时，流动钻井液克服阀板（阀心）复位弹簧阻力，推动阀板（阀心）离开阀座，浮阀开启，钻具内全通道畅通。当钻井液停止循环或发生溢流、井涌时，在弹簧力和井内压力的作用下，阀板（阀心）回位紧贴阀座和密封圈，浮阀关闭，封闭钻具内通道。

（三）操作方法

（1）每次起换钻头时，检查浮阀阀心的密封性，阀心是否开关灵活、可靠。

（2）装配时，阀心应涂抹润滑脂，注意阀心的安装方向。

（3）浮阀接在钻头或螺杆上部。

（4）钻具浮阀使用后，浮阀心应取出清洗，并对所有零件进行检查，有损坏的零件要更换。

（四）技术参数

钻具浮阀主要规格参数，见表3－5。

表3－5　钻具浮阀主要规格参数

代号	外径/mm	水眼直径/mm	非阀心端螺纹 API	阀心端螺纹 API	总长/mm	浮阀心代号	最大工作压力/MPa
FF/330×310	121.5	47	NC38	$4\frac{1}{2}$inREG	915	FFX53－0	35/70/105
FF/330×330	121.5	47	$3\frac{1}{2}$inREG	$3\frac{1}{2}$inREG	915	FFX53－0	35/70/105
FF/330×NC35B	121.5	45	NC35B	$3\frac{1}{2}$inREG	915	FFX53－0	35/70/105
FF/430×410	159.5	65	NC50	$4\frac{1}{2}$inREG	915	FFX72－0	35/70/105
FF/430×430	195.5	57	$4\frac{1}{2}$inREG	$4\frac{1}{2}$inREG	915	FFX72－0	35/70/105
FF/430×4A10	159.5	65	NC46	$4\frac{1}{2}$inREG	915	FFX72－0	35/70/105
FF/630×630	203.5	71	$6\frac{5}{8}$inREG	$6\frac{5}{8}$inREG	915	FFX110－0	35/70/105
FF/730×630	229.5	76	$6\frac{5}{8}$inREG	$7\frac{5}{8}$inREG	915	FFX120－0	35/70/105

六、快速抢接装置

快速抢接装置是带顶开装置的钻具止回阀，是一种井口抢装的内防喷工具，在钻井现场多放置在井口位置，用于紧急抢装。

（一）结构

快速抢接装置由顶杆、顶丝、上接头、阀体、阀心、阀座、弹簧及阀体等组成，其中顶开装置由上接头、顶丝与顶杆组成，如图3－10所示。

（二）工作原理

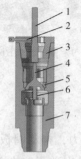

图3－10　快速抢接装置结构图

1—顶杆；2—顶丝；3—上接头；

4—阀心；5—阀座；6—弹簧；7—阀体

快速抢接顶开装置使止回阀始终处于打开状态，当发生溢流或井涌时，迅速将快速抢装装置安装在钻具上方，释放顶开装置后，阀心在弹簧力的作用下，上行至阀座而关闭，阻止钻井液上行。

（三）操作方法

（1）使用前，应对抢装接头进行检查，按动阀心看是否灵活、关闭自如。

（2）每次使用完后，用清水将抢装接头内部清洗干净，涂抹润滑油维护保养。

（3）没使用前，一定要将抢装接头内部涂抹润滑脂，各部件保持灵活好用。放于钻台上保持随时可以使用的状态。

（4）使用时按下顶杆，使阀心处于打开状态，用顶丝将顶杆紧固。

（四）技术参数

快速抢接装置规格参数，见表3－6。

表3－6　快速抢接装置规格参数

钻杆外径/mm	螺纹扣型	本体外径/mm	压力级别/MPa
73	NC31	105	35/70/105
88.9	NC38	121	35/70/105
127	NC50	168	35/70/105
139.7	5½inFH	178	35/70/105

第三节　钻具旁通阀

钻井中发生溢流，并且钻头水眼被堵塞无法进行循环时，可以打开旁通阀进行循环压井。

一、结构

旁通阀主要由钢球、"O"形圈、剪销、密封滑套、本体等组成，如图3－11所示。

本体开有与轴线成45°角的4个循环孔，具有足够的旁通循环钻井液的能力。

二、工作原理

钻具旁通阀一般安装在钻头上端，正常钻进时，只起配

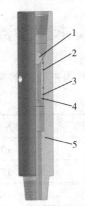

图3－11　旁通阀结构图

1—钢球；2—"O"形圈；

3—剪销；4—密封滑套；

5—本体

合接头的作用，当井下钻头无法实现正常循环时，为防止卡钻等故障发生，此时从井口钻柱内投入钢球，钢球下落到旁通阀的滑套上，当泵压达到预定压力时，剪断滑套的剪销，推动滑套下行，露出4个斜孔，由旁通阀处实现外循环。

三、操作方法

（1）旁通阀一般安装在靠近钻头位置，确保钢球能通过上部钻柱水眼。

（2）存放好旁通阀的钢球，在需要时能及时取用。

（3）当钻头水眼堵死或不能正常循环时，按下述步骤操作：

①卸方钻杆投入钢球。

②接方钻杆。

③钢球下沉入座。

④缓慢开泵，当泵压达到预定压力时即可剪断销钉。

⑤当销钉被剪断之后，阀座下移，循环孔打开，泵压下降，即可进行正常循环或压井作业。

（4）使用旁通阀时，必须母扣朝上。

四、维护保养

（1）旁通阀组装好后，应进行密封性能试验，试压压力为要求的工作压力，以稳压时间5min压降不超过0.5MPa为合格。

（2）每次使用后必须及时拆卸清洗，要检查剪销的磨损情况，及时更换剪销。装配时，各配合面应涂上润滑脂。

五、技术参数

旁通阀主要技术参数，见表3-7。

表3-7 旁通阀主要技术参数

序号	本体外径/mm	上、下扣型	钢球直径（ϕ）/mm	工作压力/MPa
1	108	210×211	45	35/70/105
2	127	310×311	50	35/70/105
3	168	4A10×4A11	65	35/70/105
4	168	410×411	65	35/70/105
5	203	630×631	65	35/70/105

第四章 定向工具及仪器

随着钻井工艺的不断发展，定向井、水平井以及特殊结构井数量越来越多，目前现场常用的定向工具和仪器主要有定向弯接头、定向接头、螺杆、电子单点、电子多点、无线随钻测量仪、LWD、陀螺仪器、旋转导向工具及 EMWD 等。

第一节 弯接头

弯接头是有一定角度的接头，用于定向井的造斜、扭方位、侧钻及直井的纠斜等。

一、弯接头的类型

弯接头可分为固定角度弯接头和可变角度弯接头。

二、结构

固定角度弯接头的弯曲角可根据需要自行加工，它具有结构简单、使用方便、成本低的优点。

（1）固定角度弯接头有不带定向键套（图 4-1）和带定向键套（图 4-2）两种结构。

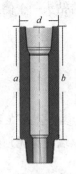

图 4-1 固定角度弯接头（无键套）

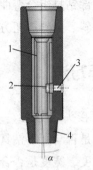

图 4-2 固定角度弯接头（带键套）

1—定向键套；2—定向键；

3—定位螺钉；4—弯接头

（2）弯曲角度的计算方法。

$$\alpha \approx 57.3 \times \frac{a-b}{d} \qquad (4-1)$$

式中　α——弯接头的弯曲角度，（°）；

　　　a——长边的长度，mm；

　　　b——内边的长度，mm；

　　　d——外径，mm。

（3）可变角度弯接头。

这种弯接头的弯曲角度可以根据需要进行调节。可分为电动式、液压式和机械式三种，如图4－3、图4－4所示。

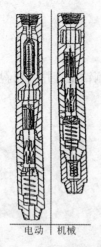

电动　机械

图4－3　可变角度弯接头

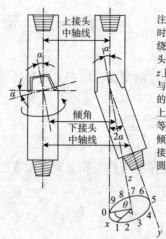

注：给下接头上扣时，下接头中轴线y绕的轨迹是以下接头的倾角α的延长线z上的点为圆心，z与上接头的中轴线x的距离为半径的圆上。把该圆分成10等份，弯接头最大倾角为2α，此时下接头中轴线y处于该圆的5处。

图4－4　液控可变弯接头

三、工作原理

弯接头使下部钻具组合弯曲，在井眼中产生弹性变形，给钻头一个侧向力，迫使钻头按预定的方向增斜、降斜或扭方位等。

四、操作方法

（1）检查弯接头的度数，一般本体有标注，如没有标注参见公式（4－1）计算。检查弯接头的扣型是否与所下钻具相匹配。检查螺纹是否完好；端面有无划痕；定向键套是否牢靠，键面高度、宽度是否合适。

（2）弯接头一般接在螺杆钻具或涡轮钻具上端，无磁钻具的下端。

（3）下钻要注意下放速度，防止撞击防喷器、套管头。

（4）下钻遇阻时，可调整钻具方向并参考悬重缓慢下钻。

（5）下钻到底调整好工具面，按照设计要求施工。

（6）弯接头在井内累计使用时间不能超过800h。

（7）弯接头加螺杆钻具理论造斜能力见表4－1。

表4－1　螺杆钻具使用弯接头的造斜率

弯曲角度/(°)	95mm 钻具		127mm 钻具		165mm 钻具		197mm 钻具		244mm 钻具	
	钻头直径/mm	造斜率/[(°)/30m]	钻头直径/mm	造斜率/[(°)/30m]	钻头直径/mm	造斜率/[(°)/30m]	钻头直径/mm	造斜率/[(°)/30m]	钻头直径/mm	造斜率/[(°)/30m]
1 1.5 2	114	4.0 4.5 5.5	152	3.5 4.75 5.5	222	2.5 3.5 4.5	251	2.5 3.75 5.0	337	2.0 3.0 4.0
1 1.5 2 2.5	121	3.0 3.5 4.0 5.0	171	3.0 4.25 5.0 5.75	200	1.75 3.0 3.75 5.0	270	2.0 3.5 4.25 5.5	388	1.75 2.5 3.75 5.0
1 1.5 2 2.5	149	2.0 2.5 3.5 4.5	200	2.5 3.5 4.5 5.5	270	1.25 2.0 3.0 4.0	311	1.75 2.5 3.5 5.0	445	1.25 2.25 3.0 4.0

五、维护保养

（1）使用后应清除泥污，检查各零件的安全性，然后涂防锈油，并存放于干燥通风处。

（2）现场检查，若接头螺纹不符合规定，工作部件工作不正常，应回收修理或报废。

（3）现场检查，出现判修、判废依据情况之一时，应回收修理或报废。

（4）清洗全部零件，擦拭干净后涂油装好，于阴凉干燥处保存。

第二节　定向接头

定向接头也叫定向直接头，用于弯壳体动力钻具定向钻进。常与定向仪器配合使用。

一、结构

定向接头的基本结构包括壳体、定向键套、定向键和定位螺丝等，如图4－5所示。

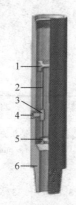

图 4 – 5 定向接头（直接头）结构图
1—下扶正体；2—定向键套；
3—定向键；4—销钉；
5—下扶正体；6—壳体

二、操作方法

（1）检查定向接头的扣型是否与所下钻具相匹配。检查螺纹是否完好；端面有无划痕；定向键套是否牢靠，键面高度、宽度是否合适。

（2）定向接头一般接在螺杆钻具或涡轮钻具上端，无磁钻具下端。

（3）测量定向键与螺杆钻具或涡轮高边角差。

（4）定向接头一般和坐键式仪器配合使用。

（5）将定向接头接到钻具上后，起吊仪器，将仪器高边键槽对准接头内的键块下放仪器，直至仪器键槽坐到键块上。

（6）下钻到底调整好工具面，按照设计要求施工。

（7）定向接头在井内累计使用时间不能超过 800h。

三、注意事项

（1）吊装、上扣作业要仔细，防止密封端面和丝扣磕碰损坏。

（2）坐入仪器前，检查键块，确保键块不松动且周围干净无污物。

（3）坐入仪器后，反复确认仪器坐键到位。

四、维护保养

（1）使用后应清除泥污，检查各零件的安全性，然后涂防锈油，并存放于干燥通风处。

（2）现场检查，接头螺纹不符合规定，工作部件工作不正常，应采取回收修理或报废。

第三节 电子式单、多点测斜仪

电子式单、多点测斜仪国内简称为"电子多点测斜仪"，是在有线随钻测斜仪的基础上发展起来的一种电磁类测斜仪器，它采用有线随钻测斜仪探管的磁通门和重力加速度计测量元件，以大地磁场和重力场作为测量的媒介和参数，将微处理器芯片和记忆元件装入探管，在探管内将测量的原始分量数据处理成井斜角、方位角和工具面等数据，并记录和储存，当探管起出地面时，通过终端打印机或计算机输出。

电子多点测斜仪是磁罗盘单、多点测斜仪换代产品，因在探管中采用了微处理技术，使这类仪器的操作和数据处理更简捷、可靠，精度更高，使用范围更广泛。

一、结构

电子多点测斜仪包括机芯部分、地面设备及井下总成三部分（以 LHE1000 系列为例）。

（一）机芯部分

机芯部分由电子多点探管、电池筒等组成。电子多点探管如图 4-6 所示。

图 4-6 电子多点探管（外径 27mm）

（二）地面设备

地面设备由 PC 机、智能充电器、通信数据线及专用软件组成。PC 机通过 RS-232 串行接口与探管连接。

（三）井下总成

井下总成用于承载井下压力，保护仪器正常工作。井下总成分为普通标准、小径标准、高温标准和高温高压标准等。根据不同的使用环境，有下面几种配套方式可供选择，见表 4-2，电子测斜仪组成及装配示图如图 4-7 所示。

表 4-2 仪器规格和参数

产品编号	产品外形尺寸	最大承压/MPa	最高耐温/℃
LHE1101	ϕ45mm × 5309mm	75	125
LHE1102	ϕ45mm × 5309mm	75	125
LHE1103	普通：ϕ45mm × 5309mm 定向：ϕ45mm × 6088mm	75	125
LHE1201	ϕ35mm × 4977mm	120	125
LHE1205	ϕ40mm × 5081mm	140	200
LHE1301	ϕ45mm × 5780mm	150	260
LHE1401	ϕ50mm × 4610mm	150	260
LHE1402	ϕ45mm × 5337mm	150	260
LHE1501	ϕ49mm × 7915mm	75	125

注：标准配置配套加长杆，如现场钻井液密度较大可选配加重杆，确保仪器下行速度。

二、工作原理

仪器探管传感器部分由三轴加速度传感器和三轴磁通门传感器组成，内置嵌入式微处理器系统。仪器工作时，系统控制传感器按照预定的方式采集信号，并进行温度修正，将结果存储于固态存储器中。测量完成以后，通过地面设备和软件读取测量数据，计算并输出姿态参数，包括：井斜、方位、磁性工具面角、高边工具面角和温度等参数。

三、技术参数

（一）机芯部分特性

内置固态传感器组件，高抗震性能，高准确度，高可靠性，超低功耗。

专用数据处理软件，消除人工读数误差，输出结果可永久保存，最多可储存 2000 组数据。

（二）探管参数

探管详细技术参数，见表 4 – 3。

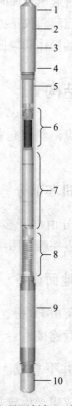

图 4 – 7　电子测斜仪组成及装配示图
1—绳帽头；2—绳挂头；3—旋转接头；
4—上堵头；5—悬挂器；6—探管电池筒；
7—EMS 多点探管；8—内部减震器；
9—加长杆；10—底部减震器

表 4 – 3　探管详细技术参数

参　数	范　围
井斜角/ （°）	0～180/ ±0.2
方位角/ （°）	0～360/ ±1.0
磁性工具面角/ （°）	0～360/ ±0.5
高边工具面角/ （°）	0～360/ ±0.5
温度测量/℃	0～125/ ±2.0
工作温度范围/℃	0～125（加隔热套 0～260）
通信接口	RS – 232
电源	7.2V 充电电池筒
质量	200g（ϕ27mm 探管）180g（ϕ21mm 探管）
外形尺寸	ϕ27mm×260mm（ϕ27mm 探管）ϕ21mm×320mm（ϕ21mm 探管）

四、操作方法

在使用电子式单、多点测斜仪测量之前，为保证测斜顺利完成，应做好以下准备工作：

（一）确定仪器型号

根据使用井深及钻井液密度，按公式（4-2），计算井底压强 P：

$$P = \rho g h \qquad\qquad (4-2)$$

式中　P——井底压强，MPa；

　　　ρ——钻井液密度，g/cm^3；

　　　g——重力加速度，m/s^2；

　　　h——测量点的井深，m。

根据公式（4-2），计算得到仪器在井下实际承载外压，再增加 10MPa 的余量，应小于或等于所选仪器的标准承载；依据仪器的温度标准，保证井底温度小于它的最高耐温；对于不同的钻具水眼大小，应选用不同外径的仪器。

（二）确定探管延时时间

设定延时时间，一定要保证测斜仪在该时间段内能够下行到井底的待测点，并且在延时结束时，测斜仪已处于稳定状态。如果测斜仪在下行过程中就已经延时结束而工作，会出现采集的数据不真实或磁场参数无效（因不在无磁钻具中采集数据）的现象。

（三）电池及充电（以 LHE 系列仪器为例）

（1）LHE1212 充电电池筒由于多点测斜所需时间较长，为避免因电量不足而导致测量失败，建议每次测斜之前将电量充满。本仪器使用 LHE1213A 智能充电器为 LHE1212 充电电池筒充电，操作步骤如下：

①充电器接通电源，指示灯显示为绿色。

②充电：将电池筒与探管拧紧，将探管开关置于 OFF，将 LHE1213A 智能充电器插入探管 COM 端口，即开始充电，充电器指示灯变为红色。在完全没电的情况下，电池要充满电大概需要 2h。电池筒充电完毕后，充电器自动结束快速充电，指示灯由红灯变为绿灯。

③如果电池电压过低或者出现异常情况，充电器指示灯呈红绿交替闪烁的状态；对于新电池，如果出现这种情况，持续一段时间会自动转入正常状态。

（2）LHE1722 充电电池筒（LHE1720 超小径探管使用）。

①打开 LHE1722 充电电池筒，将电池倒出，用充电器 LHE1714 给电池充电。

②充电时间大约 1h，红灯表示正在充电，绿灯表示充电完毕。

第四节 无线随钻测斜仪

无线随钻测斜仪的英文缩写为 MWD（Measuring While Drilling），是在有线随钻测斜仪的基础上发展起来的一种新型的随钻测量仪器。它与有线随钻测斜仪的主要区别在于井下测量数据以无线方式传输。MWD 无线随钻测斜仪按传输通道分为钻井液脉冲、电磁波、声波和光纤四种方式。其中，钻井液脉冲和电磁波方式已经应用到生产实践中，以钻井液脉冲式使用最为广泛。

一、结构

钻井液脉冲式无线随钻测斜仪主要由六大部分组成：
（1）地面计算机及外部设备（包括终端、打印机、记录仪和供电电源等）。
（2）信号检测设备（信号接收传感器、绞车传感器和钩载传感器等）。
（3）司钻阅读器。
（4）测量探管总成。
（5）信号发生器。
（6）供电系统（电池或涡轮发电机）。

二、工作原理

（一）正脉冲方式

钻井液正脉冲发生器的阀头与限流孔的相对位置能够改变钻井液流道在此的截面积，从而引起钻柱内部钻井液压力的变化，阀头的运动是由探管编码的测量数据通过驱动控制电路来实现。由于用电力直接驱动阀杆需要消耗很大的功率，通常利用钻井液的动力，采用小阀推动大阀的结构。在地面上，通过连续地检测立管压力的变化，并通过译码转换成不同的测量数据（图4-8）。

（二）负脉冲方式

钻井液负脉冲发生器设置有泄流阀，泄流阀可使钻柱内的钻井液通过专用无磁短节上的泄流孔有规律地放喷到井眼环空，从而引起钻柱内部钻井液压力降低。泄流阀的动作由探管编码的测量数据通过驱动控制电路来实现。在地面上，通过连续地检测立管压力的变化，并通过译码转换成不同的测量数据（图4-9）。

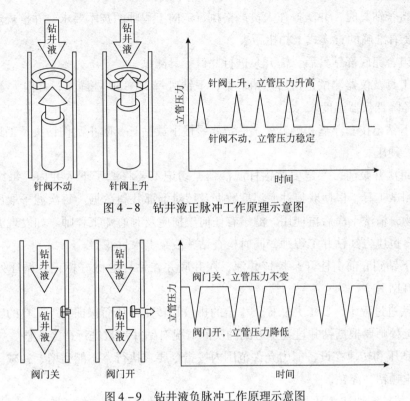

图4-8 钻井液正脉冲工作原理示意图

图4-9 钻井液负脉冲工作原理示意图

（三）电磁波传输方式

电磁波信号传输主要是依靠地层介质来实现的。井下仪器将测量的数据加载到载波信号上，测量信号随载波信号由电磁波发射器向四周发射，如图4-10所示。地面检波器在地面上将检测到的电磁波中的测量信号接收并解码、计算，得到实际的测量数据。

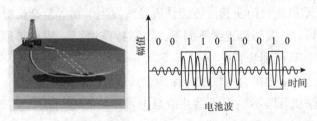

图4-10 电磁波信号传输示意图

三、操作方法

（一）现场操作要点

（1）工具和仪器上、下钻台操作要平稳，防止磕碰损坏，并戴好护丝。

（2）组合钻具时，井队操作人员严格执行定向工程师的技术要求，并按规定扭矩值上扣，井队要有准确的直读式上扣扭距表。

（3）组合完底部钻具后，需开泵进行井口工具测试。

（4）工具及仪器测试正常后开始下钻，下钻时每 20～30 柱灌浆；井温大于 120℃后，要分段循环降低仪器温度。

（5）下钻至技套浮箍和浮鞋处，一定要缓慢下放钻具，防止刮伤钻头及工具，遇阻时不得硬砸、硬压。

（6）每次开泵前，一定要放钻杆滤清器，切记不要将滤子下入井内。每次灌钻井液时，都要测试工具，以便获得井底温度数据及核对上部井斜数据。每次滤子取出后，要清除里面杂物，清洗干净后再使用。滤子有任何破损应及时通知工程师。如发现滤子内大颗粒岩屑较多也应告知钻井工程师，同时检查钻井液泵上水过滤器。

（7）下钻到底前 1 柱开泵校核井深，探井底并在钻杆上做好标记，循环处理好钻井液，准备打钻。

（8）钻进过程中，要求井队提供稳定的排量和转速，从而保证井下工具的工作性能稳定，定向工程师要根据钻井过程中遇到的实际情况对钻井参数进行适当调整。

（9）钻压和转速在设备能力允许范围内按指令要求执行，不能猛增、猛减。送钻时要均匀，防止顿钻、溜钻。

（10）司钻密切注意钻井参数的变化，如扭矩波动幅度大、泵压异常、钻井液池液面变化及钻具憋跳钻等情况，立即上提钻具至少 1 个单根，并通知钻井监督、井队值班干部和定向井工程师，找出问题所在，并制定措施，方可恢复钻进，避免井下故障发生。

（11）打完单根，扩划眼正常后开始测斜，测斜时，钻头距离井底 1～2m，保持钻具稳定，测斜结果出来后，技术人员会通知钻台进行下一步作业。

（12）使用好固控设备，及时清除钻井液中的有害固相，并根据井下情况，随时确定短起下、循环等技术措施，防止长段连续钻进导致发生卡钻等复杂情况。

（13）活动钻具时，要做到连续不间断，如遇特殊情况，钻具必须静止或停泵、停钻时间较长时，应将钻具起到套管内。

（14）入井钻井液中避免含有气泡，保证工具信号的有效传输。

（15）由于井深和泵压不稳定或钻井液泵上水不好，有可能需要安装双传感器解码，请井队协助提供安装传感器位置。

（16）具体根据两次短起之间的时间间隔、当时地层情况和井眼清洁情况进行适当调整。

（17）发现井漏时（小于 $5m^3/h$），必须及时通知工程师，当协商一致时，才可将随钻堵漏材料加入钻井液。如果可行，最好将工具起出地面，然后下钻处理井漏，并将钻井液中残余的堵漏材料循环干净，方可再次下入工具。

（二）工程师操作要点

以海蓝 YST - 48R 仪器为例加以介绍。

1. 施工准备

（1）在到达井场后，将数据处理仪及计算机放进仪器房，确认仪器房与井台的距离，远程数据处理器与数据处理仪的连线为 90m，距离太远不能进行安装。

（2）安装压力传感器。要求井队将钻井液泵关掉，并将钻井液管线的放空阀打开，将立管中的钻井液放空，井队人员将压力传感器的焊接螺套焊在立管上，要求该位置应既可以方便布线，又不会在井队作业时被碰到。在焊接作业时，应注意以下几点：

①在焊焊接螺套时，应将焊接螺套与焊接堵塞连在一起，以防焊接完后，由于热胀冷缩导致焊接螺套变形，造成压力传感器安装不上。

②一定要确保焊接螺套焊接牢固。

③在进行该项操作时，要有专人与井队的人共同监控，防止危险发生。

④将压力传感器连接在焊接螺套上并拧紧，注意在压力传感器上一定要加密封圈。将压力传感器的连线引到远程数据处理器的位置，在布线时要注意防碰、防损。

（3）安装远程数据处理器。将远程数据处理器装入安全防护箱内，固定在司钻易观察到的地方。

（4）布线。将"远程数据处理器——数据处理仪连接线"安全高架，注意防碰、防损，连接线不允许打直角弯，以防被折断。

2. 地面设备的连接与操作

（1）地面设备的连接。

地面设备接线如图 4 - 11 所示。

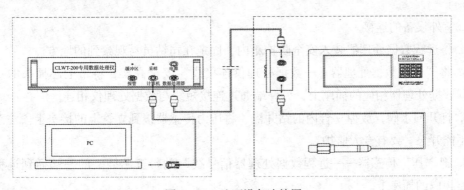

图 4 - 11　地面设备连接图

（2）室内设备的组成与连接。

①室内设备的组成及用途。

a. 数据处理仪：数据采集，通信接口，安全供电。

b. 探管测试线：定向探管和伽马探管测试时，与数据处理仪间的通信连线。

c. 远程数据处理仪——远程数据处理器连接线：给远程数据处理器供电，向室内设备传输测量数据。

d. 数据处理仪——远程数据处理器数据连接短线：用于测试远程数据处理器；连接数据处理仪和电缆盘。

e. 数据处理仪——PC 机通信线：用于连接数据处理仪和 PC 机。

②室内设备的连接。

a. 检查电源，电压应满足 220V 上下 20% 以内，否则需通过稳压电源使其达到 220V 上下 10% 以内，稳压电源的输出功率应大于等于 100W。

b. 正确连接远程数据处理器的电源线，"将数据处理仪——数据处理器数据连接短线"的一端与"远程数据处理仪——数据处理器连接线"上的插座相连，另一端与数据处理仪上"司显"插座相连，"远程数据处理仪——数据处理器连接线"的插头一端插在远程数据处理器相应插座上。

c. 数据处理仪的"探管"插座用于定向探管和伽马探管的测试。

将数据处理仪的电源插头接到符合要求的电源上。

（3）室外设备的组成与连接。

①室外设备的组成。

a. 远程数据处理器：检测、处理来自立管上压力传感器的钻井液脉冲，显示脉冲波形及井下参数，并向数据处理仪传送钻井液脉冲波形。

b. 压力传感器：感受立管的钻井液压力变化，向远程数据处理器输送原始数据信号。

c. 压力传感器——远程数据处理器信号线：压力传感器与远程数据处理器间的通信线。

②室外设备的连接。

a. 将远程数据处理器装入安全防护箱内，固定在司钻员易观察到的地方。

b. 将"远程数据处理器——数据处理仪连接线"安全高架，将带七芯插头的一端插到远程数据处理器相应的插座上，另一端通过连接短线与数据处理仪相连。

c. 打开回水阀，放掉立管内的钻井液，将压力传感器接到立管上的接头上。注意告诉司钻不能开泵，要有专人监护。

d. 把"压力传感器——远程数据处理器信号线"的带五芯插头的一端插到远程数据处理器相应的插座上。

3. 井下仪器总成的组装与操作

（1）整套仪器中，脉冲发生器位于最下方，打捞头位于最上方，定向探管、伽马探管和电池筒的位置可以互换，最常用的连接方式如图 4 – 12 所示。安装顺序没有固定的要求，可根据实际情况进行安装。从省电及安全角度考虑，在下井前最后安装打捞头。

（2）安装时，把待装部件放在支架上，转动扶正器，使两个半环咬合，用钩扳手转动丝扣环将丝扣打紧，注意在螺纹处涂抹适量的硅脂，以利于密封和润滑。注意：扶正器上下不能装反，在安装时要注意检查扶正器的插头是否和待连接的设备的插头匹配，否则能够造成仪器的损坏。

（3）仪器连接完毕后，检查各个连接扣是否上紧，最后用摩擦管钳打紧。

（4）仪器总成高边差值（IMO）的设置。

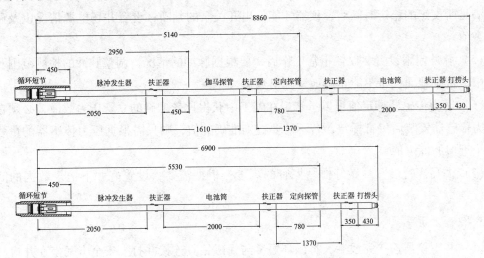

图 4-12 井下设备连接及测点示意图（单位：mm）

①将仪器总成的打捞头模块卸下，用探管测试线连接井下仪器部分与数据处理仪，注意此时各个连接扣应该已经打紧。

②在脉冲发生器的引鞋上安装水平仪，调节引鞋键口朝上，并使水平仪中的气泡保持居中。

③运行 HLMWD 软件中"探管采样测试"命令项，读取数据处理仪显示的高边值。

④运行 HLMWD 软件中"系统设置"命令项，将读取的高边值设置进"系统误差（IMO）"中。

⑤将"显示时补偿工具面系统误差"项选中，确定后显示的高边值应在 0°左右。

（5）传感器测点的计算。常用连接方式下定向探管和伽马探管的传感器测点已标明在图 4-12 中。当不使用常用连接方式时，通过简单的计算也可以得到相应的测点位置。

4. 仪器设置

（1）工作模式设置。根据施工井的实际情况，设置开泵序列和停泵序列的内容，以及各序列的循环次数；设置脉冲的宽度及发送方式；设置开泵等待和关泵等待时间，当启用流量开关时，这两项设置起作用。

（2）工具面阀值设置。根据施工井情况和施工经验，设置重力高边和磁性高边的切换角度。

（3）流量开关设置。按照施工要求，确定是否使用流量开关，及使用流量开关时使用哪种工作状态。

（4）系统设置。设置仪器的内部误差（IMO）和钻具的安装误差（DAO），这两项误差也可以合在一起设在一处；设置开关泵的判断门限和稳定时间，注意只有实际开关泵的时间满足所设定的稳定时间后，仪器才能作出开关泵的判断；设置井场电源情况以及磁偏角的数值。

（5）脉冲门限设置。仪器正常工作后，要根据脉冲的情况，调整脉冲的检测范围和脉冲门限，否则地面设备不能正确地解算出数据。

（6）压力传感器标定值设置。若想在施工中获得比较准确的立管压力数值，必须在每次压力传感器安装后进行标定，若不需要特别准确的值，则只需根据压力传感器的量程选择一个近似的标定值。

（7）伽马探管设置。做好伽马探管的刻度；根据需要，设置好井下记录数据的间隔时间。

5. 仪器入井

（1）井下仪器连接完成后，将循环短节与无磁钻具连接并打上安全卡瓦坐在井口。

（2）将引鞋护帽戴在引鞋上，并把打捞矛接在打捞头上。然后，把井下仪器抬到钻台坡道前。

（3）把打捞矛的绳套挂在气动绞车的吊钩上，将仪器缓慢吊起；注意：操作人员必须站在仪器杆的一侧，双手扶住引鞋上部，不能让引鞋在地面上滑行，以免损坏。

（4）仪器放入无磁钻铤前，先把引鞋护帽摘下，再将仪器缓慢放入无磁钻铤内。如果使用橡胶式扶正器，下放过程中，要在扶正翼的端面抹上铅油。

（5）当打捞头的扶正器即将入井时，停止下放，把井口座板插在打捞头的卡槽上，下放仪器使之坐在无磁钻具上。

（6）把打捞矛取下，用气动绞车吊起带有加长杆的释放矛，并接在打捞头上。

（7）将井口座板取下，下放仪器到底。

（8）用力下压释放矛，确认仪器已坐键，并使释放矛从打捞头上脱开，然后将释放矛吊出。

6. 井口测试

仪器装入钻具后，即可开泵进行井口测试。观察脉冲信号的波形，并可继续测出一组数据，以判断仪器是否工作正常。若出现异常，需要取出仪器进行检查、采取相应措施，必要时也可以更换有关部件。

7. 维护保养

（1）扶正器。

①所有零部件拆卸清洗、更换密封圈。

②清理、检查基体两端十芯插头。

（2）定向探管、伽马探管。

①仪器从井下起出后，必须及时冲洗干净，并将探管单独拆下，装好两端的防护堵塞，不要与两端的扶正器长时间相连。

②如果定向探管在使用过程中出现故障，应及时返修，不要自行去掉抗压筒，以免造成关键器件的损坏而无法修复。

（3）脉冲发生器。

①检查主阀芯组件，视冲蚀情况，按标准要求更换部件。

②清洗、检查、更换密封圈及"Y"形圈。

③清洗筛屏、筛屏内腔及筛筒。

④检查油囊，判定是否可以再次入井。

（4）电池。

①锂电池的安装。

a. 减振组件中的十芯插座与电池组中的十芯插座插好，用螺钉将电池组与减振组件相连，注意应在螺纹表面涂 242 螺纹胶。

b. 将各"O"形圈套在十芯座套及上堵头的相应位置，将十芯插座穿过上堵头（注意方向），将减振组件与上堵头用螺钉连接，连好后对螺钉端头表面进行清洁处理，然后在上面涂 1213 硅酮胶。

c. 在上堵头连好一端的螺纹及"O"形圈处涂密封硅脂，将装好的部件装入电池外筒，将螺纹拧紧。

d. 用半套将十芯插座压入十芯座套，并将十芯座套与下堵头连接，在十芯座套"O"形圈处、下堵头"O"形圈及螺纹处涂密封硅脂，并将其拧入过渡外筒，用摩擦管钳拧紧。

e. 将电池组另一端的十芯插座穿过上堵头（注意方向），在上堵头的"O"形圈及螺纹处涂密封硅脂，并将其拧入电池外筒，拧紧。

f. 用半套将十芯插座压入十芯座套，并将十芯座套与上堵头连接，在十芯座套"O"形圈处、上堵头"O"形圈及螺纹处涂密封硅脂，并将其拧入过渡外筒，用摩擦管钳拧紧。

g. 注意在以上操作过程中，不可将电池组十芯插头的 1、2 引脚相碰，否则可能引起严重后果。

②旧电池筒的拆卸。

a. 将电池筒水平置于支撑架上，用摩擦管钳将十芯插座六针四孔端的过渡外筒拧下，松开十芯座套上的定位螺钉，将连接十芯座套与上堵头的螺钉拧下。

b. 将半套及十芯插座从十芯座套内取出，用摩擦管钳依次将上堵头及抗压筒拧开取下。

c. 将连接转换接头与减振组件的两个螺钉松开，拔开十芯插座，将旧电池组取下。

③电池使用及安全注意事项。

仪器所配置的是北京海蓝公司生产的专用锂电池组。锂电池具有容量大，体积小的特点，使用不当可能会造成严重的损失。对锂电池组的短路、充电、过放电、挤压变形、强烈冲击、剧烈震动、超过规定温度范围、焚烧、拼装不当、擅自拆解、移作它用等可能损坏电池组，甚至引起爆炸等严重后果。在使用中需注意：

a. 新、旧锂电池组的包装均应使用锂电池组的专用包装箱，新、旧锂电池组均不得无包装转运，包装箱上的各种标识应完整清晰，锂电池组的插头须戴保护帽。

b. 在储运中，不得使电池组受潮、雨淋、受高温、挤压变形、过度冲击、剧烈震动、不得靠近火焰和强腐蚀性气体，不得与其他易燃、易爆、易腐蚀的物品混合储运。搬运时，要轻拿轻放。

c. 电池组在包装、储运、装卸及搬运过程中出现强烈刺鼻性气味等异常现象时，所有人员应立即撤离到10m外的安全位置，并立即报请专业人员处理。

d. 锂电池组应存储在通风、干燥的室温环境中。

e. 锂电池组的使用应由具有专业技能的人员进行操作，须做到操作准确无误。

f. 使用锂电池组前，应详细阅读使用说明和警示，严格按规定进行操作，严禁超过额定指标。

g. 在仪器组装前，须做电池组外观检查，不得有影响电池组性能的损伤，导线、接插件等不能有锈蚀、污物、破损等可能引发短路或断路的隐患存在，一经发现隐患应停止使用，并通知专业人员进行处理。

h. 插头保护帽应妥善保管，以便暂时不用电池组或旧电池回收储运时使用。

i. 应对锂电池组的使用情况做好记录，以作为继续使用的依据。

j. 在锂电池组的组装中，绝不可使电池组两端短路，电池组的引出线、插头接点短路可导致内部保险丝熔断，若使电池组受到强烈的冲击、振动，或超过规定温度范围使用，可能出现电池内故障，绝不可掉以轻心。

四、技术参数

部分国外无线随钻测斜仪技术参数，见表4-4。部分国内无线随钻测斜仪技术参数，见表4-5。

表4-4 部分国外无线随钻测斜仪技术参数

系统参数		DWD 美国 Sperry Sun 公司	QDT 美国 Tensor 公司	GEOLINK 英国 Sondex 公司	Slimpulse 美国 Schlumberger 公司	APS 美国 APS 公司	FEWD 美国 Halliburton 公司	Solar175 美国 Halliburton 公司
电源 脉冲传输		发电机 正脉冲	锂电池 正脉冲	锂电池 负脉冲	锂电池 连续波	锂电池 正脉冲	发电机 正脉冲	发电机 正脉冲
公称外径/in		1.75	1.875	1.875	1.75	1.875	1.75	2.005
井斜测量范围/精度/(°)		0~180/±0.2	0~180/±0.1	0~180/±0.05	0~180/±0.2	0~180/±0.1	0~180/±0.1	0~180/±0.2
方位测量范围/精度/(°)		0~360/±1.5	0~360/±0.2	0~360/±0.5	0~360/±0.5	0~360/±0.5	0~360/±0.5	0~360/±1.5
磁性工具面测量范围/精度/(°)		0~360/±2.8	0~360/±0.1	0~360/±1.0	0~360/±1.0	0~360/±1.0	0~360/±1.0	0~360/±2.8
高边工具面测量范围/精度/(°)		0~360/±2.8	0~360/±0.1	0~360/±0.5	0~360/±1.0	0~360/±1.0	0~360/±1.0	0~360/±2.8
工具面更新时间/s (Hz)		14 (0.5) 8.75 (0.8)	可调	30/60	14/50	14/30	14/50	14 (0.5) 8.75 (0.8)
自然伽马/精度/API		0~380/±2%		1.5%	0~250/±3%	0~800/5%	0~380/±2%	
地层电阻率/Ω·m					0.1~2000	0.1~3000	0~2000	
钻井液类型		水基、油基	水基、油基	水基、油基	水基、油基	水基、油基	水基、油基	水基、油基
钻井液密度/(g/cm³)		<2.17				<2.17	<2.17	<2.17
钻井液排量/(L/s)		5.7~75.7	3.15~75.7	最大75.7	最大75.7	5.7~75.7	22.1~75.7	5.7~75.7
含砂量/%		<1		<0.5	<0.5	<1	<0.5	<1
塑性黏度/mPa·s		<50		尚无已知限制	尚无已知限制	尚无已知限制	尚无已知限制	<50
最大压力/MPa		103.4	137.9	I型:103.45 II型:138	I型:138 II型:155	I型:138 II型:155	138	157.5
最高工作温度/℃		140	150/175	150	175	175	150	175
堵漏材料	类型	细、中粒度非纤维	中粒度	中粒度	细、中型短纤维	中粒度	细、中粒度非纤维	细、中粒度非纤维
	含量/(lb/bbl)	<20	<40	<30	<40	<50	<20	<20

表4-5 部分国内无线随钻测斜仪技术参数

系统参数	HT650系列	YST-48R	LHE-6000	PMWD-1	ZT-MWD	SQ-MWD
	烟台恒泰油田科技有限公司	北京海蓝科技开发有限公司	北京六合伟业科技有限公司	北京普利门机电高技术有限公司	北京天启明科技发展有限公司	郑州士奇测控有限公司
仪器外径/mm	44.5	48	48	48	44.5	48
电源 脉冲传输	发电机 正脉冲	锂电池 正脉冲	锂电池 正脉冲	锂电池 正脉冲	发电机 正脉冲	锂电池 正脉冲
井斜测量范围/精度/(°)	0~180/±0.2	0~180/±0.2	0~180/±0.2	0~180/±0.1	0~180/±0.2	0~180/±0.2
方位测量范围/精度/(°)	0~360/±1	0~360/±1	0~360/±1	0~360/±1	0~360/±1	0~360/±1
磁性工具面测量范围/精度/(°)	0~360/±1.5	0~360/±1.5	0~360/±0.5	0~360/±1.0	0~360/±1.5	0~360/±1.0
高边工具面测量范围/精度/(°)	0~360/±1.5	0~360/±1.5	0~360/±0.5	0~360/±1.0	0~360/±1.5	0~360/±1.0
测量数据采样时间/s		10				10/50
自然伽马/精度/API		0~150/±3% 150~500/±10%				
工作环境						
最大抗压/MPa	104	100	120	100	104	175
最高工作温度/℃	150	125	125	150	150	
最大耐冲击	1000g, 1ms			1000g, 0.5ms		3500g, 1ms
最大抗振动	25g, 20~500HZ			5g, 7~200Hz		25g, 20~500HZ

第五节　陀螺测斜仪

陀螺测斜仪是不受大地磁场和其他磁性物质影响的测斜仪器，适用于有磁干扰环境条件下的井眼测量。如在已经下入套管的井眼中或丛式井平台等有磁干扰的井眼中测量、定向，必须使用陀螺类测斜仪器测量。本节以 SRG 电子陀螺测斜仪为例加以介绍。

一、结构

陀螺测斜仪由抗压筒和测量短节及传输短节组成，测量短节分测量电路部分和旋转陀螺部分；套管内陀螺测井时，下方接加重杆，陀螺定向时，下方接定向引鞋。有线陀螺上部有与电缆连接的绳帽头，无线陀螺自带电池筒，如图 4 – 13 所示。

二、工作原理

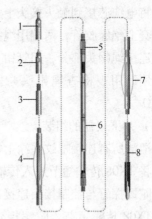

图 4 – 13　陀螺测斜仪示意图
1—绳帽头；2—绳挂头；3—旋转头；
4—扶正器；5—传输短节；6—陀螺短节；
7—扶正器；8—减震引鞋

陀螺测斜仪被称作惯性仪器，是因为这种仪器是采用天体坐标系，也就是说它自身的转动不以地球上任何一点为参考，用作测量仪器是靠人为地为陀螺自转轴标定方向，如地理北极。

陀螺测斜仪测量井眼的方位角和钻具的工具面是应用了陀螺自转轴的方位稳定性或定轴性，而井斜角和钻具的高边工具面是采用测角装置和重力加速度计测量，所以陀螺测斜仪的测量是由陀螺仪和测角仪两部分组成的。

照相陀螺测斜仪通常由随仪器下井的电池组供电，由陀螺仪的逆变电源转换为交流电使陀螺转动，其测量的角度投影到陀螺仪刻度盘上，由照相机拍摄胶片或胶卷记录下来。

电子陀螺测斜仪通常是由地面计算机通过测井电缆为井下仪器供电，井斜角和工具面角均采用重力加速度计测量，所有测量数据通过测井电缆传输到地面，由地面计算机处理和显示。下面将以 SRG 电子陀螺测斜仪为示例进行介绍。

三、操作方法

（一）施工准备

1. 电源

电源电压 210 ~ 240V，频率 50Hz&60Hz。

2. 滑轮安装

（1）天滑轮、地滑轮的安装位置与电缆滚筒车中心线在同一平面内。

（2）地滑轮固定在大门（井口）前方，并用支架支撑地滑轮。

3. 仪器组装

（1）组装绳帽头。

①电缆装到绳帽头固定套上，连接牢固而不损伤电缆绝缘层。

②将电缆芯接到触头接头上，用胶布包好连接处。

③套上绝缘胶管，两端用绳扎紧。

④连接绳帽头部分，用管钳上紧螺纹，上好固定螺钉。

⑤用万用表检查绳帽头与电缆是否导通，用兆欧表检查绳帽头的绝缘值是否大于 10MΩ。

（2）井下仪器的组装。

①清洁所有连接螺纹并涂上密封脂。

②将 TX08 传输短节放入传输外筒内，连接控制接头，用手上满螺纹。

③陀螺探管与控制接头连接，上好定位螺钉后套上探管外筒，用手上满螺纹。

④TX08 传输短节、陀螺探管连接好后放在探管支架上，依次连接加长杆，减震器总成。

⑤从上到下用圆管钳依次上紧各连接螺纹。

⑥在加长杆及 TX08 传输短节外筒上安装相应尺寸的扶正器，并上紧止动环。

⑦定向施工，连接定向引鞋，调整引鞋高边和控制接头的高边在同一直线上，并上紧连接螺纹。

⑧将绳帽头与井下仪器上堵头连接好，并用管钳上紧螺纹。

（3）根据图 4 - 14 所示组装仪器。

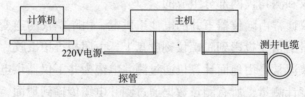

图 4 - 14　SRG 陀螺测斜仪的连接示意图

（二）操作步骤

1. 记录参考点

（1）在距离井口 100m 以外、远离磁场的地方，插上标志杆。

（2）启动电缆滚筒，将仪器提至井口上方。

（3）把瞄准台放在控制接头的导向槽中。

（4）在控制接头上装上瞄准枪，旋转仪器高边，使仪器高边正对标志杆。

（5）用地质罗盘测出参照物与仪器的相对方位，并记录。

2. 启动计算机

进入 DOS 状态，进入陀螺测井菜单，记录相应数据。

3. 陀螺探管预热

（1）打开控制箱电源开关，缓慢调整电压电流，电压 33～35V，电流 0.63A，陀螺测斜仪开始工作。

（2）预热时间不少于 20min，预热后解锁，并立即键入回车键确认基准方位。

4. 仪器下井

（1）测井。

①下井之前，提起仪器，仪器所显示数据与仪器实际井斜角和井斜方位角一致，认为仪器正常工作，可以下井。

②下放仪器注意事项：

a. 探管温度显示不超过 82℃，否则，停止下放仪器。

b. 井斜不大于 40°，否则，立即上提仪器。

c. 仪器下放速度控制在 3000m/h 之内，严禁猛刹、猛放。

③确定测量间距（一般每 25m 一点），直到测量井深，刹车静止 30s，采集数据后继续下放。

④下放到底，匀速上提仪器。

5. 关机

（1）记录陀螺测斜仪漂移总量，结束测量。

（2）转动仪器，使陀螺工具面角为 0°，锁紧陀螺。

（3）关闭电源、计算机，陀螺探管在井口至少静止 20min。

6. 回收

（1）将下井仪器拉到场地上，卸下仪器扶正器，从绳帽头处依次卸开连接螺纹。

（2）取出 TX08 传输短节、陀螺探管，擦干净，小心放入仪器箱中。

（3）外筒两端装上连纹堵头和加长杆，一起放在车内仪器架上固定好。

（4）依次卸下地面仪器和连接线并装箱。

（5）检查已回收的仪器和工具是否齐全。

（6）填写仪器的使用记录表，打印测量数据并处理，提交施工报告。

四、维护保养

1. 维护

（1）仪器放入专用保管箱，防震、防尘、防潮、防高温。

（2）仪器组装与拆卸时，必须小心操作，防碰、防摔。

（3）组装之前，所有螺纹必须清洁，用润滑脂润滑所有螺纹和"O"形密封圈。

（4）每当要移动已通电的探管时，必须先解锁，停电之前，必须先将陀螺工具面角调至0°锁紧。

2. 保养

仪器保养，见表4-6。

表4-6　仪器保养

序号	名　称	部分及内容	周　期	使用润滑剂种类
1	计算机	清洁面板、背面插座及相应插头	每次工作后	
2	打印机	清洁按键、插座	每次工作后	
3	陀螺探管	清洁本体、插头	每次工作后	
4	TX08传输短节	清洁本体、插头	每次工作后	
5	全套仪器	在校验架上进行全面检查	每工作50h	
6	外筒和接头	螺纹清洁、涂密封脂	每次工作后	铜基密封脂
7	滑轮	清洁，润滑轴承、销轴	每次工作后	钙基密封脂
8	电缆	涂机油	每次工作后	0—10机油
9	排绳器	清洁，注润滑剂	每工作50h	钙基密封脂
10	滚筒	注润滑剂	每工作50h	钙基密封脂
11	滚筒链条	检查有无过度磨损	每工作50h	钙基密封脂
12	滚筒传动箱	检查齿轮箱油面	每工作50h	钙基密封脂
		更换齿轮油	每工作600h	钙基密封脂
13	滚筒控制台	检查各连接件控制手柄和开关	每工作100h	
14	深度计数器	保养，查对	每工作100h	
15	瞄准枪	清洁	每次工作后	
16	瞄准台	清洁	每次工作后	
17	仪器扶正器	清洁，螺纹处涂油	每次工作后	铜基密封脂
18	加长杆、减震器、引鞋	清洁，螺纹处涂油	每次工作后	铜基密封脂

五、技术参数

1. 测量参数

井斜、方位、高边工具面、北向工具面和井底温度。

2. 测量精度

(1) 方位角：0°~360°，误差≤1°。

(2) 井斜角：0°~50°，误差≤±0.15°；50°~70°，误差≤±0.2°。

(3) 重力工具面角：0°~360°，误差≤±1.5°。

(4) 北向工具面角：0°~360°，误差≤±3°。

3. 适应环境条件

(1) 耐温：不加保温瓶，100℃；加保温瓶，175℃。

(2) 耐压：140MPa。

(3) 抗冲击：700g, 0.5ms, ½sine。

第六节 旋转导向工具

旋转导向钻井系统（Rotary Steerable Systems，简称"RSS"）是在钻柱旋转钻进时，随钻实时完成导向功能的钻井系统，它是闭环自动钻井的主要手段。RSS可以将几何导向和地质导向功能集为一体，使定向钻井既可依据工程参数进行几何导向，又可依据地质参数进行地质导向，根据实时监测到的井下情况，引导钻头在储层中的最佳位置钻进。

一、结构

旋转导向工具主要由井下偏置装置、井下动力装置、测量装置和控制电路组成，偏置装置分为推靠式和指向式。旋转导向钻井系统同常规的钻井方式相比，其有以下突出优点：

(1) 钻具连续旋转，减小了滑动摩阻，提高了钻探能力。

(2) 更高的机械钻速，经济效益明显。

(3) 更好的井眼净化。

(4) 与普通的导向工具相比，能实现钻更大的位移。

(5) 不用起下钻即可实时调整造斜率，轨迹调整更容易。

(6) 闭环控制系统可根据预设轨迹自动调整，也可和地质参数配合，按照优化钻达目的层。

二、旋转导向工具的系统分类及原理

旋转导向钻井系统的核心是井下旋转导向钻井工具系统。根据其导向方式可以划分为推靠式（Push the Bit）和指向式（Point the Bit）两种，如图4-15所示。推靠式是在钻头附近直接给钻头提供侧向力，指向式是通过近钻头处钻柱的弯曲使钻头指向井眼轨迹控制方向。旋转导向钻井系统的工作机理都是靠偏置机构（Bias Units）分别偏置钻头或钻柱，从而产生导向。偏置机构的工作方式又可分为静态偏置式（Static Bias）和动态偏置式（Dynamic Bias）即调制式（Modulated）两种，如图4-16所示。静态偏置式是指偏置导向机构在钻进过程中不与钻柱一起旋转，从而在某一固定方向上提供侧向力；调制式是指偏置导向机构在钻进过程中与钻柱一起旋转，依靠控制系统使其在某一位置定向支出提供导向力。

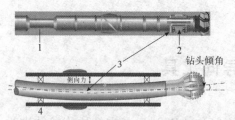

图4-15　旋转导向钻井工具系统
　　　　　导向方式示意图

1—推靠；2—侧向力；3—偏置机构；4—指向式

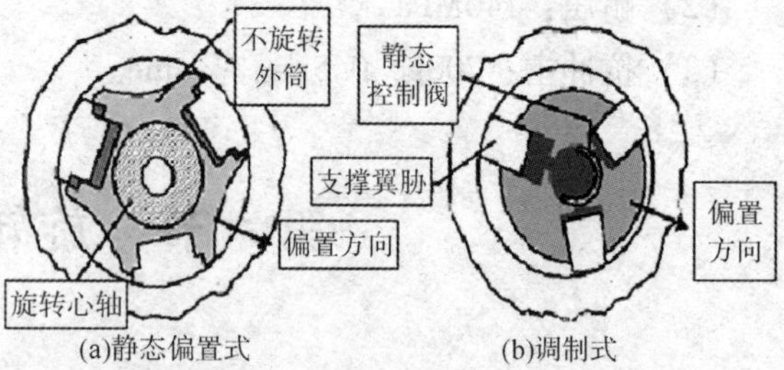

图4-16　两种偏置工作方式对比

综合考虑导向方式和偏置方式，旋转导向钻井系统分为静态偏置推靠式、调制式（动态偏置推靠式）和静态偏置指向式三种，其代表性系统分别是 Baker Hughes Inteq 公司的 Auto Trak RCLS、Schlumberger Anadrill 公司的 Power Drive SRD 和 Halliburton Sperry-sun 公司的 Geo-Pilot 系统。三种旋转导向工具系统的对比，见表4-7。

表4-7　三种工作方式的旋转导向工具系统性能对比表

工作方式	代表系统	旋转导向程度	造斜能力/[(°)/30m]	位移延伸能力	螺旋井眼	适应井眼尺寸/mm
静态偏置推靠式	Auto Trak	工具系统外筒不旋转	0~15	高	存在	152~311
调制式	Power Drive	全旋转	0~15	高	存在	165~375
静态偏置指向式	Geo-Pilot	工具系统外筒不旋转	0~10	高	消除	152~464

三、典型旋转导向工具介绍

（一）Power Drive Archer

1. 基本情况

Power Drive Archer 是斯伦贝谢公司最新研制的新型高造斜率的指向式 RSS，如图 4 – 17、图 4 – 18 所示。

图 4 – 17　旋转导向螺杆部件示意图

1—近钻头稳定器；2—可调弯壳体；

3—动力部分；4—顶部短节；

5—外壳；6—转子；7—定子

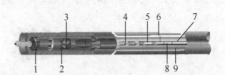

图 4 – 18　Power Drive 旋转导向示意图

1—钻杆；2—旋转阀；3—定子；

4—主轴；5—齿轮箱；6—马达；

7—控制电路；8—调节器；9—工具外筒

Power Drive Archer 采用创新技术，系统内、外部件为全旋转结构，能够一直保持高效率工作，实现全方位的定向控制。在导向方式上，采取钻头指向式导向，即采用液压系统内推钻头轴的方式改变钻头的角度，使其沿着预定方向实现导向钻进。在测量控制平台方面，由于 Power Drive Archer 系统是在高速旋转过程中进行导向钻进的，然而高速旋转下的定位比较困难，该系统采用了在工具内部安装不旋转组件的方法解决此问题。

2. 性能优势及特征

（1）高造斜率。设计造斜率 15°/30m，实际最高造斜率可达到 17°/30m。

（2）全旋转结构。导向部分内、外部零件共同旋转，降低了机械或压差卡钻的风险。

（3）宽松的操作要求。对钻井液密度、流量范围、机械转速、钻压和扭矩等几乎没有操作限制。

（4）高轨迹控制精度。钻出的井眼平滑，易于完井作业，适用于各种地层。

（5）防斜打直效果良好。可以一趟钻完成直井段和定向段的施工作业。

3. 特殊工具

"Power Drive" 是目前在国际上独一无二的一套"全自动化"旋转导向垂直钻进仪器，操作简单、效率高，它不需要人员操作，也不需要 MWD 仪器，可降低成本。Power Drive 在钻进时，会自动追踪地心吸力（自动感应井斜），自动设定及调和促动仪器所发动的侧力而打钻，使井斜快速返回垂直。这是一个全自动重复的过程，在整个过程中，Power

Drive 是 100% 旋转的。

（二）Geo-Pilot GXT

1. 基本情况

哈里伯顿公司最新开发的 Geo-Pilot GXT 旋转导向系统在导向工具与 LWD 之间集成了 Geo-Force 马达动力节，增加了钻头扭矩和转速，提高了钻速，近钻头传感器与 LWD 之间可实现高速双向通信。

Geo-Pilot GXT 旋转导向系统与 RSS 具有相同的工作原理，结构上均采用"不旋转套-驱动轴"方式，系统采用锂电池供电驱动，导向工具内部依靠组合偏心环驱使导向轴弯曲产生倾角来实现导向钻进。该系列工具的优点是长保径钻头自对中性能使钻出的井眼质量更好，钻头的振动和井壁的摩擦力也大大减小，如图 4-19 所示。

图 4-19　Geo-Pilot GXT 旋转导向系统示意图

图 4-20　Geo-Pilot GXT 旋转导向钻头、
偏心环总成示意图

Geo-Pilot 的外筒装有两个偏心环，一个位于另一个的内部，该偏心环总成组成了精细、紧凑、经久耐用的计算机控制的偏心单元，两个偏心环驱动驱动轴偏离钻具中心，致使钻头产生偏斜力，从而实现全部旋转的导向钻进模式，如图 4-20 所示。

2. 性能优势和特征

（1）在克服黏滑的同时，更多的能量被传递到钻头，提高了切削效率和钻速。

（2）长保径钻头的自对中性使系统钻出的井眼质量更好，钻头的振动和井壁的摩擦力也大大减小，同时减弱了振动向 LWD 和井底 BHA 机构的传递，提高了系统的寿命。

（3）在保证钻头转速最优化的同时，转盘转速可以适当降低，以减少套管磨损。

（三）Auto Trak

1. 基本情况

Auto Trak 是贝克休斯公司研发生产的旋转导向产品，系统集指向式和推靠式两种导向模式于一体，属于全旋转指向及推靠混合式旋转导向系统。适用于更广泛的地层，对钻头的选型要求更松，对质量控制更精确。在轨迹变化初期，主要依靠肋板在钻头上施加的侧向力，进行井眼轨迹调整，一旦出现变化趋势，主要就依靠"指向式"，钻具组合弯曲到新的曲率，钻头上的侧向力达到最小，钻头指向导向的方向，如图 4-21 所示。

图 4-21　Auto Trak 导向系统示意图

Auto Trak 旋转导向钻井工具在地面下

发指令时，在立管处连接一个"旁路分流器"，将钻井液分流 15%，通过电脑自动控制分流阀的开关，形成负压脉冲信号，将指令传递给井下工具，不需要停钻。井下工具接收到指令后，会向地面回复接收情况加以确认，并按照指令要求，自动导向。

2. 性能优势和特征

（1）进行从地面到井下的负脉冲信号传送。

（2）旁路执行器分流 15% 的钻井液流量。

（3）自动电脑控制操作。

（4）随钻测量速度快（3~5min）。

（5）下传指令无需停止钻进。

（6）可靠性强。

第七节 螺杆钻具

螺杆钻具是目前普遍应用的一种井下动力钻具，该工具将钻井液压降转变为机械能，驱动钻头高速旋转，与 PDC 钻头配合，能大幅提高钻井速度。

一、结构

螺杆钻具由旁通阀、马达、万向轴、传动轴和驱动接头五部分组成，如图 4 - 22 所示。

（一）旁通阀总成

它位于钻具顶部，由活塞、弹簧和旁通孔组成。其作用是起下钻过程中平衡钻具内、外压差，即下钻时环空中的钻井液经旁通孔流入钻柱内。起钻时，钻柱内的钻井液从旁通孔流出进入环空。而钻进时，在高压钻井液的作用下，活塞被迫降落坐于阀座上关闭旁通孔，使钻井液全部流入马达，如图 4 - 22 所示。

（二）马达总成

马达由定子和转子组成。定子是一个固定在外壳内具有螺旋形内腔的橡胶衬套。转子是一根呈近似空间正弦线形状的实心钢轴螺杆。高压钻井液通过时，推动转子转动，并带动钻头旋转。

图 4 - 22 螺杆钻具的组成示意图
1—旁通阀总成；2—转子防掉装置；
3—等壁厚马达；4—方向轴总成；
5—传动轴总成

（三）万向轴总成

万向轴的作用是将马达的行星运动转变为传动轴的定轴转动，将马达产生的扭矩及转速传递给传动轴至钻头。万向轴大多采用瓣形，也有采用挠轴形式的。

（四）传动轴总成

它主要由传动轴（主轴）和上、下两副止推轴承组成。主轴是空心的，顶部开有循环口，钻井液由此进入中心孔，并经钻头排出。主轴上部的小型止推轴承用来承受钻具旋转部分的水力载荷和钻具空转时的钻头重力；主轴下部的大型轴承用来承受钻进时的钻压。

（五）驱动接头

连接钻头，将马达的扭矩传递给钻头。

二、工作原理

高压钻井液流经定子（橡胶衬套）与转子（螺杆）之间的螺旋通道时，定子与转子间形成高压腔室和低压腔室，转子在压差的作用下发生位移，即产生偏心扭矩。钻井液继续下行，又会产生新的高压和低压腔室，压差迫使转子产生新的位移，从而使转子旋转。也就是说，钻井液流过马达，在马达的进、出口形成压力差，推动转子旋转，并将扭矩和转速通过万向轴和传动轴传递给钻头，即将液体的能量转化为机械能。

三、操作方法

1. 下井前的地面检查

（1）检查钻具、稳定器外径、长度、直径等几何尺寸是否符合钻井工艺的要求，旁通阀上的定位槽和弯壳体上的定位槽是否在同一条线上（一个工具面内），并绘出草图做好记录。

（2）用提升短节把螺杆钻具吊上钻台下入井内，旁通阀置于转盘以上易于观察的位置，用卡瓦把钻具卡牢，卸去提升短节，用锤柄或木棒向下压住旁通阀心，从上部向旁通阀注满水，此时旁通阀应不漏，水面无明显下降，然后挪走木棒，阀心弹簧应弹起复位，所注水应从旁通阀侧面各孔均匀流出，即旁通阀工作正常。

（3）螺杆钻具在安装钻头之前，检查马达的轴承间隙。方法是测量轴承短节下端与钻头接头上端之间的距离，测量时要进行两项工作：一是在马达自由悬吊的条件下测量；二是把马达全部重量坐在钻盘上重复测量。测量的两个距离就是轴向间隙量，记录这两个测量结果。作业完毕起出钻具后，重做这两项检查工作，以便测定作业期间轴承的磨损量，如图 4－23 所示。

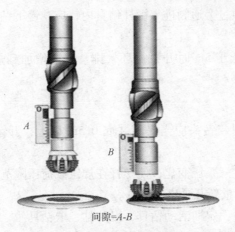

图4-23　螺杆钻具间隙测量示意图

螺杆钻具允许的最大磨损间隙，见表4-8。

表4-8　螺杆钻具允许的最大磨损间隙

螺杆钻具型号	轴向间隙/mm	径向间隙/mm
5LZ73	3	5
5LZ79/89	3	7
5（9）LZ95	4	7
5LZ120	5	7
5LZ165/5（9）LZ172	6	8
5LZ185	6	10
5（9）LZ197/5LZ203	7	10
5（9）LZ241/244	8	10

（4）安装钻头时，严禁用大钳或液压大钳咬螺杆钻具的传动轴，允许用链钳转动螺杆钻具的传动轴，而且只能顺时针旋转（俯视旋向），严防螺杆钻具内部螺纹松开。

（5）接上方钻杆，下放螺杆钻具使旁通阀置于转盘面以下，开泵逐渐提高排量到旁通阀关闭，这时螺杆钻具应明显抖动。上提钻具观察钻头是否转动（时间不宜过长），此时旁通阀处于关闭位置、钻井液不会从旁通阀阀孔流出。

2. 下钻

（1）下钻时操作平稳，斜井段下钻速度应小于0.5m/s，以防过快时，马达倒转，使内部连接丝扣脱扣，同时防止在通过砂桥、套管鞋等处撞坏钻具。

（2）下钻遇阻不超过50kN，应少放多提，超过50kN时循环划眼，记录每次起、下钻遇阻卡位置。

（3）钻具在裸眼井段应连续活动，静止时间不超过3min。钻具上、下活动幅度不小于3m。

（4）若钻井液不能通过旁通阀进入螺杆钻具内，应减慢下钻速度，并及时向钻具内灌注钻井液。

（5）下钻至井底不低于5m时开泵循环，排量逐渐增加到规定数值，然后缓慢下到井底。

3. 钻进

（1）启动螺杆钻具时，钻头应当提离井底0.5m以上，开泵正常后缓慢加压至设计钻压。

（2）钻进时，密切注意泵压变化，使螺杆在规定载荷压降范围内工作，超出规定范围应停泵，上提钻具，然后重新开泵启动钻具。

（3）滑动钻进过程中，定期活动钻具，以防粘、卡钻具。

（4）钻压应控制在螺杆钻具允许的最大钻压以内，并防止憋钻、溜钻，停泵时立即上提钻具。

（5）在钻进或划眼作业时，泵压突然升高，及时停泵并控制打倒车。

（6）使用空气钻螺杆钻具，所需空气的流量一般是最大马达流体流量的3~4倍。

（7）钻进过程中，螺杆钻具可能出现的异常情况及原因，见表4-9。

表4-9　螺杆钻具可能出现的异常情况及原因

异常现象	可能原因	判断及处理方法
压力表压力突然升高	马达失速	把钻具上提0.3~0.6m，核对循环压力，逐步加钻压，压力表随之逐步升高，均正常，可确认失速
	马达传动轴卡死，钻头水眼被堵	把钻头提离井底，压力表读数仍然很高，只能提出钻具检查或更换钻头
压力表压力慢慢地增高（指不随钻井深度增加而增大的正常压降）	钻头水眼被堵	把钻头提离井底，再检查压力，如果压力仍然高于正常循环压力，可以试着改善循环流量或上、下移动螺杆，如无效只得取出修理、更换
	钻头磨损	继续工作，细心观察，如仍无进尺，只能取出更换
	地层变化	把钻具稍稍上提，如果压力与循环压力相同，则可继续工作
压力表压力缓慢降低	循环压力损失变化	检查钻井液流量
	钻杆损坏	稍提钻具，压力表读数仍低于循环压力，起钻检查
没进尺	地层变化	适当改变钻压和循环流量（必须在允许范围内）
	马达失速	压力表读数偏高，钻具提离井底，检查循环压力，从小钻压开始，逐步增大钻压
	旁通阀处于"开位"	压力表读数偏低，稍提起钻具，起钻停泵两次仍无效，则需要提出井眼检查、更换旁通阀
	万向轴损坏	常伴有压力波动，稍提起钻具，压力波动范围小些，只能取出钻具，检查、更换
	钻头损坏	更换新钻头

四、技术参数

（1）弯外壳螺杆钻具造斜率，见表4－10。

表4－10 弯外壳螺杆钻具理论造斜率

钻具型号	井眼尺寸/in	理论造斜率/〔(°)/30m〕								
		30′	45′	1°	1°15′	1°30′	1°45′	2°	2°15′	2°30′
5LZ73 7.0	3⅛	5.9	7.8	20.3	23.6	30	37.6	43.7	48.6	53.8
5LZ89 7.0	4⅝	7.6	11.5	15.4	19.0	23.0	26.7	30.5	34.4	38.2
5LZ95 7.0	4⅝	7.3	10	13.4	16.3	20.0	23.7	27.4	30.0	34.8
5LZ120 7.0	6	6.5	7.6	11.3	14.3	17.2	20.7	24		
5LZ165 7.0	8½	4.4	6.5	8.9	12.0	13.9	15.4	17.5		
5LZ172 7.0	8½	4.0	6.02	8.1	9.80	11.4	13.3	15.7		
5LZ197 7.0	12¼	4.0	6.0	8.2	10.2	12.3	15.2	16.3		
5LZ244 7.0	12¼	3.6	5.4	7.3	9.1	10.9	12.7	14.5		

（2）转盘速度与弯外壳角度的关系，见表4－11。

表4－11 转盘速度与弯外壳的关系

弯外壳角度（0°~3°）	转盘速度/（r/min）
0.00	80
0.25	70
0.50	70
0.75	60
1.00	50
1.25	40
1.50	40
1.75	NR
2.00	NR
2.25	NR
2.50	NR
3.00	NR

注：1. NR 为不推荐。

2. 弯外壳角度超过1.75°，禁止开动转盘导向钻进。

第八节　涡轮钻具

涡轮钻具是一种结构比较特殊的井下动力钻具，与螺杆钻具一样，由高压钻井液来驱动。与螺杆钻具相比，涡轮钻具具有高速、大扭矩的软特性，无横向振动、机械钻速高等优点。全金属的涡轮钻具耐高温，适宜于深井和高温环境下作业，对油基钻井液不敏感，适于在高密度钻井液中工作。但是，它压耗大、费用高，一般与孕镶钻头配合使用。

一、结构

（一）构成模块

涡轮钻具主要由涡轮节和支撑节组成，如图 4-24 所示。

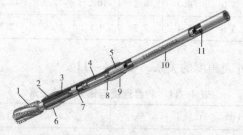

图 4-24　涡轮钻具示意图

1—钻头；2—下径向轴承；3—迷宫密封；4—挠性驱动轴；5—涡轮马达；6—稳定器；
7—支撑节总成；8—弯管；9—稳定器；10—涡轮本体；11—涡轮轴

单节涡轮结构如图 4-25 所示。

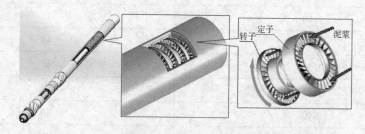

图 4-25　单节涡轮示意图

（二）与螺杆钻具的对比

涡轮钻具与螺杆钻具的主要区别：

（1）尺寸：涡轮钻具比螺杆钻具长 2~3 倍。

（2）能量特性：

①涡轮钻具转速高，一般 400~600r/min，螺杆钻具 150r/min 左右。

②扭矩：螺杆钻具高于涡轮钻具，而压差低于涡轮钻具。

（3）技术特点：螺杆钻具比涡轮钻具更适用于打斜井和水平井，但涡轮钻具的钻速比螺杆钻具高很多。

（4）使用指标：涡轮钻具使用寿命在 900h 以上，螺杆钻具约 200h（多级的可达 500h）。

（5）涡轮钻具耐温指标可高达 240℃，螺杆钻具一般低于 150℃。

二、工作原理

涡轮钻具中的主要元件是定子和转子，它的作用是把液体的动能变为主轴上的机械能。当液体从上部注入、由下部喷出时，液体在喷出口的速度方向和大小都发生改变，从而产生能量转变。涡轮就是把许多漏斗沿圆周放置，并连接成一个整体。多个漏斗产生的能量汇集在一起就可以驱动轴承旋转，并做机械功。为了使液体在进入工作轮前就具有一定的方向和动能，必须在工作轮前装一个固定不转的导流装置（定子），它的作用是把液体的部分压能转化为动能，并起导流的作用。而工作轮（或转子）的作用则是把液体能转化为机械能。对于多级涡轮，只不过是沿着涡轮主轴的轴向上并列排放着多级涡轮而已，其原理完全相同，只是力矩的增大约等于单级涡轮产生的力矩的 n 倍。

三、现场使用要求

（一）吊装、运输、存储

（1）涡轮钻具在拖拉和起吊时，要将绳子套在上部转换接头的位置上。严禁将绳子拴在护丝的耳孔中，避免危险发生。平吊时，必需保证绳子固定牢固，起、放要缓慢平稳操作。

（2）运输时，务必保证两端的护丝要拧紧，严防杂质掉入涡轮节（或支撑节）内部。运输时，应尽量减小振动，避免损坏。

（3）存储时，保证环境空气干燥，并对涡轮钻具的关键部件（如轴承）做防锈处理。

（二）地面和井眼准备

（1）涡轮钻具入井前，必须保持井眼畅通，确认无掉齿、断齿，井底干净、无落物后方可入井。

（2）要校核综合录井参数仪，保持其在涡轮钻井过程中处于良好工作状态，并根据参数变化及时修正。

（3）对地面管线、水龙带等高压管线进行试压，保证其在高泵压条件下能够稳定地工作。

（4）对钻井泵进行维护并按照涡轮钻井过程所需要的排量更换泵的缸套。

（5）在立管、钻井液泵上、排水处安装合适的滤网，定期检查并清洗，严防大的颗粒入井。

（三）对钻井液要求

（1）加强固控设备的管理，利用好除砂器、除泥器及离心机，确保含砂量控制在0.3%以下。

（2）加强对储备浆、堵漏浆等不同类型钻井液的管理工作，严禁含有大颗粒、纤维状堵漏材料的堵漏钻井液进入井内。

（3）加强钻井液性能维护，保持性能的稳定。

（4）涡轮钻井产生的岩屑较小，钻井液应具备良好的携岩能力和润滑能力，以使井底岩屑及时清除，避免岩屑在涡轮及钻头处堆积而影响钻速。

（四）其他

（1）组装调试时，涡轮钻具工程师必须亲自在场指导，严格控制涡轮钻具上扣扭矩，必须安装扭矩仪确保精确控制。涡轮钻具入井前，在井口以小排量（按正常钻进排量的60%）进行空运转试验，检查涡轮钻具是否正常启动、螺纹处有无渗漏，并记录立管压力和排量。地面流量测试最大压力不能超过7MPa。

（2）下入涡轮钻具时，严格控制下钻速度，下钻操作平稳，严禁猛刹、猛放。当涡轮钻具通过套管鞋和进入裸眼段时一定要小心，并注意下钻速度和缩径井段。

（3）下钻遇阻不超过50kN，上下活动钻具无效时，应开单泵循环，慢慢划眼通过，不得强下；尽量避免用钻头划眼，如果划眼，排量不得超过正常钻进的2/3。增加排量必须经涡轮钻具工程师批准。

（4）钻头距井底5.0～9.0m时，首先开单泵循环，清洗井底，等到钻井液返出时，再缓慢下放钻具，以10～20kN钻压进行井底造型，造型井段长度至少保证第一个扶正器进入新井眼，造型阶段选择适当排量，由现场工程师现场具体确定。造型后逐渐将排量、钻压增加至设计值，司钻可根据钻时及扭矩变化在一定范围内调整钻压，使机械钻速达到最高。

（5）选择经验丰富的司钻操作，送钻要均匀，严防溜钻，钻进时钻压控制在40～80kN。要时刻注意钻压、泵压、钻时及扭矩的变化情况，准确判断钻头工作情况。

（6）涡轮钻具工程师要现场监督指导，负责工具的安全、效率和最佳操作状态，使工具的使用效果达到最佳状态。

（7）钻进中需停泵时，应先上提钻具不少于6m，以防岩屑下沉而卡住钻头或涡轮钻具。

（8）短起下前，应充分循环钻井液，根据返出岩屑情况确定起钻时机，在新钻井眼中起钻时，一定要控制速度，在遇阻卡井段根据情况上提下放（不可超过 50kN），必要时可使用震击器。

（9）如发生井漏，应认真分析漏层特性，参照堵漏材料表进行堵漏材料选择，否则必须起出涡轮钻具，再进行堵漏。

（10）涡轮钻井过程中，严格执行涡轮现场服务工程师的指令。

第九节　无线随钻测井仪

无线随钻测井仪英文缩写为 LWD（Logging While Drilling），除具有常规 MWD 的功能外，还可以测量部分地质参数、钻井工程参数，可以说 LWD 是 MWD 的升级产品。目前，国外一些先进 LWD 的测量功能基本涵盖了有线测井仪器的绝大部分功能。

近年来，国内 LWD 仪器研发不断加快，目前已经有国产 LWD 仪器面市，不过在性能、功能方面与先进的仪器还有差距。

一、伽马探测器

（一）组成

伽马探管主要由伽马探头和控制电路组成。伽马探头由耐高温、高抗震型 NaI 晶体、光电倍增管和高压稳压电源等组成（有一部分设备选用盖格 – 米勒管）。

（二）工作原理

当地层中的放射性元素（铀、钍、钾）发生核衰变时，放出伽马射线，其中部分伽马射线被伽马探头探测到并转化为电脉冲信号，由控制电路进行测量和处理。不同地层放出的伽马射线的数量不同，通过测量可以确定地层的自然伽马放射性强度。根据地球物理、地球化学以及岩层沉积、油气运移、储积与岩性的相关性等理论，结合其他测井参数来推出被测岩层的岩性及油气田储藏情况。

（三）伽马探管技术参数示例

伽马探管技术参数示例，见表 4 – 12。

表 4 – 12　一种国产伽马探管参数

工作温度/℃	– 25 ～ + 150
电池寿命/h	500（连续测井）
测量范围/API	0 ～ 500

续表

精确度/API	±2
垂直分辨率/in（mm）	6（152.4）
内存数据获取率	每16s一个数据
钻井液类型	水基、油基和饱和盐型
承受压力/psi（MPa）	15000（103.4）
最大工作排量/〔USgal/min（L/s）〕	750（47）
电池寿命/h	150（连续测井）

二、电阻率测量装置

（一）结构

电阻率测量装置由电磁波振荡电路、发射极和接收极组成，通常分为探管式和钻铤式两种结构，钻铤式又分为内嵌式和植入式两种。

（二）工作原理

当前市场上普遍使用的是电磁波电阻率测量装置，原理是通过发射电极或发射线圈向地层发射电磁波，再由两个接收天线接收来自地层的电磁波的相位差和幅度比，测量的相位差和幅度比与地层的电阻率和介电常数之间存在函数关系，这样就可以得到地层的电阻率和介电常数。由相位差得到的电阻率称为相位差电阻率，由幅度比得到的电阻率为幅度比电阻率，介电常数亦同理。

（三）电阻率短节参数示例

以斯伦贝谢 MRC 电磁波电阻率测量装置为例，它采用 2MHz、400kHz 的工作频率，四发双收，可得到 12 条不同探测深度的相位差、幅度比补偿电阻率曲线及 16 条非补偿电阻率曲线，主要用于地质导向和随钻地层评价，见表 4-13，电阻率短节外观图，如图 4-26 所示。

表 4-13　MRC 电阻率技术参数表

类型	MRC475	MRC675	MRC800
钻铤外径/mm（in）	121（4¾）	171（6¾）	203（8）
适用井眼尺寸/in	6	8½~9½	12¼以上
工作频率	400kHz、2MHz		
连续工作时间/h	≥200		

续表

电阻率	测量范围/Ω·m	0.1~60（幅度比电阻率）0.1~2000（相位差电阻率）（相位差电阻率）		
	测量精度	≤±3%（相位）≤±5%（幅度）		
工作温度/℃		-45~150		
最高工作压力/psi（MPa）		20000（138）		
旋转允许最大狗腿度/[(°)/(30m)]	15	8		7
滑动允许最大狗腿度/[(°)/(30m)]	30	16		14

三、近钻头测量仪

图4-26　电阻率短节外观示意图

（一）结构

近钻头测量仪器由 MWD 或 LWD 加近钻头测量短节构成。系统关键参数测量点距钻头最近可达 0.6m，实现了地层快速识别和井眼轨迹快速跟踪，为复杂油气藏勘探开发提供了技术支持。测量参数通过短传技术实现与 MWD（LWD）的通信，MWD 实时将近钻头参数与其他参数一起上传到地面系统。

近钻头短节有两种结构形式：一种是安装在螺杆钻具上的近钻头测量短节，另一种是独立的可安装在螺杆旋转头前面的测量短节。生产厂家主要有斯伦贝谢、APS 和加拿大的几个厂家，国内也有少数厂家形成推广产品。

（二）工作原理

近钻头工具中的井斜传感器和伽马传感器安装在距钻头附近动力钻具扶正器里，传感器采用三个重力加速度计和一个温度传感器测量井斜和温度。通过时序电路选通，形成脉冲波，供处理电路采集、处理、计算出实时井斜，考虑动力钻具几何特征，对实测井斜进行修正得到井眼轴线的井斜角；同时，考虑到井斜传感器自身特点，在井下动态测量中会出现误差，方法是通过监测井下震动，在对实时井斜数据修正中给予考虑，形成了非居中条件下的近钻头测斜修正技术。近钻头伽马传感器利用伽马射线探测器实时测量的地层自然伽马放射性强度，划分岩性和储集层（界面），计算地层泥质含量，如图4-27、图4-28所示。

图4-27　近钻头工具主轴总成结构图

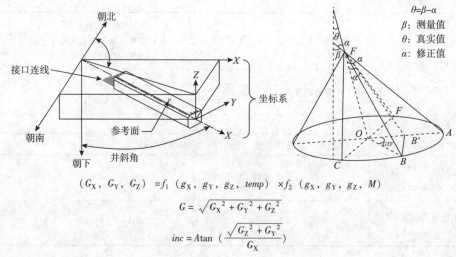

$$(G_X, G_Y, G_Z) = f_1(g_X, g_Y, g_Z, temp) \times f_2(g_X, g_Y, g_Z, M)$$

$$G = \sqrt{G_X{}^2 + G_Y{}^2 + G_Z{}^2}$$

$$inc = A\tan\left(\frac{\sqrt{G_Z{}^2 + G_Y{}^2}}{G_X}\right)$$

图 4 – 28　近钻头计算方法

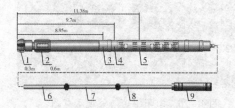

图 4 – 29　近钻头地质导向系统结构示意图
1—钻头；2—近井斜/伽马；3—井斜；
4—方位伽马；5—电磁波电阻率；6—探管；
7—电池；8—驱动器；9—脉冲器

（三）带近钻头测量功能的 LWD

近钻头地质导向系统将井斜、伽马测量集成到离钻头较近的扶正器处，测量参数通过短传技术实现与电阻率、MWD 的通信，MWD 以钻井液脉冲的方式实时将近钻头参数、地质参数、几何参数、井温、振动等上传到地面系统。目前，国内产品已形成适用于 6in、8.5in 井眼的近钻头地质导向系统，如图 4 – 29 所示。

第十节　电磁波无线随钻测斜仪

气体钻井和泡沫钻井的循环介质可压缩，常规的钻井液脉冲传输方式受到限制，因此研发出以电磁波传输的 MWD/LWD。电磁波无线随钻测斜仪的英文缩写为 EMWD。

一、结构

EMWD 由探管、电池筒、电磁波发射短节及地面接收处理装置组成，如图 4 – 30、图 4 – 31 所示，EMWD 的地面部分包括以下几个部分：EMWD 地面处理器、阅读软件、司钻阅读器、阅读器工作电缆、地桩天线地下电缆、天线夹或井口夹 6 个部分组成。

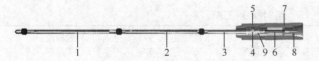

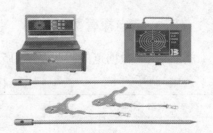

图 4 - 30　EMWD 的井下部分示意图　　　　图 4 - 31　EMWD 的地面组成部分示意图

1—测量单元；2—电池单元；3—发射单元；4—悬挂器；

5—悬挂短节；6—硬质天线；7—绝缘短节；8—锁紧盘；9—压簧

二、工作原理

电磁波信号的传输主要依靠地层介质来实现。在井下钻具中加一个中间绝缘的钻具短节，通过它与上、下钻具绝缘，上、下钻具与地层一起构成信号的电流回路，如图 4 - 32 所示。

发射仪器将测量部分传递来的数据调制成电磁信号，激励到绝缘短节的两端，电磁信号通过钻具、套管、地层等构成的回路会产生若干电流环路，该电流环路会产生一个逐渐递减的电场，并一直传送到地面，地面接收装置通过测量地面两点之间的电位差提取信号，经过放大、滤波、解算，得到实际的测量数据。

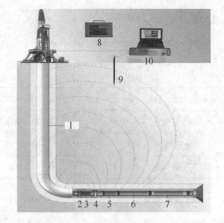

图 4 - 32　EMWD 的工作原理示意图

1—钻具；2—绝缘短节；3—天线；4—悬挂短节；

5—发射器；6—电池；7—测量探管；

8—可显阅读器；9—电极；10—地面处理器

三、技术参数

（一）测量范围及精度

测量范围及精度，见表 4 - 14。

表 4 - 14　EMWD 的测量范围和精度

井斜角/（°）	±0.1（0～180）
方位角/（°）	±1.0（井斜≥5，地磁倾角＜70）
磁性工具面/（°）	±1.0（井斜＜3）
重力工具面/（°）	±1.0（井斜≥5）
温度/℃	±1　（-40～+150）
振动测量/g	±1　（0～200）

（二）定向探管数据范围

定向探管数据范围，见表 4 – 15。

表 4 – 15　定向探管数据范围

数据名称及缩写	数据范围	正常数值	测量精度
井斜（INC）	0°～180°	仪器水平 90° 仪器竖直 0°	±0.1°
方位（AZ）	0°～360°	无磁干扰时	±1.0°
工具面（GHS/MTF）	0°～360°		±1.0°
重力场分量（G_X、G_Y、G_Z）	−5～+5g	仪器静态时 −1～+1g	0.001g
重力和（G_T）	0～4g	仪器静态时 0.985～1.015g	0.001g
地磁场分量（B_X、B_Y、B_Z）	−70～+70μT	无磁干扰时	1μT
磁场强度（BT）	30～70μT	与当地相符	1μT
地磁倾角（DIP）	0°～180°	与当地相符	1.0°
振动数据（V_X、V_Y、V_Z）	0～200g	与振动环境相符	1g
电池电压（BAT）	15～25V	15～25V 数值随时间变小	1V
温度（T）	−55～+150℃	与所处环境相符	±1.0℃

（三）仪器参数

以博创 EMWD 为例：

（1）仪器串外径：φ45mm。

（2）长度：5900mm（单组电池）、7425mm（双组电池）。

（3）适用钻具：4.75in、6.5in 及以上。

（4）最大发射功率：10W。

（5）适用地层电阻率：1～500Ω·m。

（6）电池电压：25V。

（7）使用时间：120h（连续模式）、160h（节能模式）。

（8）数据传输速率：0.625～5bit/s。

四、操作方法

操作同 MWD 部分。

第五章 开窗及锻铣工具

套管开窗侧钻技术是在定向钻井技术的基础上发展起来的，这项技术也在不断改进、优化中逐渐走向成熟。目前，套管开窗工具主要分两种，套管割铣工具和斜向器式套管开窗工具。

第一节 开窗工具

套管开窗工具主要有斜向器、铣锥等，斜向器在开窗过程中起引导作用，用钻具送入到预定位置后，坐挂到套管内，再起钻下入铣锥磨铣，开窗形成新井眼。

一、液压卡瓦式斜向器

液压卡瓦式斜向器具有操作简单、固定可靠等特点。

（一）结构

液压卡瓦式斜向器主要由送入管、斜面、液压缸、上下活塞及上下卡瓦自锁结构等组成，结构如图5-1所示。

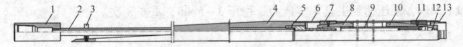

图5-1 液压卡瓦式斜向器结构图

1—上接头；2—送入管；3—扶正盘；4—导斜体；5—喷嘴；6—外壳；7—上卡瓦；
8—上部活塞；9—中心杆；10—下部活塞；11—下卡瓦；12—钢球；13—丝堵

（二）工作原理

将斜向器组合下至预定深度，通过定向使工具斜面对准设计方位后，开泵憋压推动上、下活塞外挤上、下卡瓦，使之坐挂到套管内壁上，并通过自锁机构锁紧上、下活塞。之后正转管柱，倒扣丢手，起出送入管。固定主要靠上、下卡瓦咬合到套管内壁上。

（三）操作方法

1. 井眼准备

（1）首先用通径规通井，通径规长度大于斜向器长度，外径比套管内径小3~5mm。

（2）其次是刮管，用标准刮管器刮管，对设计的斜向器位置反复刮屑 10 遍以上，确保套管内壁干净、无锈蚀、无油污，便于斜向器坐挂。为节约时间，可以使用通径、刮管一体式工具进行通井。

（3）如果斜向器下部有射孔井段或产层，需要对下部井段注水泥封堵。

2. 下井前准备

（1）检查卡瓦和扶正环上螺钉是否紧固，送入管与斜铁反扣是否松动，若松动应及时拧紧。

（2）钻井液泵、地面管汇及钻具确保试压 25MPa 无刺漏，将钻井液泵保险凡尔调至安全范围。

（3）提前测量和校对定向接头与斜面角差。

（4）用标准通径规对送入钻杆逐根通径，确保水眼畅通、内壁清洁。

3. 钻具组合

钻具组合为：液压式斜向器 + 定向接头 + 无磁钻杆 + 钻杆。

4. 下斜向器

斜向器入井时，应严格控制下钻速度，遇阻不能超过 20kN；井口操作平稳，防止猛顿、猛刹，防止激动压力造成中途坐封；在斜向器未固定时，严禁中途正循环，以免中途坐挂。

5. 预置斜向器

按设计要求将斜向器下到预定位置，使用仪器（井斜 < 3°，方位要求严格，使用陀螺仪）调整好斜面方位，锁住转盘，投球，接方钻杆缓慢开泵憋压、坐封，憋压达到 (22 ± 1) MPa，泵压达到工具规定压力，稳压 3 ~ 5min，重复 3 次。

6. 退送入管

坐封后，再憋压 5 ~ 10MPa，下压 100 ~ 150kN，重复 2 次以上，验证斜向器坐封牢固后，缓慢上提送入钻杆至原悬重位置，按斜向器说明正转足够的圈数（随井深及井斜不同而改变）退扣，直至扭矩突然释放、泵压下降后，可缓慢上提，否则放回原位置重新调整中和点退扣。

7. 起送入管

起钻要平稳。如遇特殊情况时，需要起出斜向器，要平稳操作，避免压力激动中途坐挂。

（四）技术参数

液压式斜向器技术参数，见表 5 - 1。

表 5 - 1　液压式斜向器技术参数表

套管尺寸/mm	本体外径/mm	斜面度数/(°)	斜面长度/mm	总长/mm	连接螺纹
139.7	114	3	1930	3870	NC31
177.8	150	3	2900	4116	NC38
244.5	210	3	4121	5337	NC50

二、地锚式斜向器

地锚式斜向器固定更加可靠，针对套管强度高或者双层套管开窗时使用，避免开窗过程中斜向器活动影响施工。

（一）结构

由送入器、连接管、"O"形密封圈、螺栓、导斜器、卡箍等组成。送入器与导斜器用螺栓固定，导斜器以下连接地锚，地锚多采用在一定长度的废旧钻杆或套管表面加焊扶正块制成，底部为割有循环孔的引鞋，依靠水泥浆凝固，实现固定斜向器，加压剪断连接销钉后直接上提钻具实现丢手分离，如图 5 - 2 所示。

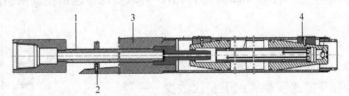

图 5 - 2　地锚式斜向器结构图
1—送入器；2—螺栓；3—导斜器；4—卡箍

（二）工作原理

地锚式斜向器组合（15 ~ 20m）下钻到设计位置后，使用定向工具调整斜向面到设计方位。按设计注水泥、替浆完毕后，加压 80 ~ 120kN 剪断斜向器和送入器连接螺栓，提 5 ~ 10m 洗井，将多余水泥洗出，起钻关井候凝不低于 48h。斜向器固定主要依靠水泥固定。

（三）操作方法

（1）打底塞：下地锚式斜向器前，预先在套管内打入一定厚度、强度的水泥塞，塞面深度位于预计开窗深度以下 20 ~ 25m 处。

（2）探塞：下钻头探塞面，确保能够承压 150 ~ 200kN，要求塞面深度 = 开窗深度 + 斜向器长度 + 地锚长度（15 ~ 20m）。

（3）加工地锚：根据实探塞面深度调整地锚长度，确保避开套管接箍。将地锚与斜向器丝扣连接或焊接牢靠，检查定向接头键与斜向器斜面是否一致。

（4）钻具组合：地锚 + 斜向器 + 定向接头 + 无磁钻铤 + 钻杆。

（5）地锚式斜向器通过井口、双公接头及下钻过程中，必须严格控制下放速度，平稳操作，遇阻不应超过 30kN，防止提前剪断销钉造成斜向器落井故障。

（6）下钻到位后，用仪器测量斜向器斜面方位，缓慢转动调整斜向器斜面方位达到设计要求，锁住转盘，防止钻具转动。

（7）将斜向器下至井底水泥塞面以上 0.5 ~ 1m，循环洗井一周，校正灵敏针至零，上下缓慢活动钻具，记录悬重和摩阻。

（8）替入密度不低于 $1.90g/cm^3$ 的水泥浆，稠化时间不少于 5h，准确计算入井水泥浆量和实际的顶替量，严防替空。

（9）注完水泥，下压钻具 80 ~ 120kN 剪断销钉（观察悬重、灵敏针瞬间回弹），继续加足钻压 200kN，上提钻具 10 ~ 15m 后，迅速下放刹车 3 次，确保斜向器与送斜器完全分离，上提钻具 10m，启动转盘大排量循环洗出井内多余水泥浆，起钻候凝 48h。

三、一体式斜向器

贝克休斯公司生产的 Windowmaster 斜向器，可以实现一趟钻完成下斜向器和开窗。

（一）结构

Windowmaster 斜向器由钻柱铣、开窗铣、斜向器三部分组成，具有开窗速度快、起下钻次数少，一趟钻可实现开窗的特点，如图 5 - 3 所示。

（二）工作原理

将工具下至预定深度，定向使工具斜面对准设计方位，然后将工具坐挂在这一位置；加压剪断斜向器和铣锥间的连接销钉，接下来完成开窗。

（三）操作方法

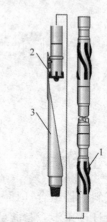

图 5 - 3　Windowmaster 斜向器
1—钻柱铣；2—开窗铣；3—斜向器

1. 下井前的准备

（1）检查卡瓦和扶正环上螺钉是否紧固，铣锥与斜铁反扣是否松动，若松动及时拧紧。

（2）钻井液泵、地面管汇及钻具确保试压 25MPa 无刺漏，将钻井液泵保险凡尔调至安全范围。

（3）提前测量和校对定向接头与斜面角差。

（4）对送入钻杆，必须用标准通径规逐根通径，确保内壁清洁。

2. 钻具组合

钻具组合：Windowmaster 斜向器 + 定向接头 + 无磁钻杆 + 钻杆。

3. 下斜向器

斜向器入井后，应严格控制下钻速度，井口操作平稳，防止猛顿、猛刹，防止激动压力造成中途坐封，在斜向器未固定时，严禁中途正循环。

4. 预置斜向器

按设计要求将斜向器下到预定位置，使用仪器调整好斜面方位，将工具坐挂在这一位置。

5. 剪销钉

加压剪断斜向器和铣锥间的连接销钉。

6. 开泵循环

调整钻井液性能达到携带铁屑和稳定井壁的要求。

7. 确定窗口位置

低速启动转盘，缓慢下放钻具至悬重、转盘负荷明显变化，判别此时深度为开窗起始位置，并做好零记号，然后进行开窗施工。

8. 磨铣

初始磨铣进尺 0.3 ~ 0.5m，转速 40 ~ 50r/min，钻压 5 ~ 10kN，排量能满足携砂要求。正常磨铣时，可根据开窗速度和扭矩大小适量调整开窗钻压、转速等参数，要求刹把操作平稳，均匀送钻。

9. 修窗

开窗进尺每 20 ~ 30cm 上提钻具修窗 1 次，每小时捞取和分析砂样一次，防止发生铁屑缠绕磨铣工具。

10. 试钻

根据钻时快慢磨进地层 2 ~ 3m，循环钻井液 1 周，循环期间反复修整窗口，直至提放铣锥过窗口无阻卡显示，起钻按要求灌钻井液。

（四）技术参数

Windowmaster 斜向器的技术参数，见表 5 – 2。

表 5 – 2　Windowmaster 斜向器技术参数

套管外径		重量范围		上部螺蚊
in	mm	lb/ft	kg/m	
5½	139.7	14 ~ 26	20.8 ~ 38.7	2⅞inIF
6⅝	168.3	20	29.8	3½inIF

续表

套管外径		重量范围		上部螺蚊
in	mm	lb/ft	kg/m	
7	177.8	20~38	29.8~56.6	3½inIF
7⅝	193.7	26.4~47.1	39.3~70.2	3½inIF
8⅝	219.1	32~36	47.7~53.6	4½inIF
9⅝	244.5	40~53.5	59.6~79.7	4½inIF
10¾	273.1	40.5~51	60.4~76	4½inIF
11¾	298.5	54~71	80.7~105.7	4½inIF
13⅜	339.7	54.5~72	90.7~107.1	4½inIF

四、复式铣锥

复式铣锥具有较长的铣锥体，可以完成开窗及修窗作业，减少起下钻次数。

（一）结构

复式铣锥由上体、硬质合金、下锥体、切削齿组成，具有开窗速度快、窗口平整圆滑、开修窗一体化的特点，如图5-4所示。

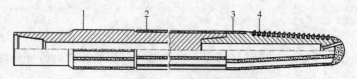

图5-4 复式铣锥结构图
1—上体；2—硬质合金；3—下锥体；4—切削齿

（二）工作原理

将复式铣锥组合下至预定位置，铣锥头最先起到磨铣作用并形成上窗口，当磨铣到圆柱体时，下窗口已经形成。随着钻柱的推进，过渡部分再扩大修整窗口，铣锥体的保径部分再对窗口进行磨铣修整。

（三）操作方法

（1）钻具组合：复合铣锥 + 加重钻杆或钻铤 + 钻杆。

（2）下复式铣锥至预定位置，控制下放速度不大于30根/小时。

（3）开泵循环，调整钻井液性能达到携带铁屑和稳定井壁的要求。

（4）低速启动转盘，缓慢下放钻具至悬重、转盘负荷明显变化，判别此时深度为开窗起始位置，并做好零记号，然后进行开窗施工。

（5）初始磨铣，进尺 0.3 ~ 0.5m，转速 40 ~ 50r/min，钻压 5 ~ 10kN，排量能满足携砂要求。

（6）正常磨铣时，可根据开窗速度和扭矩大小适量调整开窗钻压、转速等参数，要求刹把操作平稳，均匀送钻。

（7）开窗进尺每 20 ~ 30cm 上提钻具修窗 1 次，每小时捞取和分析砂样一次，防止发生铁屑缠绕磨铣工具。

（8）试钻，根据钻时快慢磨进地层 2 ~ 3m，循环钻井液 1 周，循环期间反复修整窗口，直至提放铣锥过窗口无阻卡显示，起钻按要求灌钻井液。

（9）开窗期间要坐岗观察，防止发生井喷和井漏。

（10）每次起下钻前，要提前计算钻头过窗口位置，严格控制速度，防止碰坏窗口。

（四）技术参数

复式铣锥技术参数，见表 5 – 3。开窗操作技术参数，见表 5 – 4。

表 5 – 3 复式铣锥技术参数

型号	外径尺寸/mm	总长/mm	水眼/mm	连接螺纹
XZ – 118	118	1070	$3 \times \phi 10$	NC31
XZ – 152	152	1100	$3 \times \phi 12$	NC38
XZ – 216	216	1200	$3 \times \phi 15$	NC50

表 5 – 4 开窗操作技术参数

型号	起始段		骑套段		出套段	
	钻压/kN	转速/（r/min）	钻压/kN	转速/（r/min）	钻压/kN	转速/（r/min）
XZ – 118	2	50 ~ 60	10 ~ 25	60 ~ 80	2 ~ 10	60 ~ 90
XZ – 152	3	50 ~ 60	15 ~ 30	60 ~ 80	2 ~ 10	60 ~ 90
XZ – 216	4	50 ~ 60	20 ~ 40	60 ~ 80	5 ~ 15	60 ~ 90

第二节 锻铣工具

锻铣工具顾名思义就是用来锻铣套管的一种特殊工具，它将井下套管切割后根据工艺需要磨铣掉一定长度的套管。

一、国内锻铣类工具

（一）TDX 系列锻铣工具

1. 结构及技术规范

（1）TDX 系列锻铣工具结构，如图 5 – 5 所示。

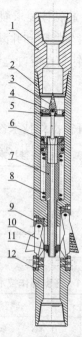

图 5 – 5 TDX 系列锻铣器结构图

1—上接头；2—本体；3—锥帽盖；4—小弹簧；5—锥帽座；6—活塞上体；

7—活塞下体；8—大弹簧；9—支撑块；10—刀片；11—止推螺母；12—限位块

（2）TDX 系列锻铣工具技术规范，见表 5 – 5。

表 5 – 5 TDX 系列锻铣工具技术规范

工具型号	连接螺纹	本体外径/mm	刀片收拢时外径/mm	刀片张开最大外径/mm	工具总长/mm	限位扶正套与下扶正短节扶正外径/mm	锻铣套管 外径/mm	锻铣套管 壁厚/mm
TDX – 245	NC50	210	214	310	1776	$222^{+0}_{-0.5}$	244.5	8.94
						$220^{+0}_{-0.5}$		10.03
						$218^{+0}_{-0.5}$		11.05
						$216^{+0}_{-0.5}$		11.99

续表

工具型号	连接螺纹	本体外径/mm	刀片收拢时外径/mm	刀片张开最大外径/mm	工具总长/mm	限位扶正套与下扶正短节扶正外径/mm	锻铣套管	
							外径/mm	壁厚/mm
TDX - 178	NC38	144	144	210	1470	$158^{+0}_{-0.5}$	177.8	8.05
						$156^{+0}_{-0.5}$		9.19
						$154^{+0}_{-0.5}$		10.36
						$151^{+0}_{-0.5}$		11.51
						$149^{+0}_{-0.5}$		12.65
						$147^{+0}_{-0.5}$		13.72
TDX - 140	NC31	114	114	170	1292	$121^{+0}_{-0.5}$	139.7	7.72
						$118^{+0}_{-0.5}$		9.17
						$115^{+0}_{-0.5}$		10.54

2. 工作原理

开泵后，工具活塞在压差作用下下行，活塞下部推盘则推动刀片张开；停泵后，活塞在弹簧作用下复位，刀片自动收回。

3. 操作方法

（1）推荐钻具组合，见表 5 - 6。

表 5 - 6 推荐钻具组合

锻铣工具型号	钻具组合
TDX - 245	TDX - 245 + ϕ177.8mm 钻铤 × 1 根 + ϕ216mm 螺旋钻柱稳定器 + ϕ177.8mm 钻铤 × 3 根 + ϕ177.8mm 随钻震击器 + ϕ177.8mm 钻铤 × 5 根 + ϕ127mm 钻杆
TDX - 178	TDX - 178 + NC38 × NC35 ϕ120.7mm 钻铤 × 1 根 + ϕ148mm 螺旋钻柱稳定器 + ϕ120.7mm 钻铤 × 3 根 + ϕ120mm 随钻震击器 + 120mm 钻铤 × 3 根 + NC35 × NC38 + ϕ88.9mm 钻杆
TDX - 140	TDX - 140 + NC31 × NC26 + ϕ88.9mm 钻铤 × 1 根 + ϕ116mm 螺旋钻柱稳定器 + ϕ88.9mm 钻铤 × 8 根 + NC26 × NC31 + ϕ73mm 钻杆
	TDX - 140 + ϕ104.8mm 钻铤 × 1 根 + ϕ116mm 螺旋钻柱稳定器 + ϕ104.8mm 钻铤 × 8 根 + ϕ73mm 钻杆

（2）井眼准备。

①用清水进行洗井，确保套管内壁清洁、无油污。

②用标准刮管器和通径规进行刮管和通径，至锻铣井段以下不少于20m。通径规外径一般小于套管串最小内径3～5mm，并大于套管锻铣器的外径，长度不小于1m。

③根据井眼尺寸和深度，配制足够的高黏度、高切力的锻铣钻井液备用。一般配30m³，黏度为120～200s。

（3）套管锻铣器的准备。

①根据套管内径、壁厚和钢级按表5-5选择锻铣器型号。

②井口试验。工具与方钻杆连接后下入井口，开泵排量由小到大，逐渐增加至工具使用说明书要求的切割套管所需排量，观察6个刀片是否顺利张开至最大位置，并记录刀片开合前后泵压变化值（2~2.5MPa），停泵后6个刀片应顺利收拢。否则，工具不得下井。

③套管锻铣器、井下工具、配合接头、钻铤、钻杆等丝扣按规定扭矩紧扣。

（4）套管锻铣程序。

①锻铣器下到预定位置后，接好顶驱（或方钻杆）上下活动，记录上提下放时的悬重。然后停止活动，启动转盘或开启顶驱，记录不同转速下的空负荷扭矩。

②将锻铣器下到设计锻铣位置刹死刹把（一般选择套管接箍以下1m左右），转动钻柱、开泵，若扭矩比空负荷扭矩明显增加，证明刀体部件已张开；若扭矩跟空负荷扭矩一样，应加大排量，若扭矩仍然不增加要检查原因。

③确认刀体部件张开后，刹死刹把，定点切割20~30min，当扭矩突然增加后又下降时，证明套管被切断，此时逐渐加压向下磨铣套管。

④控制磨铣速度0.5~1m/h，每锻铣0.5~1m进行上下划眼1~3次，同时泵入锻铣钻井液4~6m³帮助携带铁屑。

⑤磨铣参数：钻压5~60kN，转速80~100r/min，泵压5~14MPa，环空返速不小于0.64m/s。

（5）注意事项。

①发现起下遇卡、遇阻，要立即停止锻铣，增大排量并大幅度上下活动，严防铁屑集聚成团造成卡钻。

②当锻铣钻速显著变慢时（小于0.2m/h），则起钻更换刀片。

③锻铣过程中，调整顶驱控制系统电流，控制顶驱最大扭矩不超过20kN·m，防止钻杆接头憋滑扣。

④钻井液架空槽中放置一个磁铁打捞器，收集返出铁屑，根据铁屑情况调整参数。正常情况下，返出的铁屑厚0.5~0.2mm，长40~150mm，呈卷曲状，如机床加工出的铁屑一样。如果铁屑太厚，则说明钻压太高，如果铁屑太薄，说明钻压较小。

⑤钻井液性能要求黏度80~100s，切力（20~60）lb/（100ft²）。

⑥及时清除铁屑。及时清除返出管线以及振动筛处的铁屑，防止堵塞钻井液循环通道，特别是管线转弯处很容易堆积铁屑。

⑦若铁屑太多或排量不足，大量铁屑缠绕在工具上，工具不能提离窗口，不可硬提狠拔，以免损坏刀片。要倒划眼慢慢将工具提出窗口。

（6）推荐锻铣参数，见表5-7。

表 5 – 7　锻铣参数

工具型号	工艺过程	锻铣参数		
		钻压/kN	转速/（r/min）	排量/（L/s）
TDX – 245	切割		50 ~ 60	16
	锻铣	10 ~ 30	80 ~ 100	24 ~ 25
TDX – 178	切割		50 ~ 60	9
	锻铣	10 ~ 30	90 ~ 120	16 ~ 17
TDX – 140	切割		50 ~ 60	8
	锻铣	10 ~ 25	90 ~ 120	13 ~ 14

（二）TX 型锻铣工具

1. 结构

TX 型锻铣工具结构，如图 5 – 6 所示。

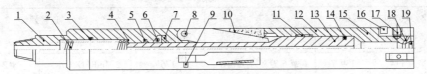

图 5 – 6　TX 型锻铣工具结构图

1—上接头；2—弹簧；3—"O"形密封圈；4—弹簧座；5—挡圈；6—密封圈；7—密封承托；8—铰链销；
9—螺钉；10—刀臂总成；11—油封；12—本体；13—活塞杆；14—密封圈；15—下接头；
16—扶正块；17—螺钉；18—喷嘴；19—挡圈

2. 技术规范

TX 系列锻铣工具技术规范，见表 5 – 8。

表 5 – 8　TX 系列锻铣工具技术规范

工具型号	本体外径/mm	套管外径/mm	工具收缩时外径/mm	工具张开时外径/mm	工具总长/mm	连接螺纹
5TX114	114	139.7	117	186	1778	$2\frac{7}{8}$inREG
7TX140	140	177.8	149	220	1880	$3\frac{1}{2}$inREG
9TX184	184	224.5	216	316	2260	$4\frac{1}{2}$inREG

3. 工作原理

在工具的下部装有喷嘴，开泵后在压差作用下，推动活塞上行，活塞凸块则将刀片推出进行磨铣工作；停泵后，在弹簧作用下，活塞复位，刀片收回。

（三）DX 型锻铣工具

1. 结构

DX 型锻铣工具结构，如图 5-7 所示。

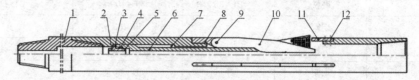

图 5-7　DX 型锻铣工具结构图

1—上短节；2—分流器；3—喷嘴；4—"O"形密封圈；5—弹性挡圈；6—活塞；
7—弹簧；8—上压块；9—柱销；10—磨铣刀；11—下压块；12—内六角螺钉

2. 技术参数

DX 型锻铣工具技术参数，见表 5-9。

表 5-9　DX 型锻铣工具技术参数

型号	本体外径/mm	套管尺寸/mm	刀片结构	喷嘴/mm	刀片最大外径/mm	连接螺纹	
						上端	下端
DX114	114	139.7	6 翼 6 刀	11.18	176	$2\frac{7}{8}$inREG（外）	NC31（内）
DX150	149	177.8	3 翼 6 刀	12.7	199	$3\frac{1}{2}$inREG（外）	$3\frac{1}{2}$inREG（内）

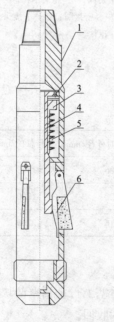

图 5-8　美国贝克休斯锻铣工具结构图
1—本体；2—水眼；3—活塞；
4—中心杆；5—弹簧；6—刀片

3. 工作原理

通过开泵，在压差作用下推动活塞移动，活塞杆的凸块将刀片推出达到磨铣工作状态；停泵后，在弹簧作用下，活塞复位，刀片收回。

二、国外锻铣工具

（一）美国贝克休斯锻铣工具

1. 结构

美国贝克休斯锻铣工具结构图，如图 5-8 所示。

2. 工作原理

开泵后，工具活塞在压差作用下下行，活塞下部推盘则推动刀片张开；停泵后，活塞在弹簧作用下复位，刀片自动收回。

3. 技术参数

美国贝克休斯锻铣工具技术参数。见表5-10。

表5-10 美国贝克休斯锻铣工具技术参数

工具尺寸/mm	推荐压降/MPa	流量/（L/s）		推荐转速/（r/min）	钻压/kN
		无压力球	有压力球		
50.8	12.6	6.3	4.1	80~100	9~18
101.6	9.1	11.84	5.9	80~100	13~22
127.0	9.0	16.4	6.8	90~100	13~22
152.4	8.1	25.2	18.0	90~100	13~27
177.8	6.2	26.4	14.8	80~100	18~31
228.6	3.0	23.9	8.2	60~80	22~36
254.0	2.5	36.9	4.7	60~80	27~40

（二）Smith 公司锻铣工具

1. 结构

Smith 公司锻铣工具，如图5-9所示。

2. 工作原理

开泵后，工具压降推动工具刀片张开。首先由3个切割刀片起作用对套管进行切割。等完成切割后，另外的3个刀片扩张到磨铣套管的位置。施加钻压，6个刀片一起磨铣套管。

3. 技术参数

Smith 公司锻铣工具技术参数，见表5-11。

图5-9 Smith 公司锻铣工具

表5-11 Smith 公司锻铣工具技术规范

工具系列	套管尺寸/in	本体直径/in	打捞尺寸		总长/in	连接螺蚊	质量/lb[①]
			长度/in	直径/in			
3600	$4\frac{1}{2}$	$3\frac{5}{8}$	18	$3\frac{1}{8}$	56	$2\frac{3}{8}$inREG	135
4100	5	$4\frac{1}{8}$	18	$3\frac{1}{4}$	66	$2\frac{3}{8}$inREG	175
4500	$5\frac{1}{2}$, 6	$4\frac{1}{2}$	18	$4\frac{1}{8}$	70	$2\frac{7}{8}$inREG	220
5500	$6\frac{5}{8}$, 7	$5\frac{1}{2}$	18	$4\frac{3}{4}$	74	$3\frac{1}{2}$inREG	350
6100	$7\frac{5}{8}$	$6\frac{1}{8}$	18	$4\frac{3}{4}$	74	$3\frac{1}{2}$inREG	368

① 1lb = 0.45359237kg。

| 工具系列 | 套管尺寸/in | 本体直径/in | 打捞尺寸 | | 总长/in | 连接螺蚊 | 质量/lb |
			长度/in	直径/in			
7200	$8\frac{5}{8}$，$9\frac{5}{8}$	$7\frac{1}{4}$	18	$5\frac{3}{4}$	89	$4\frac{1}{2}$inREG	554
8200	$9\frac{5}{8}$	$8\frac{1}{4}$	18	$5\frac{3}{4}\sim8$	87	$4\frac{1}{2}\sim6\frac{5}{8}$inREG	900
9200	$10\frac{3}{4}$，$11\frac{3}{4}$	$9\frac{1}{4}$	18	$5\frac{3}{4}\sim8$	87	$4\frac{1}{2}\sim6\frac{5}{8}$inREG	980
11700	$13\frac{3}{8}$，16	$11\frac{1}{2}$	18	$8\sim9$	90	$6\frac{5}{8}\sim7\frac{5}{8}$inREG	1725

（三）三洲公司"D"型锻铣器

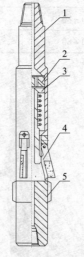

图 5 - 10　三洲公司"D"型锻铣
工具结构图
1—外筒；2—分水盘；3—活塞；
4—刀片；5—扶正块

1. 结构

三洲公司"D"型锻铣工具，如图 5 - 10 所示。

2. 工作原理

三洲公司"D"型锻铣工具喷嘴位于上部，开泵后活塞在压差作用下下行，驱使活塞下部的推盘（或凸轮）推动刀片使之张开。

三洲公司有些"D"型工具上还安装有喷嘴挡针，允许投入增压球。这有利于压力判断且可增大作用于刀臂上的力。

切割套管时，液流相当于通过直径 9.53mm 孔的面积，芯管最小压力可达到 2.8MPa，以便给切削壁提供较大的伸张力。当套管铣穿刀片伸出后，液流面积增大至相当于直径 19.05mm 孔的面积，压力下降至 1.38MPa。

需要回收工具时，停泵，活塞在弹簧作用下上行复位，刀臂将自动收回。

3. 技术参数

三洲公司"D"型锻铣器技术参数，见表 5 - 12。

表 5 - 12　三洲公司"D"型锻铣器技术参数

| 磨铣套管尺寸 | | 最大张开尺寸 | | 工具外径 | | 推荐转速/(r/min) | 连接螺纹 |
in	mm	in	mm	in	mm		
$4\frac{1}{2}$	114.3	$5\frac{1}{4}$	133.4	$3\frac{3}{4}$	95.3	$140\sim180$	$2\frac{3}{8}$inREG
$5\frac{1}{2}$	139.7	$6\frac{5}{8}$	168.3	$4\frac{1}{2}$	114.3	$120\sim150$	$2\frac{7}{8}$inREG

磨铣套管尺寸		最大张开尺寸		工具外径		推荐转速/(r/min)	连接螺纹
in	mm	in	mm	in	mm		
6⅝	168.3	7¾	196.9	4½	114.3	100~150	2⅞inREG
7	177.8	8¼	209.6	5½	139.7	100~150	3½inREG
7⅝	193.7	9	228.6	6¼	158.8	100~150	3½inREG
8⅝	219.1	10¾	273.1	7¼	184.2	100~150	4½inREG
9⅝	244.5	12¼	311.2	8¼	209.6	100~150	4½inREG
10¾	273.1	12¾	323.9	9¼	235.0	100~150	6⅝inREG
11¾	298.5	13¼	336.6	9¾	247.	100~150	6⅝inREG
13⅜	339.7	15½	393.7	11½	292.1	100~150	6⅝inREG

（四）威德福公司锻铣器

1. 结构

威德福公司锻铣器结构，如图 5 - 11 所示。

图 5 - 11　威德福公司锻铣器

2. 技术参数

威德福公司锻铣器技术参数，见表 5 - 13。

3. 工作原理

开泵后，工具活塞在压差作用下下行，活塞下部推盘则推动刀片张开；停泵后，活塞在弹簧作用下复位，刀片自动收回。

表 5 - 13　威德福公司锻铣器技术参数

锻铣器			套管尺寸/in
本体外径/in（mm）	总长度/in（m）	大约吊装总重/lb（kg）	
5½（139.7）	74（1.9）	450（204）	6⅝、7
6⅛（155.5）	74（1.9）	568（258）	7⅝
8¼（209.5）	87（2.2）	1050（476）	9⅝
11½（292.1）	90（2.3）	1725（782）	13⅜

三、双层套管锻铣器

双层套管锻铣即对含有两层及以上套管的油气井进行开窗和磨铣作业，从而形成一定长度的空间用于后续作业。

（一）结构

双层锻铣工具由水力系统、驱动系统及磨铣系统组成。水力系统包括水力喷射头、管柱内部通道等，驱动系统包括活塞机构、顶部驱动臂、下部支撑臂等，磨铣系统包括开窗刀片及磨铣刀片等，其示意图如图5-12所示。其中，可根据作业需要选择不同的刀片进行切割或磨铣。现场应用时，该工具与钻柱扶正器、钻具浮阀、震击接头等配合使用。

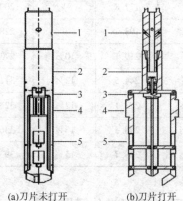

(a)刀片未打开　　(b)刀片打开

图5-12　锻铣工具示意图

1—水力喷射头；2—活塞机构；
3—顶部驱动臂；4—刀片；5—支撑臂

（二）工作原理

该锻铣工具利用液体水力冲击活塞机构使驱动系统工作，遵循动量定理：

$$F = (mV' - mV)/t \tag{5-1}$$

式中　F——液体水力产生的冲击力；

m——液体质量；

V'——初始速度；

V——终了速度；

t——接触时间。

其中，V与排量和管柱内径有直接关系，同时还受到井深及井斜等因素影响。为保障驱动系统能工作，通常会计算出所需最小排量值，另外在功能试验中需要复测校核。在驱动系统工作后，下部支撑臂接触需锻铣套管内壁并使整个锻铣工具居中。此时，刀片处在已开窗位置，旋转钻柱即开始套管磨铣。刀片厚度与所需锻铣套管壁厚相匹配，一般稍过盈，以保障全覆盖磨铣，根据锻铣长度及刀片磨损情况设计刀片长度及组数，一般为3~4组刀片，以保障一次磨铣完全，从而减少起下钻次数，以提高锻铣效率。

（三）操作方法

1. 作业准备

（1）刀片和钻具组合的确定，要根据所锻铣套管的钢级和壁厚来确定。

（2）锻铣液要求具有良好的携带性能，主要性能参数见表5-14。另需配备稠塞（漏斗黏度≥90s/qt，密度较锻铣液高$0.2 \times 10^3 \sim 0.3 \times 10^3 kg/m^3$）用于磨铣铁屑的清扫，在返出槽中放置足够的磁铁收集磨铣铁屑，并编制称重记录表。

表 5－14　锻铣液推荐参数

密度/（10^3kg/m³）	1.40～1.50 或根据作业需要提高
屈服值/（lb/100ft²）	≥40
3 转读数 Φ_3	≥18
pH 值	8.5～11.5

2. 作业流程及关键点

（1）套管开窗时，尽量注意避开套管接箍及套管扶正器位置，开窗前进行钻柱上提下放测试及工具功能试验并记录各参数，开窗初始钻柱转速 80～100r/min，排量 2200～2500L/min，视扭矩变化情况逐步增加钻压，范围为 0.2～0.6t，开窗长度大于磨铣刀片组总长度后，循环清洗井眼，起钻更换开窗刀片为磨铣刀片组。

（2）磨铣开始前，进行钻柱上提下放测试及工具功能试验并记录各参数。根据钻柱长度及参数确认刀片组进入开窗后，逐步提高钻柱转速为 115～130r/min 开始磨铣，钻压 0.5～2t，尽量增大排量以保证环空上返速度，上返速度不小于 0.7m/s，磨铣速度控制在 0.3～1.5m/h。

（3）每磨铣 3～5m 泵入稠塞清扫井眼，根据收集的铁屑情况可加密清扫井眼。发现憋压现象，可通过上提下放钻柱及泵入稠塞清扫来处理，注意上提下放钻柱时，不能超出所磨铣空间，否则需要停泵及停转进行上提下放，防止损伤磨铣工具。

（4）磨铣过程中，保持稳定的钻压和排量，以形成形状规则的磨铣铁屑和均匀返出，防止因操作不当导致铁屑粘连成团。

（5）将已锻铣套管的理论质量和收集到的铁屑质量进行比较，若收集铁屑质量为理论质量的 3 倍或以上，说明井眼清洁程度较高，若小于该值则需要改善锻铣液携带性能或加密稠塞清扫频率。

第六章　完井固井工具

固井是钻完井作业过程中不可缺少的一个重要环节，是多学科的综合应用技术，具有系统性、一次性和时间短的特点；完井固井工具对于确保固井达到预期目的有着重要的作用。本章主要介绍了常用固井工具入井前的检查、结构、工作原理、操作方法、注意事项、主要技术参数等内容。

第一节　尾管悬挂器

尾管悬挂器指通过液压或机械方式将尾管悬挂在上一层套管柱底部，进而进行尾管固井作业的机械装置。通过尾管悬挂器实现尾管固井，可降低注替施工的流动阻力，有利于施工安全，节省套管，降低钻井成本。

尾管悬挂器按作用方式可分为液压式（代号 Y）、机械式（代号 J）和机械-液压双作用式（代号 D），按悬挂方式可分为卡瓦悬挂式和膨胀悬挂式（代号 P），按功能可分为封隔式（代号 F）、旋转式（代号 X）、防腐型（代号 C、S、CS）等。

本节主要介绍液压式尾管悬挂器、机械式尾管悬挂器、机械-液压双作用式尾管悬挂器、封隔式尾管悬挂器和膨胀式尾管悬挂器。

一、液压式尾管悬挂器

液压式尾管悬挂器按结构可分为单缸单锥、单缸双锥、双缸双锥等类型，主要适用于直井、斜井、深井和超深井。

（一）结构

液压式尾管悬挂器主要由提升短节、回接筒、密封套、倒扣接头、反扣螺套、推力轴承、中心管、本体、液缸、剪钉、卡瓦、球座、坐封球、钻杆胶塞、尾管胶塞等部件组成，其结构如图 6-1、图 6-2 所示。

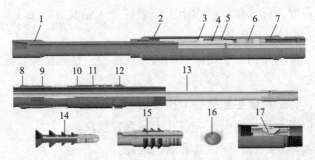

图 6-1　单缸单锥液压式尾管悬挂器结构图

1—提升短节；2—回接筒；3—推力轴承；4—倒扣接头；5—反扣螺套；6—密封补心；7—密封套；8—本体；
9—卡瓦；10—剪钉；11—液缸；12—扶正环；13—中心管；14—钻杆胶塞；15—尾管胶塞；16—球；17—球座

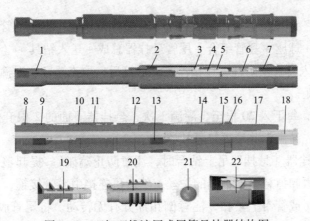

图 6-2　双缸双锥液压式尾管悬挂器结构图

1—提升短节；2—回接筒；3—推力轴承；4—倒扣接头；5—反扣螺套；6—密封补心；7—密封套；8—上本体；
9—上卡瓦；10—剪钉；11—上液缸；12—接头；13—下卡瓦；14—下液缸；15—剪钉；16—扶正环；17—下本体；
18—中心管；19—钻杆胶塞；20—尾管胶塞；21—球；22—球座

（二）工作原理

液压式尾管悬挂器采用投球憋压的方式实现坐挂。使用时，配合专用的送入工具，将尾管悬挂器及尾管下入到井内设计深度。投球，当球到达球座后憋压，压力通过悬挂器本体上的传压孔传到液缸内，压力推动活塞上行，剪断液缸剪钉，再推动推杆支撑套，并带动卡瓦上行，卡瓦沿锥面涨开，楔入悬挂器锥体和上层套管之间的环形间隙里，当钻具下放时，尾管重量被上层套管支撑。继续打压，憋通球座，建立正常循环。然后进行倒扣、注水泥、替浆作业。最后将送入工具和密封芯子提离悬挂器并循环出多余的水泥浆，起钻，候凝。

（三）操作方法

1. 准备工作

（1）下套管前彻底通井，调整钻井液性能，保证套管能顺利下到设计深度。

（2）校核尾管长度，计算钻杆回缩距，配置好送入钻具。准备 1 ~ 2 根短钻杆，调整钻具使短钻杆下接头在转盘面附近。

（3）丈量套管、清洗丝扣，使用标准的通径规通径；钻具接头、配合接头不许有直角台阶。

（4）通井期间，将钻具提至悬挂器坐挂位置后，称重并记录。

（5）校核坐挂位置，悬挂器卡瓦应避开上层套管接箍。

（6）校核指重表和泵压表，保证其灵敏、准确。

（7）检查丝扣和尾管胶塞尺寸应与使用的套管匹配，钻杆胶塞应与钻杆匹配，憋压球应与球座匹配。

2. 下套管

（1）管串排列。球座位置应由所设计的水泥塞高度确定，推荐的管串排列为：浮鞋 + 套管 + 浮箍 + 套管 + 球座 + 套管组合 + 尾管悬挂器总成 + 送入钻具 + （旋转）水泥头。

（2）按顺序下入套管及附件，连接浮鞋、浮箍后，检查浮鞋、浮箍的畅通及防回压情况。按标准上够扭矩。

（3）连续灌浆，每下入 20 根至少灌满 1 次；悬挂器下面的 2 根套管连续加 2 个扶正器；套管下完后，先灌满钻井液再接悬挂器。

（4）接尾管悬挂器（悬挂器吊上钻台时，注意防止磕碰）。提起整个悬挂器总成，先卸掉中心管接箍，再卸掉悬挂器下端的护丝，然后再连接中心管接箍，并在中心管接箍上接尾管胶塞，用链钳或管钳上紧扣，注意倒扣部分有无转动。将尾管胶塞胶碗涂丝扣油，并小心插入套管，然后连接悬挂器与套管，按照套管标准上扣扭矩上紧。

注意：①套管钳严禁在卡瓦、液缸处咬合。②回接筒内注满钻杆丝扣油，然后上紧防砂罩固定螺钉。③悬挂器入井口时要缓慢，注意保护好卡瓦及液缸。

（5）称重，并做好记录。锁死转盘，防止尾管转动。

（6）下送入钻具。接送入钻杆时打好背钳，尾管坐挂前严禁下部钻具转动。送入钻杆要边通径、边下钻。最多每下 10 立柱必须灌满 1 次钻井液，最好边下、边灌。严格控制下放速度（推荐每立柱用时 1.5 ~ 2.0min）。中途遇阻循环时，开泵泵压不得超过 6MPa。

（7）将尾管下至预定深度，先灌满钻井液（注意活动钻具，防止粘卡），再接方钻杆（或顶驱）。称重、测量摩阻，并记录。

（8）调整好钻（方）余。小排量开泵循环钻井液，尽量控制开泵压力不超过 6MPa。待钻井液返出后可逐渐增加排量，但尾管内、外流阻之和不应超过 6MPa，待循环压力稳定时再以正常排量循环。

3. 坐挂及倒扣

（1）先进行试坐挂操作。受井下条件限制，有时循环压力过高未投球就将液缸剪钉剪断，在这种情况下，若无旋转水泥头或水泥头上无投球孔时，可直接坐挂。

（2）如果没有坐挂，则投球（注意：尾管规格不同，所配坐封球尺寸不一样），并以小排量泵送。密切注意泵压变化，当球到达球座后憋压11~12MPa，稳压2min，慢慢下放钻具，当总悬重下降到等于送入钻具总重量+游车重量（此时送入钻具回缩距等于或接近计算值）时，坐挂成功。

（3）继续下压100~150kN，检查坐挂可靠性。

（4）坐挂成功后，继续憋压18MPa左右，憋通球座，建立正常循环。

（5）无异常时停泵，松开转盘，坐钻杆卡瓦，确保载荷支撑套承压50~100kN，然后正转进行倒扣，累计有效倒扣不少于20圈（注意：正常情况下，用转盘倒扣时，正转数圈后放松转盘，转盘应几乎不回转。若回转严重，可能是载荷支撑套未受压或受压太多，此时应予以调整。切记：必须先剪掉球座建立循环，才能倒扣）。

（6）将钻具缓慢提至中和点后再上提1.0~1.5m，若悬重一直等于上部钻具+游车重量，表明扣已倒开。

（7）倒扣成功后将钻具放回，使悬挂器下压50~100kN，接入水泥头（钻杆胶塞应提前装入），按固井要求循环后固井。

4. 固井及拔中心管

（1）管线试压。

（2）常规方法注水泥。

（3）压钻杆胶塞。

（4）替钻井液。当钻杆胶塞到达尾管胶塞位置前1.5m³左右，降低排量，注意泵压表的变化。如果观察到了泵压明显上升后又回到正常值，说明胶塞已经复合，此时应校核替浆计量（注意：大多数情况下，无法观察到此压力变化）。

（5）当替浆量剩1.5m³左右时，降低排量，碰压。

（6）放回水，检查浮箍、浮鞋密封情况。卸管汇。

（7）正转2~4圈，缓慢上提钻具5~6m（注意悬重变化），当送入工具与悬挂器脱开后上提1~3立柱，然后再大排量循环1周以上，确保循环出多余的水泥浆。（提示：如果要避免尾管悬挂器顶部有水泥塞，通常的做法是：碰压后放回水，将压力降至0MPa，再憋压5~7MPa，然后缓慢上提钻具，观察压力和悬重变化，当压力突然下降时，说明密封芯子已脱离了密封短节，此时开泵循环，冲出多余水泥浆。重要提示：循环过程中要转动或上下活动钻具，保证循环干净）。

（8）起钻，候凝（注意：不可将钻具留在井内候凝）。

（四）技术参数

尾管悬挂器主要技术参数，见表6-1。

表6-1 尾管悬挂器主要技术参数

型号	上层套管公称直径/mm	尾管公称尺寸/mm	最大外径/mm	最小内径/mm	额定负荷/kN	送入工具螺纹	密封能力/MPa	液缸剪钉剪切压力/MPa	尾管胶塞剪钉剪切压力/MPa	复合胶塞承受回压能力/MPa	回接筒有效密封长度/mm	封隔器坐挂力/kN	封隔器坐封后密封能力/MPa	旋转尾管悬挂器抗扭/kN·m
XG 140×89	140	89	117	76	300	NC31	≥25	5~10	4~12	≥10	≥500	200~400	≥35	≥15
XG 140×102	140	102	117	76	300	NC31	≥25	5~10	4~12	≥10	≥500	200~400	≥35	≥15
XG 178×114	178	114	152	99.6	500	NC38	≥25	5~10	4~12	≥10	≥500	200~400	≥35	≥15
XG 178×127	178	127	152	108.6	500	NC38	≥25	5~10	4~12	≥10	≥500	300~500	≥35	≥15
XG 194×127	194	127	166	108.6	600	NC38	≥25	5~10	4~12	≥10	≥500	300~500	≥35	≥15
XG 194×140	194	140	166	121.4	900	NC50	≥25	5~10	4~12	≥10	≥500	300~500	≥35	≥15
XG 219×127	219	127	192	108.6	900	NC50	≥25	5~10	4~12	≥10	≥500	300~500	≥35	≥15
XG 219×140	219	140	192	121.4	900	NC50	≥25	5~10	4~12	≥10	≥500	300~500	≥35	≥15
XG 245×140	245	140	215	121.4	1200	NC50	≥25	5~10	4~12	≥10	≥500	300~500	≥35	≥15
XG 245×178	245	178	215	155	1200	NC50	≥25	5~10	4~12	≥10	≥500	300~500	≥35	≥15
XG 245×194	245	194	245	171.8	1200	NC50	≥25	5~10	4~12	≥10	≥500	300~500	≥35	≥15
XG 273×194	273	194	245	171.8	1800	NC50	≥25	5~10	4~12	≥10	≥500	300~500	≥35	≥15
XG 273×178	273	178	245	155	1800	NC50	≥25	5~10	4~12	≥10	≥500	300~500	≥35	≥15
XG 340×245	340	245	308	220.5	2400	NC50	≥25	5~10	4~12	≥10	≥500	300~500	≥35	≥15
XG 340×273	340	273	308	248	2400	NC50	≥25	5~10	4~12	≥10	≥500	300~500	≥35	≥15
XG 406×340	508	340	460	313	2400	NC50	≥25	5~10	4~12	≥10	≥500	300~500	≥35	≥15

二、机械式尾管悬挂器

机械式尾管悬挂器可通过上提、下放、旋转等机械方式实现尾管坐挂，不需投球憋压，操作相对简单，主要用于直井、浅井，套管下入过程循环压力控制严格的井，井壁相对稳定的井中。

（一）结构

机械式尾管悬挂器按结构类型可分为"J"形槽式、轨道式、微台阶式等类型。机械式尾管悬挂器主要由提升短节、回接筒、密封套、倒扣接头、反扣螺套、推力轴承、中心管、本体、卡瓦、卡瓦推套、胶塞座、钻杆胶塞、尾管胶塞等部件组成，其结构图如图6-3、图6-4所示。

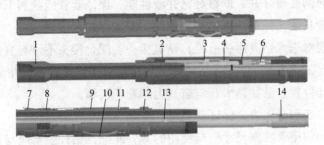

图6-3 "J"形槽式机械尾管悬挂器结构图

1—提升短节；2—回接筒；3—载荷支撑套；4—反扣螺套；5—密封套；6—补心；
7—本体；8—卡瓦；9—转环套；10—弹簧弓；11—导向销钉；12—扶正环；13—中心管；14—接箍

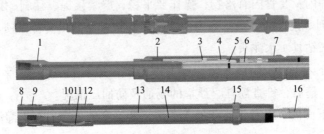

图6-4 轨道式机械尾管悬挂器结构图

1—提升短节；2—回接筒；3—轴承；4—反扣螺套；5—花键轴；6—补心；7—密封套；8—锥体；
9—卡瓦；10—转环套；11—弹簧弓；12—导向销钉；13—中心管；14—轨道槽；15—扶正环；16—接箍

（二）工作原理

1. "J"形槽式机械尾管悬挂器

当"J"形槽式机械尾管悬挂器下到设计悬挂深度后，先上提钻柱0.5~1m，依靠弹簧片与外层套管内壁的摩擦力，逆时针方向转动，使"J"形槽内的导向销钉偏转20°~

35°，由短槽进入长槽，此时下放送入钻具，锥套使卡瓦涨开而卡挂在外层套管内壁上，实现尾管悬挂。然后进行倒扣、注水泥、替浆作业。最后将送入工具和密封芯子提离悬挂器并循环出多余的水泥浆，起钻，候凝。

2. 轨道式机械尾管悬挂器

当轨道式机械尾管悬挂器下入到设计悬挂深度后，此时导向销钉处于短槽内，上提送入钻具的距离大于短槽长度，依靠弹簧片的摩擦力，再下放送入钻具的距离大于长槽长度，导向销钉通过转环自动进入长槽，卡瓦便沿着锥体上移与上层套管内壁卡紧，实现尾管悬挂。

（三）操作方法

1. 准备工作

（1）下套管前彻底通好井，调整好钻井液性能，保证套管能顺利下到设计井深。

（2）校核尾管长度，仔细计算钻杆回缩距，配置好送入钻具。

（3）用通径规对送入钻具逐一通径，钻具接头、配合接头不许有直角台阶。

（4）起钻时（或通井期间），将钻具提至悬挂器坐挂位置后称重并记录。

（5）校核坐挂位置，悬挂器卡瓦应避开上层套管接箍。

（6）校核指重表和泵压表，保证其灵敏、准确。

（7）检查丝扣和尾管胶塞尺寸应与使用的套管匹配，钻杆胶塞应与钻杆匹配，憋压球应与球座匹配。

2. 下套管

注意：严禁井内及套管内有落物；操作要平稳，严禁猛提、猛刹、猛放和转动。

（1）管串排列。推荐的管串排列为：浮鞋＋套管＋浮箍＋套管＋锁紧座＋套管组合＋悬挂器总成＋送入钻具＋水泥头。

（2）按顺序下入套管及附件，按标准上够扭矩。每下入 20 根套管至少灌满钻井液 1 次。连接浮鞋、浮箍后，检查浮鞋、浮箍的畅通及防回压情况。

（3）悬挂器下面的 2 根套管连续加 2 个扶正器，套管下完后，先灌满钻井液再接尾管悬挂器。

（4）接尾管悬挂器（悬挂器吊上钻台时，注意防止磕碰）。提起整个悬挂器总成，在中心管下的接箍上连接上尾管胶塞短节，用管钳上紧扣（注意：倒扣部分有无转动）。将尾管胶塞皮碗涂丝扣油，并小心插入套管，然后连接悬挂器与套管，上紧扣。

注意：①严禁在卡瓦、转换支撑套处打大钳。②在回接筒内注满稠钻杆丝扣油，然后上紧防砂罩固定销钉。③检查卡瓦相对锥体的位置。在正常情况下，卡瓦偏向锥体巴掌左侧过流槽处，但仍有一半左右附在锥体巴掌上。④尾管悬挂器入井时要缓慢，注意保护好卡瓦、转环支撑套。

（5）尾管称重，并记录。

（6）锁死转盘。

（7）下送入钻具。接送入钻具时打好背钳，严禁下部钻具转动。送入钻杆要边通径、边下钻。每下 10 根立柱至少灌满 1 次钻井液。严格控制下放速度，特别是下放前 2m 一定要缓慢，下放正常时再逐渐以正常速度下放，推荐每立柱用时 1.5~2.0min。

（8）将尾管下至预定深度，先灌满钻井液，再接方钻杆。称重、测量摩阻，并记录。

（9）将尾管下至预定深度后开泵循环，排量由小到大。当泵压稳定，井下无异常时，进行坐挂。

此时应注意：如果发生中途坐挂，上提至中和点后，再上提钻具 2~3m，解除坐挂，慢慢反转钻具一圈，并锁住转盘，等待 2min 后慢慢下放钻具，恢复正常。

3. 坐挂及倒扣

（1）下放钻具 1m，再慢慢上提至设计位置；缓慢正转钻具 1 圈，并锁住转盘，等待 2min 后慢慢下放钻具。当总悬重下降到等于送入钻具总重量 + 游车重量时（此时，送入钻具回缩距等于或接近于计算值），即坐挂成功（注意：坐挂成功之前，严禁提前倒扣）。

（2）继续下压 100~150kN，检查坐挂可靠性。

（3）保持载荷支撑套承压 50~80kN，松开转盘，坐钻杆卡瓦，然后正转进行倒扣。累计有效倒扣圈数应不少于 20 圈（注意：正常情况下，用转盘倒扣时，正转数圈后放松转盘，转盘几乎不回转。若回转严重，可能是载荷支撑套未受压或受压太多，此时应予以调整）。

（4）将钻具缓慢提至中和点后再上提钻具 1.2~1.5m，此时若悬重一直等于上部钻具 + 游车重量，表明扣已倒开。

（5）倒扣成功后，将钻具平稳放回倒扣前位置，使悬挂器下压 50~100kN，接入水泥头（钻杆胶塞应提前装入），按固井要求循环后固井。

4. 固井及拔中心管

（1）管线试压。

（2）常规方法注水泥。

（3）压钻杆小胶塞。

（4）替钻井液。当小胶塞到达大胶塞位置前 1.5m³ 左右时，应降低排量，注意泵压表的变化。如果观察到了泵压明显上升后又回到正常值，说明大、小胶塞已经复合，此时应校核替浆计量。

（5）当替浆量还剩 1.5m³，左右时，降低排量，碰压。

（6）放回水，检查浮箍、浮鞋密封情况，卸管汇。

（7）正转 2~4 圈，上提钻具 5~6m（注意悬重变化），当送入工具与悬挂器脱开后上提 1~3 立柱，然后大排量循环 1 周以上，冲出多余的水泥浆。循环过程中，要转动或上、下活动钻具，保证循环干净（提示：如果要避免悬挂器顶部有水泥塞，可碰压后放回水，将压力降至 0MPa，再憋压 5~7MPa，然后缓慢上提钻具，观察压力和悬重变化，当压力突然下降时，此时开泵循环，冲出多余的水泥浆）。

（8）起钻，候凝（注意：不可将钻具留在井内候凝）。

（四）技术参数

河北某石油机械有限公司生产的"J"形槽式机械尾管悬挂器主要技术参数，见表 6 – 2。

表 6 – 2　"J"形槽式机械尾管悬挂器主要技术参数

规格型号	最大外径/mm	最小内径/mm	额定负荷/kN	送入工具螺纹	耐温性能/℃	密封能力/MPa	尾管胶塞销钉剪切压力/MPa	回接筒有效密封长度/mm
XG 178 × 114	151	99	600	NC38	180	≥25	4 ~ 12	≥1000
XG 178 × 127	151	108.6	600	NC38	180	≥25	4 ~ 12	≥1000
XG 245 × 140	215	121.4	1200	NC50	120	≥25	4 ~ 12	≥1000
XG 245 × 178	215	155	1200	NC50	120	≥25	4 ~ 12	≥1000

三、液压－机械双作用尾管悬挂器

液压－机械双作用尾管悬挂器是一种具有双保险坐挂功能的尾管悬挂装置，主要通过液压方式坐挂尾管，万一液压装置失效，可以借助机械转动来释放卡瓦实现坐挂，坐挂可靠性更高。其主要适用于对尾管通径要求较大的井。

（一）结构

液压－机械双作用尾管悬挂器主要由倒扣上接头、轴承、反扣螺套、本体、弹簧、卡瓦、液缸、坐封挡块、剪钉、心轴、密封套、中心管等部件组成，其结构图如图 6 – 5 所示。

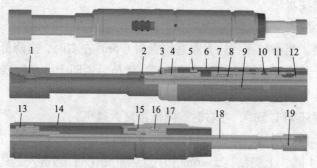

图 6 – 5　液压－机械双作用尾管悬挂器结构图

1—提升短节；2—倒扣上接头；3—轴承；4—倒扣下接头；5—反扣螺套；6—本体；
7—液缸；8—弹簧；9—卡瓦；10—坐挂挡块；11—剪钉；12—心轴；13—扶正套；
14—回接筒；15—密封补心；16—卡块；17—密封套；18—中心管；19—接箍

（二）工作原理

液压－机械双作用尾管悬挂器携带尾管下入到设计井深后，当需要坐挂时，将铜球投下，铜球落至球座后加压；高压液体通过心轴上的传压孔进入液缸内。当压力升至液缸剪钉额定剪切压力时，液缸剪钉被剪断，卡瓦在液压力和弹簧力的共同作用下上行并楔紧在本体与外层套管间；此时一经下放，整个尾管柱就会坐挂在外层套管上。继续憋压至剪钉额定剪切压力时，球座剪钉剪断，循环畅通。

进行机械坐挂时，先将整个尾管下放至井底，下压一定重量以确保浮鞋与井底之间没有旋转滑动，之后正转，非均匀分布的液缸剪钉相继被剪断。继续正转，当累计倒扣圈数达 12～16 圈时，卡瓦在弹簧作用下上行楔紧在套管与悬挂器本体间，上提尾管至设计坐挂位置，然后一经下放便可使整个尾管串坐挂在外层套管上。

（三）操作方法

液压－机械双作用尾管悬挂器现场操作同液压式尾管悬挂器，唯一的区别在于当使用液压方式坐挂无效后，可以用机械方式进行坐挂。首先，把整个尾管放到井底，下压 50～100kN 后，进行倒扣操作；正转钻具 12～16 圈确保倒扣成功，然后上提至设计坐挂位置；随后一经下放便可使整个尾管串坐挂在外层套管上。

四、封隔式尾管悬挂器

与常规尾管悬挂器相比，封隔式尾管悬挂器具有坐挂、坐封两种功能，能够在套管重叠段环空形成高效、永久密封，防止油、气、水窜的发生，能够解决尾管固井过程中的重叠段固井质量差导致的问题。封隔式尾管悬挂器一般使用液压方式坐挂尾管，机械方式坐封封隔器。主要适用于尾管重叠段固井质量不易保证的井和易发生油、气、水窜的井。

（一）结构

封隔式尾管悬挂器主要提升短节、回接筒、坐封涨块、止退环、胶筒、倒扣接头、反扣螺套、密封套、本体、卡瓦、液缸、剪钉、中心管等部件组成，其结构如图 6-6 所示。

（二）工作原理

使用时，配合尾管送入工具，将封隔式尾管悬挂器及尾管下入到井内设计深度。投球，当球到达球座后憋压，压力通过悬挂器本体上的传压孔传到液缸内，压力推动活塞上行，剪断液缸剪钉，再推动推杆支撑套，并带动卡瓦上行，卡瓦沿锥面涨开，楔入悬挂器锥体和上层套管之间的环状间隙里，当钻具下放时，尾管重量被支撑在上层套管上。继续打压，憋通球座，建立正常循环。倒扣及固井作业完成后，缓慢上提送入工具，当涨封挡块提出回接筒后，涨封挡块在弹簧作用下涨开，下放钻具，涨封挡块压在回接筒上面。继续下放钻具，钻具重量通过涨封挡块传至回接筒，再传至封隔器锁紧滑套，剪断销钉后挤压封隔器胶筒，封隔器胶筒在外力下挤压变形，将封隔器本体与外层套管之间的环状间隙封隔住，锁紧滑套自锁。最后将送入工具和密封芯子提出井口。

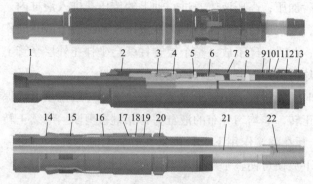

图 6-6　封隔式尾管悬挂器结构

1—提升短节；2—回接筒；3—涨封快；4—接头；5—载荷支撑套；6—反扣螺套；7—密封套；
8—密封补心；9—推环；10—锁块；11—背圈；12—胶筒；13—下接头；14—本体；
15—卡瓦；16—卡瓦推套；17—液缸；18—活塞；19—剪切销钉；20—扶正套；21—中心管；22—接箍

（三）操作方法

封隔式尾管悬挂器安装、下放、坐挂、丢手、固井施工等操作流程与普通液压式尾管悬挂器相同，区别在于替浆结束碰压之后要机械坐封封隔器。

（1）在悬挂器丢手后上提钻具验证时，上提高度不能超过安全上提高度，以免将封隔器坐封涨块从回接筒内提出，再下放时将使封隔器涨开，从而导致固井故障。一旦将坐封挡块提出回接筒，下放钻具不能超过 50kN。

（2）固井完毕碰压后，正转钻具 2~4 圈，缓慢上提钻具至中和点后再上提 1.5~2m，然后再下放钻具，使封隔器受压 300~500kN，坐封封隔器。

（3）封隔器涨封后，上提钻具 5~6m（注意悬重变化）。当送入工具与悬挂器脱开后上提 1~3 立柱，大排量循环 1 周以上，循环出多余的水泥浆。

（4）避免尾管悬挂器顶部有水泥塞，通常的做法是：封隔器涨封后放回水，将压力降至 0MPa，再憋压 5~7MPa，然后缓慢上提钻具，观察压力和悬重变化，当压力突然下降时，说明密封芯子已脱离了密封短节，此时开泵循环，冲出多余的水泥浆。

（四）注意事项

（1）循环冲洗出多余的水泥浆时，期间要转动或上下活动钻具，确保能够循环干净。

（2）固井完毕后候凝期间，要起出所有钻具，不可将钻具留在井内候凝。

五、膨胀式尾管悬挂器

膨胀式尾管悬挂器是通过液压或机械驱动力迫使膨胀锥运动，将膨胀管胀大并紧密贴合在上层套管内壁上，形成可靠密封，同时承受尾管悬重的一种新型尾管悬挂器。与卡瓦式悬挂器相比，该悬挂器具有通径大，环空密封可靠，悬挂力大，可旋转等特点，可用于分支井、定向井、深井、超深井、高温高压井、含硫化氢井等各种井型。主要适用于裸眼段尾管与井眼间隙较小的井以及重叠段密封要求高的井。

（一）结构

膨胀式尾管悬挂器主要由连接机构、悬挂机构、扭矩传递机构和回接机构等部分组成，包括外筒体、膨胀锥、中心管、可捞式盲板和送入工具等部件。其中，外筒体用于连接钻具及尾管并传递扭矩，膨胀锥、膨胀管及中心管等组成悬挂机构用于实现膨胀作业，连接机构用于与上端钻柱组合及下端尾管相连。该种膨胀式尾管悬挂器结构，如图6－7所示。

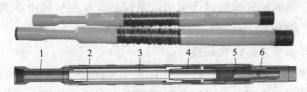

图6－7　膨胀式尾管悬挂器结构图
1—提升短节；2—悬挂膨胀管；3—中心管；4—膨胀锥；5—变扣接头；6—固井胶塞

（二）工作原理

膨胀式尾管悬挂器工作原理就是利用膨胀管技术，从中心管加液压力，将由一段膨胀管制成的悬挂器本体向外涨开，使其内径变大，与上一层套管内壁接触、挤压和变形，最终牢牢贴附于上一级套管内壁上，形成牢固的锚定连接，从而实现尾管悬挂器的悬挂尾管和环空密封的功能。

（三）操作方法

1. 作业前的准备

（1）悬挂器坐挂位置应选择腐蚀或磨损较小，环空封固质量较好、椭圆度较小的外层套管内，宜选择在直井段或井斜较小的井段，重叠段长不应小于20m。

（2）送入钻杆应逐柱通径，通径规最大外径应比钻杆接头内径小3mm，且钻杆接头内壁不得有直角台阶。

（3）所有入井工具入井前，必须用标准通径规通径、丈量、清洗丝扣并编号。

（4）应使用刮管器对井内套管进行刮管，在悬挂器坐挂位置上、下50m范围内刮管不少于3次。

2. 入井前的检查

（1）按照装箱单检查尾管悬挂器、回接装置、各附件是否齐全。

（2）对各部件进行检查、测量与记录，检查内容应包括：①外观应完好。②各部件技术参数应满足作业要求。③丝扣、密封件及销钉应完好。④浮箍、浮鞋应密封完好。⑤丝扣和尾管胶塞尺寸应与使用的套管匹配，钻杆胶塞应与钻杆匹配，憋压球应与球座匹配。

3. 下尾管

（1）推荐的管串结构：浮鞋+套管+浮箍+套管+碰压座+套管串+膨胀式尾管悬挂器总成+送入钻具+水泥头。

（2）按顺序下入套管串，按标准扭矩上扣。

（3）连接浮鞋、浮箍后，检查浮箍、浮鞋的畅通及防回压情况，每下入 5~10 根套管灌满钻井液 1 次。

（4）按设计要求安放扶正器，尾管悬挂器以下 2 根套管各加 1 只扶正器。

（5）下完尾管，灌满钻井液后再连接尾管悬挂器；在回接筒内灌满钻杆丝扣油或专用填充液，盖好筛帽，紧固螺钉。

（6）称重，做好记录，并锁死钻盘。

（7）管串下放速度应控制在每立柱用时 1.5~2.0min，送入管串宜逐柱灌浆。

（8）尾管下入过程中遇阻，可通过开泵循环和上下提放管柱方式解阻，循环压力应低于额定坐挂压力和丢手压力较低者的 80%。

（9）在下最后一根单根前，先灌满钻井液，再接最后一根单根及钻杆水泥头，上提、下放称重并记录。

（10）小排量开泵循环，待钻井液返出后可逐渐增加排量，循环压力应低于额定坐挂压力的 80%，循环压力稳定后再按设计顶替排量循环，总循环量不少于 2 周。

4. 固井

（1）连接固井管线，钻井液泵、水泥车与钻杆水泥头间的固井管线应有阀门单独控制。

（2）固井前，应对固井管线清水试压至额定工作压力的 80%。

（3）按照固井设计完成固井施工作业。

5. 坐挂和丢手

（1）碰压后，利用固井车缓慢加压至膨胀式尾管悬挂器坐封压力完成坐挂。

（2）胶塞无碰压或无法稳压时，应向钻具内投入配套的铜球，待铜球落入悬挂器球座后，打压完成坐挂。

（3）起钻，候凝。

（四）技术参数

膨胀式尾管悬挂器主要技术参数，见表 6-3。

表 6 – 3 膨胀式尾管悬挂器主要技术参数

型号	上层套管公称直径/mm	尾管公称尺寸/mm	膨胀管本体最大外径/mm	膨胀管本体最小通径/mm	额定负荷/kN	环空密封承压/MPa	坐封压力/MPa	复合胶塞可承受的正向压差/MPa	尾管胶塞剪钉剪切压力/MPa	复合胶塞承受回压/MPa	抗扭能力/kN·m
XG 140×89 P	140	89	114	98	800~1000	≥25	≤35	≥45	4~12	≥10	15
XG 140×102 P	140	102	114	98	800~1000	≥25	≤35	≥45	4~12	≥10	15
XG 168×114 P	168	114	142	125	1800~2200	≥25	≤35	≥45	4~12	≥10	15
XG 168×127 P	168	127	142	125	1800~2200	≥25	≤35	≥45	4~12	≥10	15
XG 178×114 P	178	114	146/150	124/132	1800~2200	≥25	≤35	≥45	4~12	≥10	15
XG 178×127 P	178	127	146/150	124/132	1800~2200	≥25	≤35	≥45	4~12	≥10	15
XG 178×140 P	178	140	146/150	124/132	1800~2200	≥25	≤35	≥45	4~12	≥10	15
XG 194×127 P	194	127	156/160	130/138	2000~2400	≥25	≤35	≥45	4~12	≥10	22
XG 194×140 P	194	140	156/160	130/138	2000~2400	≥25	≤35	≥45	4~12	≥10	22
XG 219×127 P	219	127	176/184	150/162	3000~3500	≥25	≤35	≥45	4~12	≥10	22
XG 219×140 P	219	140	176/184	150/162	3000~3500	≥25	≤35	≥45	4~12	≥10	22
XG 219×168 P	219	168	176/184	150/162	3000~3500	≥25	≤35	≥45	4~12	≥10	22
XG 219×178 P	219	178	176/184	150/162	3000~3500	≥25	≤35	≥45	4~12	≥10	22
XG 245×140 P	245	140	200/210	174/188	2400~4500	≥25	≤35	≥45	4~12	≥10	22
XG 245×178 P	245	178	200/210	174/188	2400~4500	≥25	≤35	≥45	4~12	≥10	22
XG 245×194 P	245	194	200/210	174/188	2400~4500	≥25	≤35	≥45	4~12	≥10	22

第二节　套管外封隔器

　　套管外封隔器是接在套管柱上，在固井碰压之后能使套管与裸眼环空形成永久性桥堵的装置。该装置能够有效防止固井后发生套管外喷冒油、气、水现象，避免异常地层压力或水泥浆失重现象导致高压油、气、水侵入候凝期间的水泥环。

　　套管外封隔器有时也可以与分级箍配合使用，用于筛管顶部注水泥固井工艺，用来防止水泥浆下沉、混合而导致筛管被水泥堵塞。套管外封隔器按照结构可分为水力膨胀式、压缩式和遇油、遇水自膨胀式。本节主要介绍水力膨胀式封隔器、压缩式封隔器和遇油、遇水自膨胀式封隔器。

一、水力膨胀式套管外封隔器

（一）结构

　　水力膨胀式套管外封隔器主要由橡胶筒、中心筒、密封环、阀箍、阀系、短节、断开杆等组成，结构如图6-8所示。橡胶筒是由内胶筒和硫化在骨架上的外胶筒组成，是一种具有承受高压的可膨胀的密封元件，外胶筒两端由软金属叠加成加强层，以提高胶筒的承受压力，中心筒为一段短套管，可与套管连接；阀箍由2支断开杆和3个并列串联的控制阀组成，这组控制阀分别是锁紧阀、单流阀和限压阀，在施工中，这组控制阀可以准确控制套管外封隔器坐封。

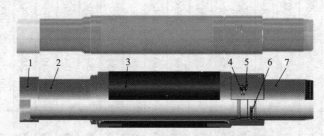

图6-8　水力膨胀式套管外封隔器结构图
1—接箍；2—中心管；3—胶筒；4—阀箍；5—阀系；6—断开杆；7—双公短节

（二）工作原理

　　水力膨胀式套管外封隔器是根据帕斯卡流体原理设计的。固井施工过程中，当顶替胶塞通过封隔器阀系接头时，将密封在进液孔上的断开杆碰断，当顶替胶塞运行到阻流板时，套管内形成密封（也可采用投球或盲板等管串工艺结构使套管内形成密封，当采用这种管串工艺结构时，无胶塞通过，必须事先将断开杆打掉），憋压膨胀介质经阀接头的进液孔进入锁紧阀，当压力达到设定值时，锁紧阀销钉被剪断，锁紧阀打开，同时单向阀也打开，液体经限压阀进入到中心管与胶筒间的膨胀腔内，在压力作用下，封隔器胶筒膨胀变形与井壁紧紧接触形成密封。当内、外压差达到预定压力时，限压阀剪切销钉剪断，限压阀关闭，进液孔内的液体不再继续流入到胶筒中。井口放压为0MPa，锁紧阀也自动锁紧，胶筒与井壁之间密封，实现了封隔器的坐封，后续的井下作业不会影响封隔器坐封状态。其工作原理如图6-9所示。

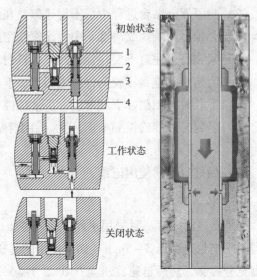

图6-9　水力膨胀式套管外封隔器工作原理图
1—限压阀；2—单向阀；3—锁紧阀；4—进液孔

（三）操作方法

1. 准备工作

（1）封隔器搬运时，应轻抬慢放，摆放牢靠，避免撞坏，在现场置于有垫杠的平坦地面上。

（2）下井使用前，检查螺纹和胶筒是否完好，管内2只断开杆是否俱在，中心管应无堵塞物，3只控制阀是否齐全上紧，锁紧阀和限压阀是否穿好，应无损伤，校核封隔器铭牌标注压力是否与现场使用压力相符。

（3）将两端螺纹洗净，涂抹好螺纹密封脂，在上钻台时，不允许碰撞和在地面上拖拉。

（4）封隔器上扣要求与常规下套管相同，但务必注意有"X→←X"标记区域处严禁使用吊卡和卡瓦，以免咬伤胶筒和3只控制阀。

（5）在封隔器两端上、下套管柱上应各加3只套管扶正器，以免下套管过程中将封隔器胶筒刮坏。

2. 使用要求

（1）根据用途正确选择封隔器坐封位置，对坐封井段的井径情况应搞清楚，封隔器尽量坐封在井径较规则、地层较致密、井斜小处。

（2）计算需封隔器承受的井下环空压差值，确定根据井径与压差关系曲线推荐的最大值是否能满足需要。

3. 入井

（1）封隔器入井前要先通好井。

（2）封隔器上钻台过程中，不得碰撞及在地面上拖拉。

（3）必须将两端螺纹清洗干净、涂螺纹密封脂。

（4）紧扣时，注意不要在标记区域内打钳子。

（5）为防止井壁刮坏胶筒，封隔器上、下的套管均应加扶正器扶正。

（6）下井时，控制好下放速度，严禁猛提、猛放。

（7）坐封时，准确控制坐封压力，在封隔器没有完全坐封前，不准卸压进行第二次坐封。

（8）做好封隔器使用记录。

4. 坐封

封隔器坐封时，尽量采用水泥车缓慢憋压，压力达到设定值时，锁紧阀销钉剪断，封隔器膨胀坐封，稳压 3～5min（如果使用的是长胶筒封隔器，要相应增加稳压时间）使封隔器充分膨胀，然后迅速放压至0MPa，各阀关闭，自锁完成坐封（注意：如果使用钻井液泵碰压，要确保安全销钉剪断压力大于封隔器锁紧阀销钉施工压力，防止由于碰压后安全销钉剪断后泄压，封隔器锁紧阀打开，没有足够时间膨胀胶筒，泄压后锁紧阀永久关闭，无法再次打开进行重复涨封作业）。

（四）技术参数

水力膨胀式套管外封隔器技术参数，见表6-4。

表6-4 水力膨胀式套管外封隔器技术参数

规格	公称直径/mm	最大外径/mm	内径/mm	总长度/mm	胶筒长度/mm	工作直径/mm
HXK89	89	114	76	2620～12000	950～11000	121～188
HXK102	102	133	89	2680～12000	950～11000	141～220
HXK114	114	146	97	2660～12000	950～11000	155～241
HXK127	127	148	108	2680～12000	950～11000	157～245
HXK140	140	178	121	3000～12000	950～11000	188～294
HXK140	140	190	121	3000～12000	950～11000	201～314
HXK178	178	205	160	3000～12000	950～11000	216～337
HXK245	245	286	220	3150～12000	950～11000	303～472
HXK273	273	324	253	3200～12000	950～11000	343～535
HXK298	298	349	278	3400～12000	950～11000	365～576
HXK340	340	390	320	3400～12000	950～11000	425～590

注：1. 中心管性能：中心管是一段与下入套管管串相同尺寸和钢级或更高钢级的套管。

2. 锁紧阀打开压力（销钉剪断压力）：5MPa、10MPa、15MPa、20MPa 或依用户要求设定。

3. 限压阀关闭压力（销钉剪断压力）：7～10MPa 或依要求设定。

4. 套管连接螺纹为 API 标准螺纹，也可按照客户要求提供特殊螺纹产品。

二、压缩式套管外封隔器

压缩式套管外封隔器可用于各种条件的深井、超深井、定向井、水平井及开窗侧钻井，可在套管与套管之间或套管与裸眼之间形成可靠封隔段。具有良好的耐高温性能。

（一）结构

TWF－Y 型压缩式套管外封隔器主要由实心胶筒、中心管、液缸和锁定装置组成。可直接与套管串连接；密封元件由多个不同形状和硬度的实心胶筒组成；液缸剪销和断开杆可控制液缸的工作压力。其结构如图 6-10 所示。

图 6-10 压缩式套管外封隔器结构图
1—接箍；2—短节；3—扶正器；4—中心管；5—液缸；6—推环；7—剪钉；
8—止退环；9—胶筒；10—隔环；11—支撑环；12—扶正器；13—双公短节

（二）工作原理

注水泥后，顶替胶塞通过封隔器中心管时，将断开杆打断（如果无胶塞通过，应事先将断开杆卸掉），当顶替胶塞碰压或运行到阻流板，在套管内形成密封并憋压时，井内流体经过小孔进入液缸，当压力达到设定值时，液缸销钉被剪断，液体推动液缸上行，压缩胶筒，几个胶筒便爬坡重叠变形与井壁（或外层套管壁）紧密接触形成密封，当达到了极限位置时，锁紧装置锁死，放压后不会松脱，形成一段高强度永久密封。

（三）操作方法

1. 准备工作

（1）封隔器搬运时，应轻抬慢放，摆放牢靠，避免撞坏，在现场应置于有垫杠的平坦地面上。

（2）下井使用前，检查螺纹和胶筒是否完好，管内 2 只断开杆是否俱在，中心管应无堵塞物。

（3）校核封隔器铭牌标注压力是否与现场使用压力相符，将两端螺纹洗净，涂抹好螺纹密封脂，上钻台时，不允许碰撞和在地面上拖拉。

（4）封隔器上扣要求与常规下套管相同，在封隔器两端上、下套管柱上应各加 3 只套管扶正器，以免下套管过程中将封隔器胶筒刮坏。

2. 使用要求

（1）根据用途正确选择封隔器坐封位置，对坐封井段的井径情况应搞清楚，封隔器尽量坐封在井径较规则、地层较致密、井斜小处。

（2）计算需封隔器承受的井下环空压差值。

（3）替浆结束后，碰压，继续增压至打开压力，压力达到设定值，销钉剪断，封隔器膨胀坐封，稳压 3~5min，泄压。

（四）技术参数

压缩式套管外封隔器技术参数，见表 6-5。

表 6-5　压缩式套管外封隔器技术参数

公称直径/in	最大外径/mm	最大封隔直径/mm	坐封压力/MPa	整机密封性能/MPa	耐温/℃
4½	140	195	7~15	30	170
5	156	219	7~15	30	170
5½	175	250	7~15	30	170
5½	190	295	7~15	30	170
7	204	265	7~15	30	170
9⅝	286	385	7~15	30	170

三、遇油、遇水自膨胀式套管外封隔器

遇油、遇水自膨胀式外封隔器是指以遇油或遇水自膨胀橡胶材料作为胶筒，利用其吸收油或者水后体积发生膨胀的特性进行井下环空封隔的封隔器。根据不同的液体环境可划分为遇油自膨胀封隔器（YZF 系列）、遇水自膨胀封隔器（SZF 系列）和组合式自膨胀封隔器（ZZF 系列）。该类封隔器结构简单，具有较高的耐压特性，可进行水平段分段压裂。

（一）结构

遇油、遇水自膨胀式套管外封隔器主要由基管、封隔器胶筒、封隔器挡环等几个部分组成，其结构如图 6-11 所示。

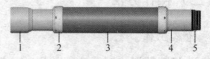

图 6-11　遇水自膨胀式套管外封隔器结构图
1—接箍母扣；2—挡环；3—遇水膨胀胶筒；
4—基管；5—接箍公扣

（二）工作原理

该类封隔器的工作原理是采用遇油或遇水自膨胀橡胶材料作为胶筒设置在基管外部，然后利用其吸收油或者水后体积发生膨胀的特性实现封隔效果。

（三）操作方法

1. 封隔器选择

应根据裸眼井径、套管规格、钻井液与完井液类型、井下温度、曲率半径和地层流体性质等井况资料进行合理选择。

2. 井眼准备

（1）封隔器用以裸眼井段时，应对裸眼井段进行不少于2次的通井。

（2）封隔器用于套管内部时，应使用刮管器对坐封位置进行不少于2次的刮管。

（3）对于遇水自膨胀封隔器，通井或刮管后，循环并调整钻井液（完井液）性能，使其矿化度满足封隔器安全下入条件。

3. 坐封位置选择

（1）在裸眼井段中，宜选择井径规则、扩大率较小的井段。

（2）在套管内部，应避开套管接箍位置。

4. 操作步骤

（1）工具检查。

按照装箱单检查封隔器及各附件，外观及各部件技术参数满足作业要求，丝扣、密封胶筒及其他各部件应完好。

（2）施工准备。

①根据井况及封隔器的规格，参考封隔器膨胀模拟曲线，确定预膨胀时间。

②进行第1次模拟通井：单螺旋扶正器通井。用原钻头＋螺旋扶正器＋加重钻杆的组合进行模拟通井，通井至井底后，上提管柱至离开井底2m处，用原钻井液循环，直到进、出口钻井液性能一致；裸眼段短起1次，至套管鞋处，再次下钻通井到井底，循环钻井液1周，然后起出通井管柱。

③进行第2次模拟通井：双螺旋扶正器通井。通井管柱使用双螺旋扶正器，通井操作要求与第1次模拟通井相同。

（3）确定管串结构。

①水平井分段压裂施工管柱：引鞋＋隔离阀＋套管＋压裂滑套＋封隔器组合（自膨胀封隔器＋压缩式封隔器＋自膨胀封隔器）＋压裂滑套＋封隔器组合＋套管＋插管封隔器＋送入工具。

②筛管分段完井管柱：洗井阀＋套管＋调流控水筛管＋套管＋封隔器＋套管＋调流控水筛管＋套管＋封隔器＋套管＋球座＋套管柱＋尾管悬挂器＋送入工具。

③封堵层位管柱：引鞋＋套管柱＋封隔器＋套管＋封隔器＋套管。

④封堵套管重叠段管柱：引鞋＋套管＋套管＋球座＋套管柱＋封隔器＋尾管悬挂器＋送入工具。

⑤尾管固井管柱：浮鞋＋套管＋浮箍＋套管＋球座＋套管柱＋封隔器＋尾管悬挂器＋

送入工具。

⑥套管固井管柱：浮鞋＋套管＋浮箍＋套管＋套管柱＋封隔器＋套管柱。

（4）下管柱。

①按照设计顺序下入管柱，按照标准扭矩上扣。

②在封隔器上部和下部安装扶正器。

③建议下入速度为 15～20m/min，裸眼水平段管柱下放速度应控制在 15m/min 以内。

④中途遇阻，不得转动管柱，可开泵循环或者上提、下放活动管柱，如果上提、下放后仍无法下入，则提出管柱重新通井。

（5）封隔器涨封。

①遇油自膨胀式套管外封隔器涨封。管柱下到位后，开泵循环洗井 1 周以上，并顶替轻质柴油至涨封位置，停泵观察并记录管柱内、外压力，等待封隔器涨封。封隔器涨封期间，不得活动管柱。

②遇水自膨胀式套管外封隔器涨封。管柱下到位后，开泵循环洗井 1 周以上，封隔器位置液体矿化度不能满足封隔器涨封要求时，顶替清水或矿化度满足封隔器涨封要求的介质至封隔器位置，停泵观察并记录管柱内、外压力，等待封隔器涨封。涨封期间，不得活动管柱。

（6）验封。

达到预测涨封时间后，根据封隔器规格型号试压验封。

（四）技术参数

遇油自膨胀式套管外封隔器技术参数，见表 6 - 6；遇水自膨胀式套管外封隔器技术参数，见表 6 - 7；封隔器胶筒在不同长度下的工作压差参数，见表 6 - 8。

表 6 - 6　遇油自膨胀式套管外封隔器技术参数

型号	基管公称直径/mm	最大胶筒外径/mm	胶筒长度/mm	最大刚体外径/mm	适用最大井径/mm	膨胀时间/d	额定工作温度/℃
YZF - 73	73	146	1000 2000 3000 4000 5000 6000	146	160	12	120，150
		110		110	130	12	120，150
YZF - 89	89	146		146	160	12	120，150
		110		110	130	12	120，150
YZF - 101	101	146		146	160	12	120，150
YZF - 114	114	146		146	160	12	120，150
YZF - 127	127	207		207	224	20	120，150
YZF - 140	140	207		207	224	20	120，150
YZF - 178	178	207		207	224	20	120，150

表6-7 遇水自膨胀式套管外封隔器技术参数

型号	基管公称直径/mm	最大胶筒外径/mm	胶筒长度/mm	最大刚体外径/mm	适用最大井径/mm	膨胀时间/d	额定工作温度/℃
SZF-73	73	146		146	160	20	120
		110		110	130	20	120
SZF-89	89	146	1000	146	160	20	120
		110	2000	110	130	20	120
SZF-101	101	146	3000	146	160	20	120
SZF-114	114	146	4000 5000	146	160	20	120
SZF-127	127	207	6000	207	224	12	120
SZF-140	140	207		207	224	12	120
SZF-178	178	207		207	224	12	120

表6-8 封隔器胶筒在不同长度下的工作压差参数

型号	封隔器胶筒长度/mm					
	1000	2000	3000	4000	5000	6000
	工作压差/MPa					
SZF-73	10	15	20	30	40	50
SZF-89	10	15	20	30	40	50
SZF-101	10	15	20	30	40	50
SZF-114	10	15	20	30	40	50
SZF-127	10	15	20	30	40	50
SZF-140	10	15	20	30	40	50
SZF-178	10	15	20	30	40	50

第三节 分级箍

分级箍（分级注水泥器）是在套管柱预定位置上安装的一种可实现双级或多级注水泥作业的特殊装置。分级箍可分为机械式、液压式和免钻式。

一、机械式分级箍

（一）结构

机械式分级箍主要由本体、打开套、关闭套、承托环、一级胶塞、重力塞、关闭塞等组成，其结构如图6-12所示。

（二）工作原理

第一级水泥注完后，释放一级胶塞，当一级胶塞碰压后，释放井口压力，并投入重力塞，当重力塞坐入打开套后，继续憋压，打开套剪钉断开，打开套下滑露出循环孔，建立循环，然后可进行第二级注水泥作业。

注完第二级水泥后，释放关闭塞顶替钻井液，当关闭塞坐于关闭套支撑环后，加压，关闭套剪钉剪断，关闭套下行，直至到下接头，关闭循环孔，由于设计具有内卡簧自锁装置，循环孔永久关闭。

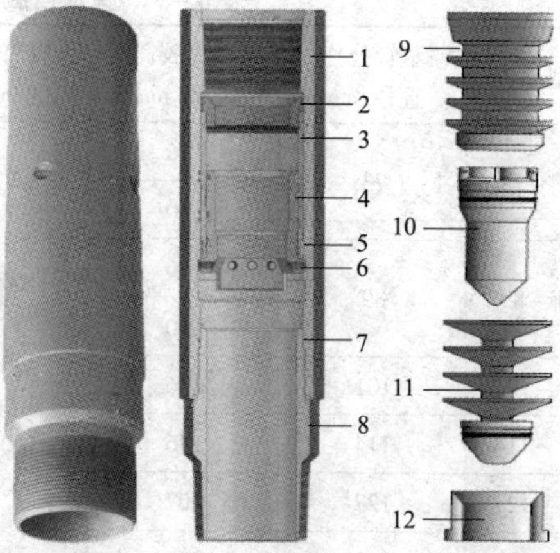

图6-12 机械式分级箍及附件结构图
1—本体；2—关闭套铝座；3—关闭套；4—打开套；
5—卡簧；6—剪钉；7—密封圈；8—下公扣接头；
9—关闭塞；10—重力塞；11—一级胶塞；12—承托环

（三）操作方法

（1）下套管前，仔细检查分级箍本体及其附件，尤其是本体上、下丝扣及附件密封件。

（2）套管按标准要求通径。

（3）分级箍位置应选在井径规则、地层稳定、不易坍塌的井段。

（4）根据固井设计排列好套管串结构：浮鞋+套管+浮箍+套管+一级胶塞承托环+套管串+分级箍+套管串+水泥头。

（5）按顺序下入套管及附件，按标准扭矩上紧，附件及分级箍与套管连接时，涂丝扣粘结剂。

（6）套管下完后，接水泥头以及固井管线，排量由小到大循环，防止憋漏地层。

（7）按设计要求进行第一级注水泥作业。

（8）顶入一级胶塞，替钻井液，碰压。

（9）停泵，从井口释放压力，投入重力塞（下落速度一般为60m/min），将关闭塞装入水泥头内。当预计重力塞坐于分级箍打开套上以后，开泵憋压，打开套销钉断开，打开套下行，循环孔打开。

（10）循环。

（11）按设计要求进行第二级注水泥作业。

（12）压入关闭塞，替钻井液，碰压，表压应为最终循环压力+附加压力，附加压力为2MPa，关闭套剪钉断开，关闭套下行，关闭循环孔。

（13）停泵，从井口释放压力，检验关闭套关闭情况。若回流不断，应再次进行关闭动作。第二次附加压力应大于第一次。

（14）确认关闭后，卸管汇，施工结束。

（四）注意事项

（1）适当控制套管下放速度，并及时灌浆，每下 20 根套管灌满 1 次，防止分级箍提前打开。

（2）分级箍本体上下 3 ~ 5 根套管应连续安装扶正器。

（3）分级箍上井使用过程中注意防止磕碰，严禁撬杠穿入本体内部进行搬运。

（4）严禁在本体上打大钳，钳子只能打在接头位置。

（五）技术参数

机械式分级箍主要技术参数，见表 6 - 9。

表 6 - 9　机械式分级箍主要技术参数

型号规格	最大外径/mm	不可钻最小通径/mm	总长/mm	打开压力/MPa	关闭压力/MPa
FJZJ114	≤140	≥97	≤980	6 ~ 8	8 ~ 10
FJZJ127	≤154	≥109	≤1100	6 ~ 8	8 ~ 10
FJZJ140	≤180	≥119	≤1100	6 ~ 8	8 ~ 10
FJZJ178	≤210	≥154	≤1200	6 ~ 8	8 ~ 10
FJZJ244	≤290	≥220	≤1300	5 ~ 6	6 ~ 8
FJZJ273	≤310	≥248	≤1300	5 ~ 6	6 ~ 8
FJZJ340	≤390	≥315	≤1300	5 ~ 6	6 ~ 8

二、液压式分级箍

（一）结构

液压式分级箍主要由本体、打开套、关闭套、关闭套支撑环、承托环、一级胶塞、重力塞、关闭塞等组成，其结构如图 6 - 13 所示。

（二）工作原理

第一级水泥注完后，释放一级胶塞，当一级胶塞碰压后，继续憋压升压，打开套剪切销钉断开（若此时剪切销钉未断开，应投放重力塞打压直至其断开），打开套下滑露出循环孔，建立循环，然后可进行第二级注水泥作业。

当关闭塞坐于关闭套支撑环后，加压，关闭

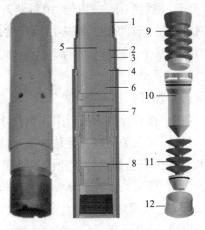

图 6 - 13　液压式分级箍及附件结构图
1—本体；2—关闭套支撑座；3—锁块；
4—关闭套；5—关闭套销钉；6—打开套；
7—打开套销钉；8—下接头；9—关闭塞；
10—重力塞；11—一级胶塞；12—承托环

套剪切销钉剪断，关闭套下行，直至到下接头，关闭循环孔，由于设计有内卡簧自锁装置，循环孔永久关闭。

（三）操作方法

（1）下套管前，仔细检查分级箍本体及其附件，尤其是本体上、下丝扣及附件密封件。

（2）套管要按标准要求通径。

（3）根据固井设计排列好套管串结构：浮鞋+套管+浮箍+套管+一级胶塞承托环短节+套管串+分级箍+套管串+水泥头。

（4）按顺序下入套管及附件，按标准扭矩上紧。套管附件及分级箍与套管连接时，应涂丝扣粘结剂。

注意：

①适当控制套管下放速度，并及时灌浆，每下20根套管灌满1次，防止分级箍提前打开。

②分级箍本体上、下3~5根套管应连续安装扶正器。

③分级箍在上井使用过程中，注意防止磕碰，严禁撬杠穿入本体内部进行搬运。

④严禁在本体上打大钳，钳子只能打在接头位置。

（5）套管下完后，接水泥头以及固井管线，排量由小到大循环，防止憋漏地层。严格控制开泵泵压和循环压力，确保分级箍内、外压差≤12MPa，以防止其提前打开。

（6）按设计要求进行第一级注水泥作业。

（7）顶入一级胶塞，替钻井液，碰压。

（8）继续憋压，打开套销钉断开，打开套下行，循环孔打开（注意：在直井中，若此时剪切销钉未断开，则从井口释放压力，投放重力打开塞，下落速度一般为60m/min，重力打开塞坐于打开套支撑环上，加压，打开套剪切销钉断开，打开套下行，循环孔打开）。

（9）循环，装入关闭塞。

（10）按设计要求进行第二级注水泥作业。

（11）压入关闭塞，替钻井液，碰压，表压应为最终循环压力+附加压力。附加值为2MPa，关闭套剪切销钉断开，关闭套下行，关闭循环孔。

（12）停泵，从井口释放压力，检验关闭套关闭情况。若回流不断，应再次进行关闭动作。第二次附加压力应大于第一次。

（13）确认关闭后，卸管汇，施工结束。

（四）技术参数

液压式分级箍主要技术参数见表6-10、表6-11。

表6-10 液压式分级箍主要技术参数

型号规格	最大外径/mm	不可钻最小通径/mm	总长/mm	打开压力/MPa	关闭压力/MPa
FJZY114	≤140	≥97	≤980	14～23 可调	8～10
FJZY127	≤154	≥109	≤1100	14～23 可调	8～10
FJZY140	≤180	≥119	≤1100	14～23 可调	8～10
FJZY178	≤210	≥154	≤1200	14～23 可调	8～10
FJZY244	≤290	≥220	≤1300	14～23 可调	6～8
FJZY273	≤310	≥248	≤1300	14～20 可调	6～8
FJZY340	≤390	≥315	≤1300	14～20 可调	6～8

表6-11 分级箍胶塞长度

型号规格/mm	挠性塞/mm	重力式打开塞/mm	顶替式打开塞/mm	关闭塞/mm
114	≤350	≤350	≤350	≤300
127	≤400	≤350	≤400	≤320
140	≤450	≤350	≤450	≤340
178	≤450	≤400	≤450	≤360
244	≤550	≤450	≤550	≤380
273	≤650	≤500	≤650	≤380
340	≤750	≤500	≤750	≤400

三、免钻式分级箍

（一）结构

免钻式分级箍主要由本体、柔性胶塞座、柔性塞、重力塞、关闭塞组成。其结构如图6-14所示。

（二）工作原理

双级固井，注完第一级水泥后，释放柔性胶塞，顶替钻井液，当柔性胶塞达到分级箍内部的空心胶塞处时，碰压，加压剪断销钉，柔性胶塞和空心胶塞一起下行到柔性胶塞座碰压后。释放井口压力，并投入重力塞，当重力塞靠自由落体坐入打开胶塞座

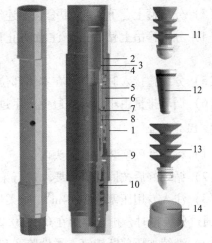

图6-14 免钻式分级箍及附件结构图

1—本体；2—关闭内套；3—打开内套；4—挡块；
5——级塞内套；6—关闭套；7—打开套；8—剪钉；
9—密封圈；10——级塞空心塞；11—关闭塞；
12—重力塞；13——级塞；14—承托环

后，开泵加压，剪断打开胶塞座上的销钉，打开循环孔建立循环，循环出免钻分级箍以上多余的水泥浆。

注完第二级水泥后，释放关闭塞，顶替钻井液，当关闭塞下落到免钻分级箍的关闭塞座后，井口憋压，剪断关闭胶塞座上的剪钉，关闭套和内部附件一起下行，当关闭套上的挡块到达本体的凹槽内，关闭套关闭循环孔。同时，内部附件与关闭套脱开，并在自重的作用下落到井底，达到其脱离的目的。

（三）操作方法

1. 下套管前的准备

（1）仔细检查免钻分级箍本体及其附件，尤其是本体上、下丝扣及附件密封件。

（2）套管要按标准要求通径。

（3）根据固井设计排列好套管串结构：浮鞋 + 套管 + 浮箍 + 套管 + 柔性胶塞座 + 套管 + 免钻分级箍 + 套管 + 水泥头。

注意：

①分级箍本体以下套管长度应不小于60m。

②分级箍位置应选在地层稳定、井径规则、不易坍塌的地方。

2. 下套管及免钻分级箍

（1）按顺序下入套管及附件，按标准上够扭矩。套管附件、分级箍等连接时，应涂丝扣锁扣胶。

（2）适当控制套管下放速度，每下10根套管灌满1次钻井液。

（3）分级箍上、下3~5根套管应连续加扶正器。

（4）分级箍吊上钻台时，注意防止磕碰。严禁用撬杠穿入分级箍内部进行搬运或吊装。

（5）分级箍接入时，严禁在本体部位打大钳，应打在上接头部位。

（6）循环排量由小到大，避免产生过大激动压力。

3. 固井作业

（1）将柔性胶塞装在水泥头内。

（2）循环好后按固井设计要求进行第一级注水泥作业。

（3）注入专用压塞液2~4m³，压柔性胶塞、替钻井液；准确计算好替浆量，当柔性胶塞通过分级箍时，排量控制在0.1~0.2m³/min。

（4）继续加压剪断销钉，柔性胶塞和空心胶塞下行，至柔性胶塞座处碰压。

（5）停泵，从井口释放压力，投重力塞（下落速度一般为50~60m/min），将关闭塞装在水泥头内。

（6）当预计重力塞坐于免钻分级箍打开塞座后，用水泥车开泵憋压，打开分级箍循环孔。

（7）排量由小到大循环。

（8）按固井设计要求进行第二级注水泥作业。

（9）压关闭塞，注专用压塞液 2～4m³，替钻井液，碰压。表压应为最终循环压力 + 附加压力。附加压力应大于或等于免钻分级箍关闭压力。确保分级箍关孔正常。

（10）停泵，从井口释放压力，检验关闭套关闭效果。重新开泵加压，关闭压力至 25MPa 以上，井口泄压，再打压至 25MPa 两次，每次稳压 5min，确保内部附件顺利下落。

（11）卸管汇，固井施工结束。

（四）技术参数

免钻式分级箍主要技术参数，见表 6 - 12。

表 6 - 12　免钻式分级箍主要技术参数

型号规格	最大外径/mm	不可钻最小通径/mm	总长/mm	打开压力/MPa	关闭压力/MPa
FJZM114	≤140	≥97	≤980	14～23 可调	6～8
FJZM127	≤154	≥109	≤1100	14～23 可调	6～8
FJZM140	≤180	≥119	≤1100	14～23 可调	6～8
FJZM178	≤210	≥154	≤1200	14～23 可调	6～8

第四节　水泥头及固井胶塞

水泥头是指在注水泥作业中内装胶塞，并具有压塞、注替管汇、阀门连接的高压井口装置。水泥头按其连接螺纹分为钻杆水泥头与套管水泥头两种类型。钻杆水泥头在井口与送入钻具连接；套管水泥头与井口套管连接。根据用途，套管水泥头可分单塞水泥头和双塞水泥头；根据水泥头与套管的连接机构，套管水泥头可分为简易水泥头、快装式水泥头和卡箍式水泥头。本节主要介绍钻杆水泥头、套管水泥头和固井胶塞。

一、钻杆水泥头

（一）结构

钻杆水泥头结构如图 6 - 15～图 6 - 17 所示。

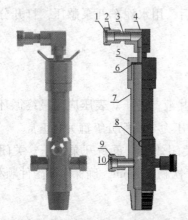

图 6-15　简易式钻杆水泥头结构图
1—由壬垫子；2—由壬接头；3—短节；4—弯头；
5—水泥头盖子；6—水泥头盖垫子；7—本体；
8—胶塞挡销；9—由壬母头；10—由壬垫子

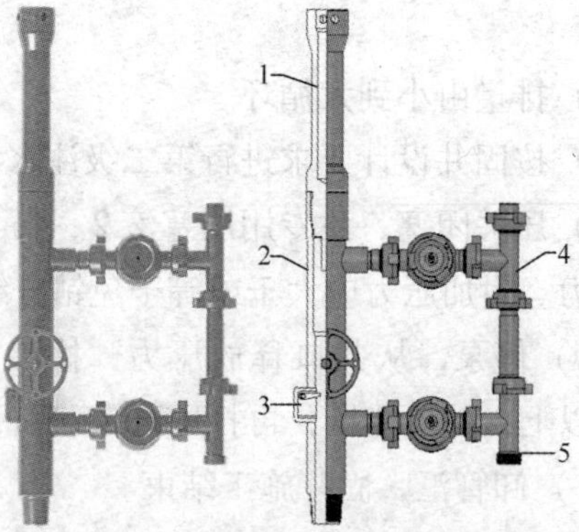

图 6-16　可提升式钻杆水泥头结构图
1—提升短节；2—本体；3—挡销总成；
4—管汇组合；5—由壬

（二）工作原理

1. 普通钻杆水泥头（包括简易式和可提升式）

钻杆水泥头主要由管汇、水泥头本体总成两大部分组成（可提升式还包括提升短节）。水泥头下部可以与下部钻柱快速连接；将钻杆胶塞装入本体内腔，然后上好水泥头盖子，连接好施工管汇从而进行固井施工。注入水泥后，旋转挡销，释放钻杆胶塞，替浆。

2. 旋转式钻杆水泥头

通过高强度推力轴承，可以在下套管及固

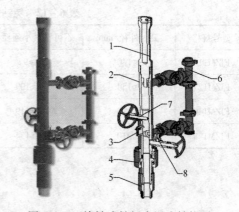

图 6-17　旋转式钻杆水泥头结构图
1—提升短节；2—本体；3—指示器；
4—推力轴承；5—钻杆接头；6—管汇组合；
7—挡销总成；8—投球器

井过程中旋转下部管柱，从而保证下部管柱顺利下到位和提高固井质量。顶部提升短节便于下套管过程中提升管柱。螺旋挡销机构用于阻挡和下放胶塞。打开上部的提升短节，可以将钻杆胶塞装入水泥头内。胶塞指示器可以指示胶塞是否下落。投球器用于安装和释放固井工具用球。高压管汇起到中间连接介质和控制作用，连接了固井设备与水泥头本体，并通过旋塞阀控制流体的通过与关闭，由壬接口用来同注水泥管线和替浆管线相连接。下接头与下部管柱相连接。

（三）操作方法

1. 普通钻杆水泥头

1）施工前的准备工作

根据施工设计、钻杆尺寸、施工压力等参数，正确选择能满足使用要求的水泥头。检查产品合格证，产品密封件须在有效期内（以合格证出厂时间为基准），核准工具型号和规格是否合适；核准下部接头扣型是否能和钻杆匹配；检查工具是否完整（件数是否齐全、单件工具是否完好无损、密封连接接头部分是否有碰伤、刮伤），确认无误后按下列步骤安装施工：

（1）安装好挡销总成，检查挡销全部旋出后是否与水泥头内壁平齐，不得阻碍胶塞下放。

（2）测量并确认所用胶塞长度、端部直径与水泥头匹配无误。

（3）拆下提升短节，右旋旋进全部挡销，从上部将胶塞依次装入本体容腔内。

（4）上好提升短节，将钻杆水泥头装到钻杆上。

（5）检查水泥头、由壬与注水泥管线是否安装牢固。

（6）施工前，一定要注意将各个扣连接处上紧，如挡销座等，以免施工时出现意外。

2）注水泥

管汇连接检查完毕后，此时可以开始注浆施工。

注意：螺旋挡销手柄右旋为进（即挡销伸入本体内，挡住胶塞，防止胶塞入井）；手柄左旋为退（即挡销退出，允许胶塞通过入井）。开关挡销必须到位，以免卡胶塞或损坏挡销。

3）替浆

（1）旋出挡销。

（2）注入压塞液释放胶塞。

（3）替浆。

（4）胶塞下行，直至碰压。

4）收尾

施工结束后，放压卸水泥头，并按照有关规定进行后期维护保养。

2. 旋转式钻杆水泥头

1）施工前的准备工作

根据施工设计、钻杆尺寸、施工压力等参数，正确选择能满足使用要求的水泥头。请检查产品合格证，产品密封件须在有效期内（以合格证出厂时间为基准），核准工具型号和规格是否合适；核准下部接头扣型是否能和钻杆匹配；检查工具是否完整（件数是否齐全，单件工具是否完好无损，密封连接接头部分是否有碰伤、刮伤），确认无误后按下列步骤安装施工：

（1）安装好挡销总成，检查挡销全部旋出后是否与水泥头内壁平齐，不得阻碍胶塞下放。

（2）测量并确认所用胶塞长度、端部直径与水泥头匹配无误。

（3）拆下提升接头，右旋旋进全部挡销，从上部将胶塞依次装入本体容腔内；装上提升短节，并用撬杠插在顶盖的孔中，拧紧，上好紧定销钉。

（4）将钻杆水泥头装到钻杆上，接好注水泥管线、替浆管线、流量计、阀门等。

（5）检查水泥头、由壬与注水泥管线是否安装牢固。

（6）施工前，一定要注意将各个扣连接处上紧，如挡销座、胶塞指示器的喉塞、投球器等，以免施工时出现意外。

2）操作程序

（1）注水泥浆。管汇连接检查完毕后，此时可以开始注水泥施工。倒好闸门，使水泥浆从下部由壬口注入，注水泥浆结束后，关上注水泥由壬口对应的闸门。

（2）替浆。旋出挡销，释放胶塞，打开上部由壬对应的闸门，进行替浆，胶塞释放后胶塞指示器应该有所显示，直至碰压。

（3）收尾。施工结束，放压卸水泥头，并按照有关规定进行后期维护保养。

（4）旋转。在注水泥和替浆过程中可以一直旋转，也可以根据需要进行旋转。

3）注意事项

（1）螺旋挡销手柄右旋为进（即挡销伸入本体内，挡住胶塞，防止胶塞入井）；手柄左旋为退（即挡销退出，允许胶塞通过入井）。开关挡销必须到位，以免卡住胶塞或损坏挡销。

（2）在释放胶塞前，确认胶塞指示器外拨叉处于水平位置，胶塞通过后，外拨叉将会向上旋转，指示胶塞通过。

（3）施工过程中若需投球，打开投球器丝堵，确认投球器推杆全部旋进，然后将球放入，再上紧丝堵，在需要时释放投球。

（4）投球时，将投球器推杆全部旋出，将投球指示杆按下，然后将投球器推杆全部旋进，将球推入水泥头腔体。

（5）水泥头在提拉时不能超过最大静载荷，旋转转速为 15～30r/min。

（四）维修保养

1. 由壬的保养

冲洗干净所有由壬接口并检查密封垫，如损坏应予以更换，并在各由壬接口处涂抹黄油。

2. 提升短节的保养

卸下提升短节，检查连接螺纹，检查"O"形密封圈是否完好，如有损坏，应重新更换，将"O"形密封圈涂抹黄油并上紧。

3. 挡销的保养

卸开压紧螺母，取下手轮，将挡销总成拆开，取出"O"形密封圈检查。清洗干净挡销杆，涂抹黄油，按与拆卸相反的顺序重新装配回水泥头焊接本体上（注意：应使挡销杆处于旋进位置，以免将外露丝杠碰弯，影响使用）。

4. 胶塞指示器的保养

利用螺丝刀等拆卸工具按照图纸拆开胶塞指示器总成，取出"O"形密封圈检查，看是否完好，若损坏，应重新更换"O"形密封圈并涂抹黄油，检查指示器内是否存有水泥块，若有水泥块，卸下指示器侧面的 NPT 螺钉，用工具清理干净水泥块；按与拆卸相反的顺序重新装配回水泥头本体上（注意：应使外拨叉与内拨叉处于一条线，方向相反）。如图 6 – 18、图 6 – 19 所示。

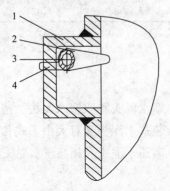 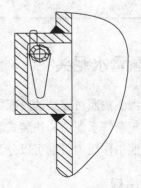

图 6 – 18　胶塞通过前拨叉位置示意图　　　图 6 – 19　胶塞通过后拨叉位置示意图

1—指示器座；2—内拨叉；

3—拨叉轴；4—外拨叉

5. 投球器的保养

卸开投球器压帽，取下推杆，取出"O"形密封圈检查。清洗干净挡销杆，涂抹黄油，按与拆卸相反的顺序重新装回原位，推杆要旋到底。

6. 轴承的保养

卸开轴承密封总成，取出"V"形密封圈检查，若有损伤，更换新密封圈。清洗干净，涂抹黄油，按与拆卸相反的顺序重新装回原位，轴承部位涂润滑脂。

（五）技术参数

钻杆水泥头技术参数，见表 6 – 13、表 6 – 14。

表 6 – 13　钻杆水泥头技术参数

规格/mm	内径/mm	可容胶塞长度/mm	工作压力/MPa	钻杆螺纹代号
73	55 ~ 60	≥280	35，50	NC31
89	60 ~ 73	≥300	35，50	NC38
127	100 ~ 108	≥350	35，50	NC50
140	111 ~ 120	≥380	35，50	5½inFH

表 6 – 14　旋转钻杆水泥头的主要技术参数

规格/in	3½	5	规格/in	3½	5
最大工作压力/MPa	50	50	胶塞容腔长度/mm	350	450
钻杆接头螺纹	NC38	NC50	最大动载荷/N·mm²	32	46
管汇接口	2in1502	2in1502	最大静载荷/N·mm²	120	160

规　格/in	3½	5	规　格/in	3½	5
装胶塞处内径/mm	73	108	转速/（r/min）	15~30	15~30
最大投球直径/mm	40	45	最大提升质量/t	120	160

二、套管水泥头

套管水泥头按照可容纳的胶塞数量可以分为单塞水泥头和双塞水泥头。按照连接方式可以分为常规套管水泥头和快装式套管水泥头，快装式水泥头又有大由壬式和卡箍式及其他类型。按照工作压力级别可以分为低压水泥头、高压水泥头和超高压水泥头。

（一）结构

套管水泥头主要由顶盖、本体、挡销、指示器、快装接头、由壬及管汇几个部分构成；几种常用的水泥头类型结构如图6-20~图6-22所示。

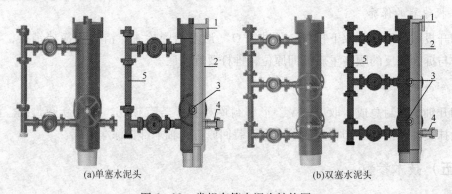

(a)单塞水泥头　　　　　　　　(b)双塞水泥头

图6-20　常规套管水泥头结构图

1—顶盖；2—本体；3—挡销；4—堵头；5—管汇组合

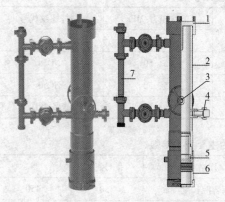

图6-21　卡箍式快装套管水泥头结构图

1—水泥头盖；2—本体；3—挡销；4—堵头；
5—垫子；6—卡箍；7—管汇组合

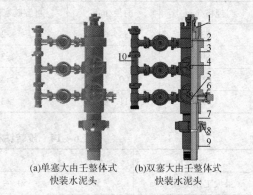

(a)单塞大由壬整体式　(b)双塞大由壬整体式
快装水泥头　　　　快装水泥头

图6-22　大由壬整体式快装水泥头结构图

1—顶盖；2—顶杆；3—本体；4—挡销；5—指示器；6—堵头；
7—套管接头；8—大由壬；9—快装接头；10—管汇

（二）操作方法

1. 施工前的准备工作

依据施工设计、套管尺寸、施工压力等参数，正确选择水泥头及相应快装转换接头。检查产品合格证，产品密封件须在有效期内（以合格证出厂时间为基准），核准工具型号和规格是否合适；核准快装接头扣型是否能和套管匹配；检查工具是否完整（件数是否齐全，单件工具是否完好，密封连接接头部分是否有损坏），确认无误后按下列步骤安装施工：

（1）安装挡销总成，检查挡销全部旋出后是否与水泥头内壁平齐，不得阻碍胶塞下放。

（2）测量并确认所用胶塞长度、端部直径与水泥头匹配无误。

（3）打开水泥头盖子，右旋旋进全部挡销、装上胶塞，上好水泥头盖子，指示器拨叉指向为下。

（4）将水泥头套管接头连接到井口联顶节套管上，上好扣后，将组装好的水泥头总成下端转换接头插入套管接头内，用大由壬上扣连接到一起，上紧螺纹，直至大由壬上部端面上过转换接头上的一圈标志槽后，表示大由壬螺纹已经上紧。

（5）注水泥管线与高压管汇连接好。

（6）检查水泥头、由壬、闸门与注水泥管线是否安装牢固。

（7）检查旋塞阀关闭与打开是否活动自如。

（8）施工前，一定要注意将各个扣连接处上紧，如挡销座、管汇连接处、胶塞指示器的喉塞、盖子与本体的连接等，以免施工时出现意外。

2. 注水泥

管汇连接检查完毕后，此时可以开始注浆施工。通过高压管汇旋塞阀（关上开下）来控制注水泥浆，注水泥浆结束后，关闭注水泥浆闸门。

注意：螺旋挡销手柄右旋为进（即挡销伸入本体内，挡住胶塞，防止胶塞入井）；手柄左旋为退（即挡销退出，允许胶塞通过入井）。开关挡销必须到位，挡销全部旋出后，在挡销压帽端面处挡销螺纹上会出现对称的两处缺口，此时表示挡销已经旋出到位，以免卡住胶塞或损坏挡销。

3. 替浆

旋出挡销，释放胶塞，通过高压管汇旋塞阀（关下开上）来进行替浆，胶塞释放后，胶塞指示器应该有所显示，直至碰压。

4. 收尾

施工结束后，放压卸水泥头，并按照有关规定进行后期维护保养。

（三）维护及保养

1. 产品结构零件清单

（1）螺旋挡销。挡销结构如图6-23所示，零件清单见表6-15。

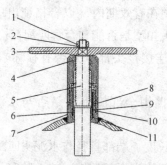

图6-23 挡销结构图

注：各部件名称见表6-15。

表6-15 螺旋挡销零件清单

序号	数量	名称	序号	数量	名称
1	1	M24压紧螺母	6	2	"O"形密封圈背圈
2	1	M24弹簧垫圈	7	2	紧定销钉
3	1	螺旋挡销手轮	8	2	"O"形密封圈
4	1	螺旋挡销体	9	2	"O"形密封圈背圈
5	1	螺旋挡销杆	10	1	密封环

（2）螺旋挡销安装及拆卸方式。

①安装方式。

首先将挡销体（件4）、挡销（件5）、密封环（件11）及水泥头本体上挡销座清洗干净，检查螺纹是否完好。然后在密封环（件11）的密封面及"O"形密封圈槽上均匀涂抹黄油后，将各"O"形密封圈和背圈安装在槽里，然后将密封环装入本体上的挡销座内，安装到位，将挡销（件5）旋入挡销体（件4）内，然后将带着挡销体（件4）的挡销插入密封环内，将挡销体螺纹与挡销座螺纹连接好（可边上螺纹边往里旋进挡销杆），缓慢将挡销杆通过"O"形密封圈。将挡销体与水泥头本体上挡销座的螺纹旋合，直至上紧后用内六方扳手上紧紧定销钉即可。

②拆卸方式。

首先，将挡销往外旋出一部分，然后用内六方扳手卸开紧定销钉，用管钳将挡销体（件4）与水泥头本体上挡销座的螺纹拧开，将密封环（件11）从挡销座内取出。然后，清洗各个部件，若有损坏及时更换。

说明：所有的"O"形密封圈和螺纹、螺钉要涂抹黄油，密封螺纹则抹专用油脂。

（3）胶塞指示器。

胶塞指示器结构如图 6-24 所示，零件清单见表 6-16。

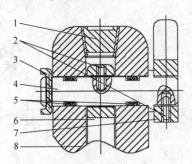

图 6-24　胶塞指示器总成图

注：各部件名称见表 6-16。

表 6-16　胶塞指示器零件清单

序号	数量	名称	序号	数量	名称
1	2	内六角喉塞	5	4	"O"形密封圈
2	2	内六角紧定螺钉	6	1	内拨叉
3	1	开口销	7	1	外拨叉
4	1	拨叉轴	8	1	指示器本体

2. 维护保养

（1）由壬的保养。

冲洗干净所有由壬接口并检查密封垫，如损坏应予以更换，并在各由壬接口处涂抹黄油。

（2）盖子与下接头的保养。

打开盖子与下接头，检查密封盖垫与"O"形密封圈是否完好，如有损坏，应重新更换，将"O"形密封圈涂抹黄油并上紧。

（3）挡销的保养。

利用管钳或其他工具拆开螺旋挡销总成，取出"O"形密封圈检查，看是否完好，若损坏，应重新更换"O"形密封圈并涂抹黄油。

卸开压紧螺母，取下手轮，拧出销子，取出"O"形密封圈检查。清洗干净销子，涂抹黄油，按与拆卸相反的顺序重新装配回水泥头焊接本体上（注意：应使销子处于旋进位置，以免将外露丝杠碰弯，影响使用）。

（4）胶塞指示器的保养。

用螺丝刀等拆卸工具按照图纸拆开胶塞指示器总成，取出"O"形密封圈检查是否完好，若损坏，应予以更换并涂抹黄油；检查指示器内是否存有水泥块，若有水泥块，卸下指示器侧面的 NPT 螺钉，用工具清理干净水泥块，然后按与拆卸相反的顺序重新装配回水

泥头焊接本体上（注意：应使外拨叉处于向下指示安装状态，内拨叉与其成垂直），如图
6-25、图6-26所示。

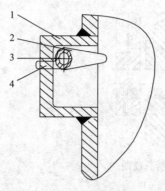 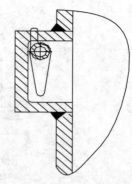

图6-25　胶塞通过前拨叉位置示意图　　图6-26　胶塞通过后拨叉位置示意图

1—指示器座；2—内拨叉；3—拨叉轴；4—外拨叉

（四）技术参数

几种常用类型套管水泥头主要技术参数，见表6-17～表6-21。

表6-17　单塞套管水泥头技术参数

规格/mm	127	139.7	177.8	244.5	273	339.7
外径/mm	157	170	208	275	303	370
内径/mm	112	121	157	222	248	320
可容胶塞长度/mm	≥400		≥450		≥550	≥600
挡销形式	单	双	双	双	双	双
工作压力/MPa	35，50		21，35		14，21	

表6-18　双塞套管水泥头技术参数

规格/mm		127	139.7	177.8	244.5	273	339.7	508
内径/mm		112	121	157	222	248	320	480
可容胶塞长度/mm	一级	250	310	310	460	460	460	510
	二级	320	350	350	550	550	550	650
挡销形式		单	单，双	单，双	单，双	双	双	双，三
工作压力/MPa		35.50		21，35		14，21		

表6-19　河北某石油机械有限公司大由壬双塞快装套管水泥头技术参数

规格/mm	140	178	194	244.5	273	339.7	473
工作压力/MPa	50	50	50	35	35	35	21

连接扣型		API 螺纹、其他特殊扣型						
管汇接口		2inX1502 由壬	2inX1502 由壬	2inX1502 由壬	2inX1502 由壬	2inX1502 由壬	2inX1502 由壬	2inX1502 由壬
容塞长度/mm	上	280	310	310	350	360	410	510
	下	280	310	310	350	360	410	510
装胶塞处内径/mm		142.8	181	197	248	276	342	476

表6-20　河北某石油机械有限公司卡箍式快装套管水泥头技术参数

型号/mm	内径/mm	外径/mm	容塞长度/mm	工作压力/MPa	备注
140	140	165	>350	50	
168	168	200	>350	50	
178	178	211	>350	50	本水泥头可应用于任何扣型
244	244	272	>350	35	
273	273	301	>380	35	
340	340	370	>380	21	

表6-21　河北某石油机械有限公司整体式双塞快装套管水泥头技术参数

规格/in		5½	7	9⅝	13⅜	20
工作压力/psi		10000	10000	7500	5000	3000
下接头扣型		API LC/BC	API LC/BC	API LC/BC	API LC/BC	API BC
管汇接口		2in 由壬	2in 由壬	2in 由壬	2in 由壬	2in 由壬
装胶塞处内径（φ）/in		5.625	7.125	9.75	13.5	20.125
容塞长度/in	上胶塞	11.219	11.219	11.219	14.219	22.22
	下胶塞	11.219	11.219	11.219	14.219	

三、固井胶塞

固井胶塞是具有多级盘翼状结构的橡胶体，在固井作业过程中起着隔离、刮壁及碰压等作用。常规固井胶塞按用途可分上胶塞、下胶塞；按其结构特点可分为防转固井胶塞和不防转固井胶塞；另外，有自锁胶塞等特殊结构胶塞。目前，常用的固井胶塞有橡胶与聚氨酯两类材质。

（一）结构

常用胶塞结构如图6-27所示。

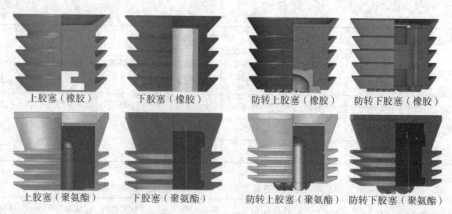

图 6 - 27　常用固井胶塞结构图

上胶塞（橡胶）　　下胶塞（橡胶）　　防转上胶塞（橡胶）　　防转下胶塞（橡胶）

上胶塞（聚氨酯）　下胶塞（聚氨酯）　防转上胶塞（聚氨酯）　防转下胶塞（聚氨酯）

（二）操作方法

（1）固井上胶塞与固井下胶塞在安装时要注意不要装错位置，否则会造成憋泵故障。

（2）使用防转胶塞可以避免在钻除时胶塞跟随钻头旋转，可以大大节省钻除时间。

（3）冬季使用胶塞时，应在水泥头内壁上涂抹润滑脂，防止胶塞与水泥头之间冻结。

（三）技术参数

常规固井胶塞主要技术参数，见表 6 - 22；防转固井胶塞技术参数，见表 6 - 23；自锁胶塞技术参数，见表 6 - 24。

表 6 - 22　常规固井胶塞技术参数

规格/mm	最大外径/mm		唇部直径/mm		主体直径/mm		长度/mm	
	橡胶	聚氨酯	橡胶	聚氨酯	橡胶	聚氨酯	橡胶	聚氨酯
127	127	125	120	116	90	90	190	190
140	140	135	133	130	102	98	200	200
178	180	173	170	168	132	130	230	230
194	195	192	185	184	148	145	240	230
244	246	240	235	234	193	187	260	230
273	277	270	265	263	212	209	298	260
340	346	336	330	329	267	265	300	305
508	515	510	500	496	430	428	450	430

表 6-23 防转固井胶塞技术参数

规格/mm	最大外径/mm		唇部直径/mm		主体直径/mm		长度/mm	
	橡胶	聚氨酯	橡胶	聚氨酯	橡胶	聚氨酯	橡胶	聚氨酯
140	140	130	133	130	102	98	210	240
178	180	168	170	168	132	130	240	260
244	246	234	235	234	193	187	270	266
273	277	263	265	263	212	209	310	290
340	346	329	330	329	267	265	310	320

表 6-24 自锁胶塞技术参数

规格/mm	自锁胶塞			
	最大外径/mm	配合长度/mm	配合直径/mm	长度/mm
127	115	65.5	65	353
139.7	134	65.5	65	363
177.8	170	65.5	65	363

第五节 循环接头

循环接头是用于连接套管串与钻井液管线，完成钻井液循环作业的一种专用高压井口工具。按照结构可分为套管循环接头和钻杆循环接头。套管循环接头按照不同样式可分为简易循环接头、大由壬式循环接头、卡箍式循环接头。本节主要介绍循环接头的结构原理、使用方法及技术参数。

一、结构

循环接头一端为套管螺纹，另一端为由壬接头或钻杆接头螺纹。

卡箍式循环接头采用卡箍式快速接头装置与套管接箍连接，它与套管何种扣型无关，凡是相同尺寸不论何种扣型都可连接实施作业。

几种主要类型的循环接头结构如图 6-28 所示。

二、工作原理

连接井口套管管柱与地面循环系统，进行循环，实现下套管过程中，进行中途循环洗井或下套管结束后进行循环洗井。

(a)简易套管循环接头　(b)钻杆循环接头　(c)大由壬式套管循环接头　(d)卡箍式套管循环接头

图 6-28　循环接头结构示意图

三、操作方法

1. 简易套管循环接头安装方法

首先检查循环接头下部套管公螺纹是否有损伤，然后将其与套管接箍母螺纹连接，按扭矩旋紧后，再连接由壬处管线。

2. 钻杆循环接头安装方法

首先检查循环接头螺纹是否存在损伤，然后将接头下部套管螺纹与套管上部接箍相连，最后再将其上部钻杆接头螺纹与方钻杆相连。

3. 大由壬式套管循环接头安装方法

首先将循环接头下部套管螺纹与套管接箍相连，然后再旋紧循环接头上部的大由壬接头螺纹，最后将循环接头顶部的由壬与施工管线相连。

4. 卡箍式循环接头安装及拆卸方法

安装时，首先拔出插销，将卡箍摆到最大，再将插销插入，缓慢地放到接箍上，再将卡箍关到最小，将插销插入，然后缓慢顺时针转动调节套，使水泥头上紧。

拆卸时，首先拔出插销，将卡箍摆到最大，再将插销插入，然后缓慢逆时针转动调节套，然后缓慢上提卡箍式水泥头，直到水泥头离开套管接箍，再将卡箍关到最小，将插销插入。

四、维护和保养

（1）清洁循环接头外表污物。

（2）检查套管螺纹质量，如有损伤应进行修复。

（3）检查由壬接头螺纹及密封面质量，如有碰伤及变形应进行修复。

（4）检查循环接头各部件是否存在损伤及变形情况，如有应进行修复。

（5）在各连接螺纹及活动连接部位涂机油进行防锈处理。

（6）循环接头应存放于通风干燥处。

五、技术参数

循环接头技术参数，见表 6 – 25、表 6 – 26。

表 6 – 25　简易套管循环接头技术参数

规格/mm	140	178	244	273	340	508
工作压力/MPa	25	25	21	14	14	10
试验压力/MPa	35	35	35	25	25	15
连接螺纹	API 套管螺纹					
由壬接口	2in 由壬					

表 6 – 26　卡箍式循环接头技术参数

规格/mm	140	178	244	273	340
工作压力/MPa	35	35	35	21	21
试验压力/MPa	50	50	50	35	35
可容接箍长度/mm	180 ~ 300	180 ~ 300	250 ~ 320	250 ~ 320	200 ~ 330
由壬接口	2in1502	2in1502	2in1502	2in1502	2in1502

第六节　套管引鞋、浮箍、浮鞋

套管引鞋、浮箍、浮鞋均属于安装在套管柱底部/下部的固井工具，套管引鞋主要起引导套管柱顺利下入的作用，套管浮箍主要起防止回流的作用，套管浮鞋则综合了二者的作用，既起引导作用，又有防止回流的作用，它们主要通过螺纹连接形式与套管柱相连，均是确保固井作业正常进行的不可或缺的固井工具，本节主要介绍了它们的结构、分类、技术参数和使用方法。

一、套管引鞋

套管引鞋是连接于套管串最下端，在下套管过程中起导向作用的装置。套管引鞋可防止套管柱下端与井壁之间发生阻卡，可提高套管的下放效率。套管引鞋可分为：铸铁引鞋、水泥引鞋、铸铝引鞋、全钢引鞋、水力旋转引鞋。这里主要介绍各类套管引鞋、浮箍、浮鞋的结构、原理、技术参数及使用方法。

（一）结构

铸铁引鞋、水泥引鞋、铸铝引鞋、全钢引鞋、水力旋转引鞋结构分别见图6－29、图6－30所示。

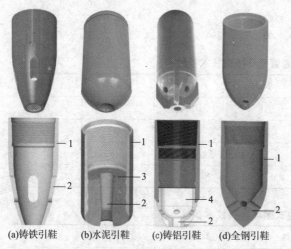

(a)铸铁引鞋　(b)水泥引鞋　(c)铸铝引鞋　(d)全钢引鞋

图6－29　套管引鞋结构示意图

1—本体；2—循环孔；3—水泥石；4—铝引鞋

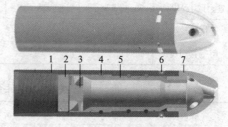

图6－30　水力旋转引鞋结构图

1—本体；2—连接轴套；3—高效旋转总成；4—旋转叶轮；
5—旋转外套；6—耐磨块；7—旋转导向头

（二）工作原理

1. 水泥引鞋

水泥引鞋由本体内浇筑水泥石预制而成，内部有大口径循环孔，可进行正常循环作业。固井结束后，内部结构可钻除。

2. 铸铁引鞋

用生铁铸造而成，并加工有套管螺纹，铸铁引鞋适用于中深井、井下正常的深井、定向井油层套管和井下条件复杂的技术套管，其特点是机械强度高，引导作用好，但可钻性差。

3. 全钢引鞋

全钢引鞋适用于中深井、井下正常的深井、定向井油层套管和井下条件复杂的技术套管，其特点是机械强度高，引导作用好，但不可钻，选用35CrMo及以上的材质。

4. 铸铝引鞋

结构为接箍一端螺纹上连接铝引鞋头，其特点是结构简单，引导作用好，可钻性好。铝引鞋头有圆头和刮刀结构两种类型。

5. 水力旋转引鞋

借鉴钻杆顶驱的工作原理，通过工具中的外部卡瓦悬持通过，以及内部的插入密封头开泵循环，在复杂井眼中旋转修正井壁，克服井下摩阻，保证套管顺利下到设计深度。

在循环过程中，通过涡轮动力带动引鞋头高速旋转，引导钻井液形成高速涡流，从而对（管壁）井眼进行清理和修整，提高套管通过性，改变井底流畅性，提高顶替效率。

（三）操作方法

（1）安装使用时，应按规定扭矩旋紧于套管柱下端，下入时防止磕碰损伤。

（2）产品外表面应涂防护油漆，螺纹应涂螺纹脂，并戴螺纹保护器。

（3）产品应装坚固木箱发运，能有效防止产品受到挤压变形。

（4）产品应在清洁、干燥、通风处保管，避免日晒、雨淋，不应接触酸、碱等腐蚀物质。

（四）技术参数

部分厂家引鞋技术参数，见表 6 – 27 ~ 表 6 – 31。

表 6 – 27　河北某石油机械有限公司水泥引鞋技术参数

规格/mm	外径/mm	循环孔直径/mm	长度/mm
177.8	195	70	600
244.5	270	80	600
273	299	80	600
339.7	365	90	600

表 6 – 28　河北某石油机械有限公司铸铁引鞋技术参数

规格/mm	外径/mm		内径/mm		圆弧半径/mm		螺纹长度/mm	长度/mm	侧流孔个数
	最大	最小	最大	最小	外圆弧	内圆弧			
127	147	70	104	50	600	900	85.72	280	4
139.7	154	75	116	55	620	930	88.9	324	4
177.8	195	90	146	75	652	728	101.6	370	4
244.5	270	105	214	85	680	760	120.65	410	4
273	299	117	246	93	696	800	120.65	400	4
339.7	365	140	309	115	720	860	120.65	520	4

表6-29　河北某石油机械有限公司全钢引鞋技术参数

规格/mm	外径/mm	内径/mm	螺纹长度/mm	长度/mm	侧流孔个数
127	147	104	85.72	250	4
139.7	154	116	88.9	300	4
177.8	195	146	101.6	350	4

表6-30　河北某石油机械有限公司铝引鞋技术参数

规格/mm	外径/mm	内径/mm	螺纹长度/mm	长度/mm	圆头循环孔直径/mm	刮刀鞋头侧流孔个数
127	147	104	85.72	280	60	4
139.7	154	116	88.9	324	60	4
177.8	195	146	101.6	370	70	4
244.5	270	214	120.65	410	80	—
273	299	246	120.65	400	80	—
339.7	365	309	120.65	520	90	—

表6-31　河北某石油机械有限公司水力旋转引鞋技术参数

规格/mm	外径/mm	本体内径/mm	长度/mm	侧流孔个数
127	147	104	550	4
139.7	154	116	550	4
177.8	195	146	700	4
244.5	270	214	700	6
273	299	246	700	6
339.7	365	309	800	8

二、浮箍、浮鞋

浮箍、浮鞋装配在套管串底部，可防止环空液体倒返进入套管内部，下套管时可提供浮力，减轻套管串重量。同时，浮箍还可以承托固井胶塞，以便实现碰压操作。

浮箍、浮鞋按下井时钻井液的进入方式可分为自灌型和非自灌型；按其回压装置的工作方式可分为浮球式、弹簧式、舌板式和弹浮式。

（一）结构

浮球式浮箍、浮鞋结构如图6-31所示，弹簧式浮箍、浮鞋结构如图6-32所示，水泥式浮箍、浮鞋结构如图6-33所示，水泥防转式浮箍、浮鞋结构如图6-34所示，弹浮式浮箍、浮鞋结构如图6-35所示，舌板式浮箍、浮鞋结构如图6-36所示。

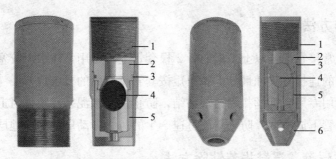

图6-31　浮球式浮箍、浮鞋结构图

1—本体；2—阀座；3—"O"形密封圈；4—浮球；5—花篮；6—鞋头

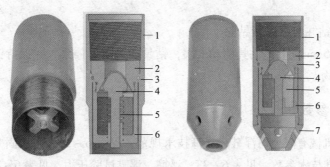

图6-32　弹簧式浮箍、浮鞋结构图

1—本体；2—阀座；3—"O"形密封圈；4—挂胶球；5—弹簧；6—花篮；7—鞋头

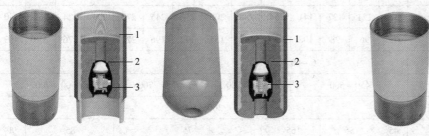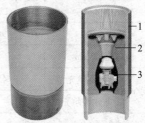

图6-33　水泥式浮箍、浮鞋结构图　　　　图6-34　水泥防转式浮箍、浮鞋结构图

1—本体；2—水泥石；3—单向阀　　　　　　1—本体；2—水泥石；3—单向阀

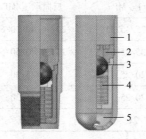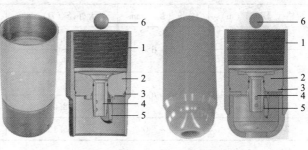

图6-35　弹浮式浮箍、浮鞋结构图　　　　图6-36　舌板式浮箍、浮鞋结构图

1—本体；2—阀座；3—阀球；　　　　　　　1—本体；2—挡板；3—"O"形密封圈；

4—弹簧；5—引鞋　　　　　　　　　　　　4—剪切管；5—瓣阀；6—铝头

（二）操作方法

（1）浮箍通常接在浮鞋以上1根或者2根套管上，可用作注水泥胶塞碰压座。

（2）与套管的连接方法和最佳上扣扭矩按套管供应商的要求执行。

（3）丝扣使用专用套管丝扣固结剂粘结，防止钻除水泥塞和附件时退扣。

（4）控制套管下放速度，防止下放过速产生的压力激动压漏脆弱地层。

（三）可钻浮箍、浮鞋推荐钻除方法

（1）选用短—中、短齿适应硬地层的牙轮钻头，或选用适应中—硬地层的平底式PDC钻头。

（2）附件按钻井参数进行钻除。

（3）每钻进5cm应上提钻具活动1次，钻具活动时不停泵，并保持钻具转动，以便清除钻头周围的杂物。

（四）技术参数

河北某石油机械有限公司浮鞋、浮箍技术规范，见表6-32，中原固井公司研发的弹浮式套管浮箍、浮鞋技术参数，见表6-33，浮箍、浮鞋试验压力，见表6-34、表6-35。

表6-32　河北某石油机械有限公司浮鞋、浮箍技术规范

规格/mm	89	102	114	127	140	168	178	194	219	245	273	298	340	508
外径/mm	108	121	127	141	154	188	200	216	245	270	299	324	365	540
内径/mm	73	96	98	108	120	148	155	172	196	221	250	276	318	483
循环孔径/mm	46~60							60~70						
长度/mm 水泥填充型	450~500				550~600			600~700			600~700			
长度/mm 非水泥填充型	300~500													
浮球直径/mm	45	55	65			75					85			90

表6-33　中原固井公司研发的弹浮式浮箍、浮鞋技术参数

规格代号/mm（in）	总长（L）/mm	最大外径（D）/mm	正向承压/MPa	反向承压/MPa
140（5½）	300~650	153.67	15/25/35/45/55	20/30/40/50/60
178（7）	300~650	194.46	15/25/35/45/55	20/30/40/50/60
244（9⅝）	350~700	268.88	15/20/25	20/25/30
273（10¾）	350~700	298.45	15/20/25	20/25/30
340（13⅜）	400~700	365.12	14/21	14/21

表6-34 浮箍与浮鞋试验压力

压力代号	I	II	III
正向承压/MPa	20	25	30
反向承压/MPa	25	30	35

表6-35 中原固井公司研发的弹浮式浮箍、浮鞋试验压力

规格代号/mm（in）	<244（9⅝）					244（9⅝）~340（13⅜）			>340（13⅜）	
压力等级代号	I	II	III	IV	V	I	II	III	I	II
正向承压/MPa	15	25	35	40	55	15	20	25	14	21
反向承压/MPa	20	30	40	50	60	20	25	30	14	21

第七节 套管扶正器

套管扶正器指安装于套管柱外部，在井眼内起扶正套管作用的机械装置。其作用主要包括：扶正套管，保持套管居中，确保环空水泥环分布均匀；防止套管在高渗透地层发生粘卡，确保套管顺利入井；降低套管入井阻力，减小套管磨损；刮掉井壁疏松滤饼，提高水泥与地层胶结质量。本节主要介绍弹性扶正器、刚性扶正器和半刚性扶正器的结构、工作原理、操作方法、主要技术参数等内容。

一、结构

套管扶正器基本分为三大类：弹性扶正器、刚性扶正器和半刚性扶正器。弹性扶正器分为编织式、焊接式和整体式三种，其结构如图6-37~图6-39所示。

刚性扶正器按照结构分为直条刚性扶正器、旋流刚性扶正器、滚轮刚性扶正器，按照材料分为铸钢刚性扶正器、树脂刚性扶正器和铸铝扶正器。其结构如图6-40~图6-43所示。

(a)焊接式弹性扶正器　(b)编织式弹性扶正器

图6-37 单弓弹性扶正器

(a)焊接式弹性扶正器　(b)编织式弹性扶正器

图6-38 双弓弹性扶正器

图 6 – 39　整体式弹性扶正器　　　　　图 6 – 40　刚性扶正器

 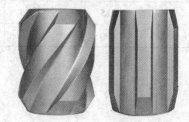

图 6 – 41　滚轮刚性扶正器　　　　　图 6 – 42　铝合金扶正器

半刚性扶正器的扶正条为冲压而成，成鼓包状，可承受一定压力。其结构如图 6 – 44 所示。

图 6 – 43　树脂刚性扶正器　　　　　图 6 – 44　半刚性扶正器

二、工作原理

弹性扶正器套装在套管外部，依靠弓形弹簧片扶正套管，使套管在井眼内处于居中状态，其扶正力主要来自弓形弹簧片的弹力；刚性扶正器外部设有刚性扶正棱，其可支撑在井壁上，使套管在井眼内处于居中状态，由于扶正棱为刚性，因此扶正力大，扶正效果好；半刚性扶正器的扶正条为冲压而成，内部为中空结构，在压力超过一定载荷时，可收缩外径，能够防止扶正器卡死在缩径井眼内。

三、操作方法

使用时，扶正器在套管上可以自由转动和上下滑动，也可以用固定螺钉或固定环将其固定在套管的某个部位。在套管入井时,能刮除滤饼、清洁井壁;在注水泥时,使套管居中,提高顶替效率,提高固井质量;在斜井和水平井中,能托住使其居中;当要求套管旋转时,刚性扶正器起滑动轴承的作用。

不推荐双弓弹性扶正器在小间隙井眼环空中将扶正器套在接箍上使用。

四、技术参数

部分型号扶正器技术参数,见表 6 – 36 ~ 表 6 – 43。

表 6 – 36　河北某石油机械有限公司单弓弹性扶正器技术参数

规格型号/mm	套管尺寸/mm	井眼尺寸/mm	弹簧片最大外径/mm	环箍内径/mm	最大启动力/N	最小复位力/N
152×114	114	152	165	117	≤2064	≥2064
216×140	140	216	232	142	≤2758	≥2758
216×178	178	216	232	182	≤4626	≥4626
311×245	244	311	335	248	≤7117	≥7117
445×340	340	445	458	343	≤10854	≥5427
660×508	508	661	685	512	≤16725	≥8363

表 6 – 37　河北某石油机械有限公司双弓弹性扶正器技术参数

规格型号/mm	套管尺寸/mm	井眼尺寸/mm	弹簧片最大外径/mm	环箍内径/mm	最大启动力/N	最小复位力/N
216×140	140	216	230	142	≤2758	≥2758
241×178	178	241	258	181	≤4626	≥4626
311×245	244	311	335	248	≤7117	≥7117
445×340	340	445	456	342	≤10854	≥5427
660×508	508	661	685	512	≤16725	≥8363

表 6 – 38　河北某石油机械有限公司整体式弹性扶正器技术参数

规格型号/mm	套管尺寸/mm	井眼尺寸/mm	弹簧片最大外径/mm	环箍内径/mm	最大启动力/N	最小复位力/N
152×114	114	152	152.4	117	≤2064	≥2064
216×140	140	216	216	142	≤2758	≥2758
241×168	168	241	241	171	≤4270	≥4270
216×178	178	216	216	181	≤4626	≥4626
241×178	178	241	241	181	≤4626	≥4626
311×245	244	311	311	248	≤7117	≥7117
445×340	340	445	445	342	≤10854	≥5427

表 6 - 39　河北某石油机械有限公司刚性扶正器（铸钢）技术参数

规格型号/mm	套管尺寸/mm	井眼尺寸/mm	内径/mm	最大外径/mm
152×114	114	152	117	148
216×140	140	216	142	210
216×178	178	216	181	210
251×194	194	251	196	235
311×245	245	311	248	305
445×340	340	445	345	436

表 6 - 40　河北某石油机械有限公司滚轮刚性扶正器技术参数

规格型号/mm	套管尺寸/mm	井眼尺寸/mm	内径/mm	最大外径/mm
152×88.9	88.9	152	92.5	145
152×114	114	152	116.5	148
216×140	140	216	142	210
216×178	178	216	181	210
241×178	178	241	181	235
311×245	245	311	248	305
445×340	340	445	345	433

表 6 - 41　河北某石油机械有限公司铝合金扶正器技术参数

规格型号/mm	套管尺寸/mm	井眼尺寸/mm	内径/mm	最大外径/mm
152×114	114	152	117	148
216×140	140	216	142	210
216×178	178	216	181	212
241×178	178	241	181	235
311×245	245	311	248	305

表 6 - 42　河北某石油机械有限公司树脂刚性扶正器技术参数

规格型号/mm	套管尺寸/mm	井眼尺寸/mm	内径/mm	最大外径/mm
216×140	140	216	142	210
216×178	178	216	181	210
241×178	178	241	181	235
311×245	245	311	247	305

表6-43 河北某石油机械有限公司半刚性扶正器技术参数

规格型号/mm	套管尺寸/mm	井眼尺寸/mm	内径/mm	最大外径/mm
152×114	114	152	117	148
216×140	140	216	142	205
216×178	178	216	181	210
251×194	194	251	196	235
311×245	244	311	248	305
445×340	340	445	345	435

第八节 水泥伞

水泥伞是安装在分级注水泥器下部，防止水泥浆下沉和支撑液柱压力的装置，按其结构形式可分为Ⅰ型和Ⅱ型两种。本节主要介绍两种形式水泥伞的结构、原理、使用方法及技术参数。

一、结构

水泥伞是井下管串的一个附件。水泥伞像一把倒置的无柄伞，它由套箍、帆布和弹簧片组成，帆布制成漏斗状固定在弹簧片内，是提高水泥面的辅助附件，其结构如图6-45所示。

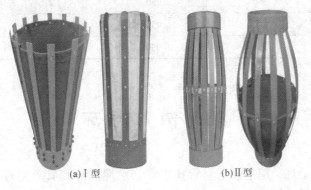

(a)Ⅰ型　　　　　　　　(b)Ⅱ型

图6-45 水泥伞

二、工作原理

水泥伞安装在悬空封固段底部，用来在环空承托水泥，可防止或减少水泥浆的漏失，可保护弱地层结构，以防止由水泥柱重量产生的过多的静压力。它们通常安装在弱地层结构以上的套管串上，但它们也在分级固井和表层固井时使用，水泥伞上每一个金属片在保持优化的支持特性时，可提供最大的弹性和流体通道。分级固井时，也可安装在分级箍下方，防止环空水泥浆下沉。

三、操作方法

使用时，套装于套管外部，并采用定位环定位；对于 I 型水泥伞，在套管下放过程中应避免上提，以防损坏其功能。II 型在使用时，应防止倒置安装，确保功能正常发挥。

四、技术参数

水泥伞技术参数，见表 6 – 44。

表 6 – 44 水泥伞技术参数

规格/mm	长度/mm		通径/mm	外径/mm
	I 型	II 型		
114	580	500	117	155
127	580	500	130	155
139.7	580	500	142	225
177.8	580	500	182	250
244.5	580	950	248	320
279	580	950	276	301
339.7	580	950	345	460
508	580	950	512	680

第九节 定位环

定位环又称止动环，用于限定套管扶正器、水泥伞等套管外附件在套管上的轴向位置，防止附件发生轴向窜动。按其结构形式可分为顶丝式、螺栓式和螺旋钉式。本节主要介绍以上形式定位环的结构、原理、使用方法及技术参数。

一、结构

定位环（止动环）按照结构分为顶丝式止动环、螺栓式止动环和螺旋钉式止动环，其结构如图 6 – 46 所示。

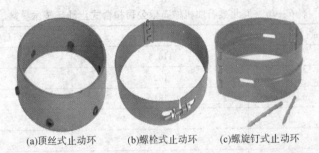

(a)顶丝式止动环   (b)螺栓式止动环   (c)螺旋钉式止动环

图 6 - 46 定位环（止动环）

二、工作原理

顶丝式止动环通过圆周均布的紧固螺丝将止动环固定在套管上。扣合式止动环分为螺栓式和螺旋钉式两种，螺栓式止动环有两半 180°环箍组成，一处对接接口用插销连接，另一处接口用螺栓穿过环箍端部的窗孔紧固在一起。螺旋钉式止动环由两半 180°环箍插销连接而成，另外附带两根螺旋销钉，其夹紧原理是用机械力把螺旋销钉通过环箍插孔及凹槽内插使止动环胀紧，并依靠螺旋销钉坚硬棱边夹持套管。

三、操作方法

（1）根据套管尺寸和扶正器规格选择合适的定位环。
（2）检查定位环部件是否齐全、完好。
（3）确定扶正器位置，按要求扭矩安装定位环。
（4）检查扶正器限位是否符合要求。

四、技术参数

止动环主要尺寸见表 6 - 45、表 6 - 46。

表 6 - 45 河北某石油机械有限公司顶丝式止动环技术参数

规格型号/mm	环箍内径/mm	最大外径/mm
114	116.5	127
140	142	152
178	181	195
245	247	261
273	275	289
340	345	360
508	512	532

表6-46 河北某石油机械有限公司扣合式止动环技术参数

规格型号/mm	环箍内径/mm	最大外径/mm
114	116.5	127
140	142	180
178	181	214
245	247	279
273	275	308
340	345	375
508	512	543

第十节 插入式固井附件

在大直径套管内，以钻杆或油管作内管，水泥浆通过内管注入并从套管鞋处返至环形空间的注水泥装置。它主要有插入头和插座（内插式浮箍、内插式浮鞋）两部分。本节主要介绍用于插入式固井的插入头、插入座。

一、插入头

（一）结构

插入头上端为钻杆母扣螺纹，下端为与插座配合的密封面及密封圈，在母扣外径上通常带有扶正肋条。其结构如图6-47所示。

（二）工作原理

插入头上端钻杆母扣螺纹可与钻杆柱相连，下端有与插座配合的密封面及密封圈，

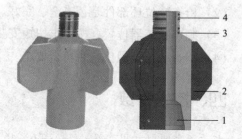

图6-47 插入头结构图
1—钻杆母扣；2—扶正条；3—密封圈；4—插头

可与插座配合实现密封，在母扣外径上设置的扶正肋条，能够在内插固井中使插头居中，确保更容易插入到插座内。

（三）操作方法

使用前，应检查插入头密封圈是否完好无损，然后检查扶正肋条最大外径是否与套管配套，随后将插入头与钻杆柱下端相连，并按规定扭矩上紧，并在插入头密封垫处涂抹润滑脂，以便减小插入时的阻力。

（四）技术参数

插入头技术参数，见表6-47。

表6-47　河北某石油机械有限公司插入头技术参数

规格代号/mm（in）	总长/mm	本体最大外径/mm	扶正翼外径/mm	配合段长度/mm	密封圈数量/个	插入头外径/mm	连接螺纹
244（9⅝）	400~550	156~165	204~225	≥100	≥3	60~80	NC50
273（10⅝）	400~550	156~165	232~255	≥100	≥3	60~80	NC50
298（11⅝）	400~550	156~165	267~278	≥100	≥3	60~80	NC50
340（13⅝）	400~550	156~165	299~319	≥100	≥3	60~80	NC50
406（16）	400~550	156~165	378~384	≥100	≥3	60~80	NC50
473（18⅝）	400~550	156~165	402~447	≥100	≥3	60~80	NC50
508（20）	400~550	156~165	472~482	≥100	≥3	60~80	NC50

二、插入座

（一）结构

插入座通常为插入式浮箍或插入式浮鞋，按内部结构常用的有两种：铝心弹簧式和水泥式。其结构如图6-48、图6-49所示。

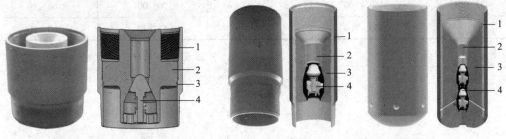

图6-48　铝心弹簧式内插浮箍结构图
1—本体；2—插座；
3—密封圈；4—单向阀

图6-49　水泥式内插浮箍结构图
1—本体；2—插座；
3—水泥石；4—单向阀

（二）工作原理

插入座本体均设有连接螺纹可与套管相连，插座可与插入头配合实现密封，防止注入的液体由内管柱进入套管内，单向阀仅能由内管柱向套管外导通，可防止注水泥完毕后水泥浆由套管外返回套管内。

（三）操作方法

（1）将内插浮箍连接在套管底部。

（2）下套管过程中，应及时向套管内灌满钻井液。

（3）接钻杆插头、钻杆及套管扶正器，按常规要求下放钻柱。

（4）计算钻柱到达插座时的悬重，施加于插座的压力值为 50～60kN。

（5）缓慢下放钻具并加压至预定值，开泵观察泵压及套管内钻井液是否外溢，若不外溢，压紧刹把，正常循环，否则，重新对插座。

（6）按设计组织固井施工，结束后立即上提钻柱 4～5m，开泵冲洗，直至残余水泥浆全部返出井口为止。

（7）起出井下全部钻柱。

（四）技术参数

内插式浮箍、浮鞋技术参数，见表 6－48。

表 6－48　内插式浮箍、浮鞋技术参数

规格代号/mm（in）	总长（L）/mm	插头长度（L_1）/mm	最大外径（D）/mm	水眼直径（d_1）/mm
244（9⅝）	400～700		269.88	60～80
273（10⅝）	400～700		298.45	60～80
298（11⅝）	• 400～700		323.85	60～80
340（13⅝）	450～700	$L_1 > L_1'$	365.12	60～80
406（16）	450～700		431.80	60～80
473（18⅝）	450～700		508.00	60～80
508（20）	450～700		533.40	60～80

注：L_1' 为插入头配合段长度。

第七章　钻井辅助工具

钻井辅助工具指钻井过程中，为了减少钻柱震动、降低摩阻，提高钻头的稳定性和破岩效率，达到修整井眼、稳固井壁等目的，根据需要接在钻柱之中的工具。主要包括：水力加压器、水力振荡器、三维振动冲击器、扭力冲击器、防磨接头、减震器和侧向射流随钻辅助防漏堵漏等工具。

第一节　水力加压器

水力加压器是一种在钻进中通过泵压转换机构将机械钻压转换成水力钻压的工具。加压均匀且具有一定的柔性，有利于提高机械钻速、防斜打直，同时具有减震效果。

一、结构

水力加压器由上下接头、心轴、花键套、密封接头、缸套和活塞组成，其中缸套和活塞共同组成工作缸。根据设计钻压和工作泵压的不同，水力加压器可制成单缸、双缸和多缸。水力加压器结构如图 7-1 所示。

二、工作原理

水力加压器利用循环液体（钻井液）流动作用在活塞面和密封接头上的压力，推动壳体向下运动继而形成对钻头施加压力，即水力钻压。

三、操作方法

1. 选择工具

根据钻头直径选择相应尺寸的水力加压器。为了适应不同钻压的工作需要，加压器采用数量

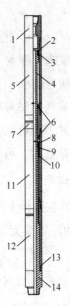

图 7-1　水力加压器结构图
1—上接头；2，8—背母；3，9—密封组合；
4—压力心轴；5—上筒体；6—密封；
7—连接体；10—对开卡环；11—下筒体；
12—花键体；13—密封；14—花键心轴

不等的多级活塞缸结构，各级缸的活塞面积累加即是活塞的总面积。可根据实际工作钻压的需要，选择不同级数活塞缸的工具。

2. 水力钻压的计算

水力钻压的大小取决于钻头水眼的压力降和活塞的总面积，其值：

$$P_水 = \frac{P_钻 \times S \times n}{1000} \tag{7-1}$$

式中 $P_水$——施加在钻头上的水力钻压，t；

$P_钻$——钻头水眼压力降，at（1at = 98066.5Pa）；

S——缸套内面积，cm^2；

n——压力缸数量。

同时，根据设备条件和井眼大小对泵排量、水眼直径及其数量进行调整，使钻头上的水力钻压得到调整。

3. 检查工具

（1）检查工具各连接螺纹是否牢固。

（2）检查各缸体上泄流孔是否通畅。若泄流孔被堵塞，可能导致水力加压器提供的钻压不足，须用铁丝刺小孔保证泄流孔畅通。

（3）检查上、下接头和心轴有无碰伤。

4. 安装工具

水力加压器应尽可能接在靠近钻头的位置，一般距离钻头不要超过3根钻铤的长度。这样才能最有效地发挥水力加压器的减震作用，使钻头上的负荷变动量最小，且应力波的传递和钻柱震动为最小。

（1）在常规转盘钻井作业中，可直接接在钻头上。

（2）使用井下螺杆钻具钻井时，可将水力加压器接在螺杆钻具上。

（3）取心钻进时，可将水力加压器接在取心筒上。

5. 密封性试验

水力加压器在钻台上接钻头，开泵后，心轴应从缸体伸出，同时维持泵压15MPa，在15min内水力加压器应无渗漏现象。验证其密封可靠性后，按钻井设计钻具组合安装水力加压器。

6. 钻进中钻压的控制

（1）钻进中，应保持机械钻压值始终小于水力加压值，此时活塞将一直悬浮在缸筒中部，加在钻头上的实际压力为设计的水力加压值。

（2）钻进中，如果机械钻压值大于水力加压值，则活塞将达到缸筒的底部，加在钻头上的实际钻压等于水力加压值与机械钻压的超值部分之和，此时应提起钻具调整钻压。否则，钻头将处于超设计钻压状态下工作。

7. 水力钻压值的确定

钻进中，水力钻压值的大小除与水力加压器本身的结构有关外，还与钻井液排量、钻头水眼压降等因素有关，应检验水力加压值有无变化。其方法如下：

（1）停泵后，将钻具下放至井底加压 10 ~ 20kN，记录悬重。

（2）开泵，使泵压达到设计压力，再记录悬重。此时，悬重的降低值即为水力加压值。

四、维护保养

（1）水力加压器入井使用 400h 后，外圆磨损量 ≥1.5% 或偏磨量 ≥1.5mm 应返厂检修。

（2）应将工具表面、上下接头螺纹、心轴钻杆表面冲洗干净。用清水冲洗本体溢流孔，直至流出清水。

（3）使用后，应在心轴表面涂黄油后，压缩心轴使其缩回缸体。

五、注意事项

（1）工具装卸过程中注意轻起、轻放。

（2）入井前，要检查工具行程，溢流孔是否通畅。

（3）检查深处裸露心轴表面，表面应该光洁，不得有刮伤、脱落等。

（4）使用过程中，工具不得超过其最大抗拉、抗扭载荷。

（5）钻进过程中，钻压尽量保持与设计钻压一致，如钻压过大，会造成工具处于闭合状态下工作；如钻压过小，会造成工具处于全部拉开状态下工作；保持送钻的均匀性、连续性。

（6）钻进中，一旦发现压力表变化过大或指重表显示与正常操作不符，应起钻检查工具。

（7）使用结束后，应冲洗心轴表面后将其复位，以免损坏。

六、技术参数

SJ 系列水力加压器技术参数，见表 7 - 1。

表 7 – 1　SJ 系列水力加压器技术参数表

型号	外径/ mm	活塞级 数/级	心轴通 径/mm	工作行 程/mm	最大抗扭载 荷/kN·m	最大抗拉 载荷/kN	接头型号	排量/ (L/s)
SJ121	121	3	36	300	10	700	NC38	9 ~ 16
SJ127	127	3	36	300	11	800	NC38	9 ~ 16
SJ165	165	2	45	300	18	1600	NC50	18 ~ 28
SJ178	178	2	45	300	19	1700	NC50	20 ~ 30
SJ197	197	2	57	300	20	1850	NC50	30 ~ 40
SJ203	203	2	57	300	22	1960	6⅝" REG	30 ~ 40
SJ229	229	2	71.4	300	22	2160	7⅝" REG	50 ~ 60
SJ242	242	2	75	300	28	2360	7⅝" REG	50 ~ 60

第二节　水力振荡器

　　水力振荡器是用来减小钻具摩阻的有效工具，在定向滑动钻进过程中，能够有效改善钻压的传递，减小托压，提高定向速度。目前，现场所用的水力振荡器，无论是国民油井生产的还是国内厂家生产的，其结构、原理和使用方法都大致相同。

一、结构

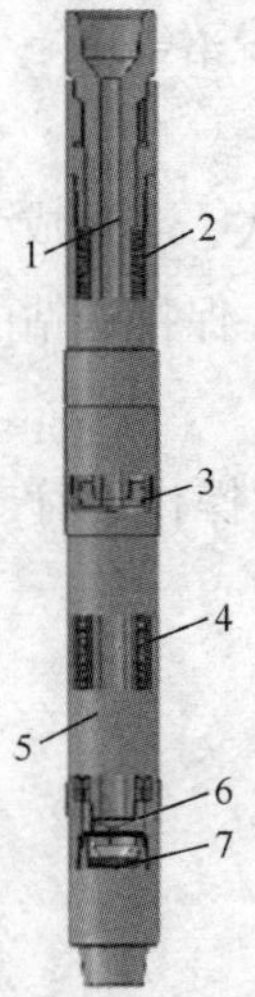

图 7 – 2　水力振荡器结构图
1—液压推进器；2—弹簧伸缩机构；
3—旁通阀；4—短螺杆；5—脉冲发生器；
6—脉冲发生阀；7—补偿机构

　　水力振荡器由液压推进器和脉冲发生器（外观可见旁通孔）两部分组成，如图 7 – 2 所示。脉冲发生器内部由旁通阀、短螺杆驱动机构、脉冲发生阀、补偿机构组成，短螺杆驱动机构驱动脉冲发生阀动阀转动，脉冲发生阀由动阀和静阀组成；液压推进器内部由弹簧伸缩机构组成。

二、工作原理

　　脉冲发生器内部的短螺杆驱动动盘阀，使动盘阀与静盘阀之间产生运动，从而改变钻井液过流面积，导致在阀上部产生高频低幅脉冲压力。液压推进器在脉冲压力作用下产生轴向运动。水力振荡器在井眼内产生纵向的往复运动，这样使钻具在井底暂时的静摩擦变成动摩擦，减小钻具与井壁的摩阻，减轻因井眼轨迹复杂而产生的滑动钻进摩阻大，工具面不稳的问题。

三、操作方法

（1）安装次序。液压推进器位于脉冲发生器上方，两者连接，脉冲发生器阀口端（公扣端）朝下。

（2）安装位置。安装位置主要与井斜、最大狗腿度、造斜点、水平位移等井眼实测轨迹数据有关，建议造斜阶段安装在距钻头 100～150m 范围内的加重钻杆中，水平段安装在距钻头 150～200m 范围内的加重钻杆中，切忌安装在钻具应力中和点以上。

（3）工具入井前，应在井口开泵调试，核定工具压降是否在正常范围内，观察其对MWD 仪器信号干扰情况。

（4）工具所需排量见表 7－2，如排量过低，则会造成工具功率下降，防托压效果变差，如排量过大，则会造成工具使用寿命缩短。

（5）水力振荡器上方应安装钻具止回阀。

（6）如出现防托压效果变差或泵压升高 3～4MPa，说明工具失效；工具平均寿命 150h。

（7）工具起出后，应进行清洁保养，涂抹丝扣油，戴好护丝。

四、技术参数

YMCB 型水力振荡器技术参数，见表 7－2。

表 7－2　YMCB 型水力振荡器技术参数

类型	外径/长度/mm	连接螺纹	最大抗拉载荷/kN	最大抗扭载荷/kN·m	工作流量/（L/s）	压降/MPa
120 型	φ120/3900	NC38	600	6	14～16	3.1～4.3
172 型	φ172/4770	NC50	1200	12	25～38	3.1～4.3
203 型	φ203/5730	5½inFH	2000	19	45～55	3.1～4.3

第三节　三维振动冲击器

三维振动冲击器在实现钻头水平面二维振动的同时，还向钻头施加一个轴向振动输出，使钻头在旋转破岩的同时具有全方位振动效应，消除钻头切削齿的粘滑振动。三维振动冲击器保证钻头的周向和径向切削齿均具备防粘滑功能，有效保护钻头切削齿，该工具适合用于硬地层钻井提速，提高 PDC 钻头破岩效率。

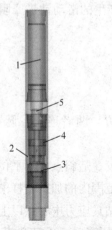

图 7 - 3 三维振动冲击器
1—螺杆马达机构；2—三维振动发生机构；
3—压力脉冲发生机构；
4—偏心块径向振动发生机构；5—万向节机构

一、结构

三维振动冲击器（图 7 - 3）由螺杆马达机构和三维振动发生机构两部分组成。三维振动发生机构包括一个万向节机构、压力脉冲发生机构（由两个扁平喷嘴组成）和偏心块径向振动机构。

二、工作原理

螺杆马达机构带动扁平喷嘴旋转产生压力差，喷嘴持续转动并带动偏心块转动在钻头切削齿圆周方向产生法向二维低幅高频偏心振动，在钻头轴向产生脉冲振动冲击，通过水力能量转换机构，将水力能量的脉动效应直接转化为作用于钻头的周期性冲击振动载荷，使钻头在旋转破岩的同时具有全方位振动效应，消除钻头切削齿的粘滑振动。

三、操作方法

（1）安装次序。公扣朝上、母扣朝下安装。

（2）安装位置。安装于井下动力钻具的上方，工具距离钻头位置越近则工作效果愈好。

（3）工具入井前，应在井口开泵调试，核定工具压降是否在正常范围内。

（4）此工具不可用于井下无动力钻具时的单驱钻进模式。

（5）工具所需排量见表 7 - 3，如排量过低，则会造成工具功率下降，提速效果变差，如排量过大，则会造成工具使用寿命缩短。工具平均寿命 150h。

（6）三维振动冲击器上方应安装钻具止回阀。

（7）工具起出后，应进行清洁保养，涂抹丝扣油，戴好护丝。

四、技术参数

三维振动冲击器技术参数，见表 7 - 3。

表7-3　三维振动冲击器技术参数

类型	外径/长度/mm	连接螺纹	最大抗拉载荷/kN	最大抗扭载荷/kN·m	工作流/（L/s）	压降/MPa
172型	φ172/5360	NC50	1200	12	25~35	3.2~4.2
203型	φ203/5580	5½inFH	1900	18	45~55	3.2~4.2

第四节　扭力冲击器

扭力冲击器简称"扭冲"，是一种安装在钻头上部的井下工具，通过该工具可形成高频周向扭转振动，可有效消除PDC钻头钻进过程中的粘滑、弹跳及回转等危害，具有保护PDC钻头复合片、延长钻头寿命的作用。

一、结构

目前，扭冲根据其结构特点不同，可分为盘阀式和射流式两种，市场上的扭冲工具以盘阀式为主。

而盘阀式以阿特拉能源技术有限公司的TorkBuster扭冲为代表。阿特拉能源技术有限公司研制的TorkBuster扭冲型号较为齐全，包括：5in、6½in、8⅝in、11in四种型号（样机如图7-4所示），主要由流量分配器、换向器、过滤器、液压锤和驱动短节等组成，具体规格参数见表7-4。

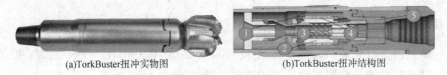

(a)TorkBuster扭冲实物图　　　　(b)TorkBuster扭冲结构图

图7-4　TorkBuster扭冲

1—流量分配器；2—换向器；3—过滤器；4—液压锤；5—驱动短节

二、工作原理

钻井液从上接头经过流量分配器流进冲击器，并二次分配到管状接头，来源于钻井液的流体能量使得接头内的两个动力锤相互反转起来，将钻井液的流体能量转换成扭向的、高频的、均匀稳定的机械冲击能量，由驱动短节内的驱动轴集中均匀地传递到钻头上，形成持续稳定的高频冲击力（可达750~1500次/分钟），使钻头在井底始终保持连续切削。

三、操作方法

1. 入井前的准备

（1）工具入井前，应了解井的基本情况，包括：钻机性能、当前地层、井深、该井段上部使用钻头情况、机械钻速、是否有复杂情况、钻井液参数、钻井液清洁情况。

（2）充分循环清洁钻井液，尽可能降低钻井液含砂量和固相含量，做好钻井液清洁工作，钻井液密度<1.50g/cm³。

（3）要准备好入井工具的配合接头，以便钻台上测试时使用。

（4）准备两个钻杆滤清器，确保入井钻井液清洁。

2. 连接工具

（1）工具、钻头上下钻台要平稳，避免工具和钻头与钻台面磕碰。

（2）工具有专用上扣位置，禁止大钳卡咬其他部位，按推荐扭矩紧扣。

（3）工具在钻台短测试时不要连接，排量从20L/s开始升至最高排量。

3. 下钻

（1）下钻前，要保持井眼畅通，避免大井段划眼。

（2）距离井底10~20m开泵，防止堵塞水眼。

（3）到底之后检查泵压、排量，排量达到推荐值后方可下放接触井底。

（4）尽可能不要在套管内开泵循环。

4. 钻进

（1）钻进前，首先造型，推荐转速60r/min、钻压20~40kN，一般造型深度20cm。

（2）钻进时刹把操作要平稳，均匀送钻，防止顿钻、溜钻。

（3）观察返出岩屑，是否有大量掉块、铁屑、石英等特殊岩屑。

（4）记录各种钻井参数，有异常情况时便于对比。

（5）根据钻时快慢，及时观察、判断工具和钻头情况。当钻速连续变慢，要及时分析是地层原因还是其他原因。

（6）每次接单根及时清理钻杆滤清器，钻井泵的上水滤子至少每班清洁一次。

四、技术参数

TorkBuster扭力冲击器技术参数，见表7-4。

表 7 - 4　TorkBuster 扭力冲击器技术参数

型号/in	冲击频率/（次/分钟）	扭向冲击力/N·m	扣型	工具总长/m	打捞颈长度/mm	打捞颈外径/mm
5	680 ~ 1300	610	$3\frac{1}{2}$inREG	0.60	149	120.7
$6\frac{1}{2}$	1000 ~ 2400	1017	$4\frac{1}{2}$inREG	0.67	178	162
$8\frac{5}{8}$	850 ~ 1800	1220	$5\frac{1}{2}$inREG	0.76	203	209.6
11	750 ~ 1500	1627	$6\frac{5}{8}$inREG	1.02	273	257.2

TorkBuster 扭力冲击器直接安装于 PDC 钻头上部，具体施工参数见表 7 - 5，在实际施工过程中，阿特拉公司均使用专用 PDC 钻头，该钻头冠部结构较短，有利于扭转冲击的传递，目前国内其他公司生产的扭力冲击器在未配套专用钻头的情况下，使用效果较差。同时，TorkBuster 扭力冲击器结构中流道间隙小，无法实现随钻堵漏过程中的应用。

表 7 - 5　施工参数

型号/in	流量/（L/min）	压降/MPa	最高作业温度/℃	最大钻压/kN	紧扣扭矩/N·m
5	680 ~ 1200	1.725 ~ 2.760	210	84	9500 ~ 12000
$6\frac{1}{2}$	1100 ~ 2300	2.2 ~ 2.4	210	111.21	16000 ~ 20000
$8\frac{5}{8}$	1510 ~ 3220	2.415 ~ 4.140	210	178	32540
11	2270 ~ 4540	1.73 ~ 2.76	210	224	43000

注：工具压降可根据钻井液密度调节喷嘴直径。

第五节　防磨接头

防磨接头对钻杆起到了支撑作用，从而减少了钻杆旋转时与套管的接触区域，能有效地防止钻具磨坏套管。同时，利用轴承间的摩擦取代钻杆接头与井壁/套管之间的滑动摩擦，从而达到减少扭矩传递的损失，对保护钻杆也起到了良好的效果。

一、铰链式非旋转保护器

铰链式非旋转保护器相对钻杆可自由旋转，相对套管几乎不转，进而在钻进中起到保护套管的作用。

（一）结构

非旋转保护器由一个钢制止推箍和一个胶木旋转套及滚柱轴承组成。旋转套分为两半，通过特殊结构铰接在一起。轴向上，保护器通过止推箍将其限定在钻杆的某个部位上，止推箍为自紧卡瓦式结构，藏在旋转套中间。其结构如图 7 - 5 所示。

图 7 - 5　铰链式非旋转保护器

（二）工作原理

非旋转保护器通常安装在距钻杆公接头 0.6m 的地方。工作中，保护器相对于钻杆可自由旋转，相对套管则几乎不转，从而在钻进中起到保护套管的作用。

由于保护器旋转套的外径大于钻杆接头外径，工作时旋转套首先接触套管壁，保护器相对套管壁几乎无转动，从而避免了钻杆接头对套管的磨损和撞击。

钻柱旋转时，通常摩擦扭矩与钻柱的有效外径成正比。使用保护器后，以钻杆与保护器旋转套之间的滚动摩擦代替了钻柱接头与套管壁间的滑动摩擦，同时钻杆本体外径小于其接头外径，因此大大减小了钻柱转动的摩擦扭矩。

（三）技术规格

依据钻杆外径而定，规格可分为：139.7mm、165.1mm、177.8mm 等。

二、FM 系列非旋转套管防磨接头

FM 系列非旋转套管防磨接头心轴和外部不旋转防磨套之间设计有轴承摩擦副，非旋转防磨套与心轴间相互滑动，从而避免了钻柱旋转磨损套管。

（一）结构

工具主要由心轴、上下挡环和外部非旋转防磨套等组成。心轴和外部不旋转防磨套之间，外部非旋转防磨套和上、下挡环之间设计有轴承摩擦副。FM 非旋转套管防磨接头结构如图 7−6 所示。

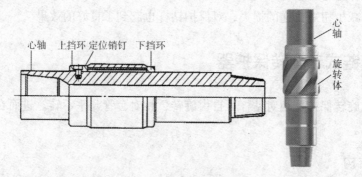

图 7−6　FM 非旋转套管防磨接头

（二）工作原理

根据井下情况，选择合适数量和安放位置连接在钻柱之中。钻井过程中，受套管和非旋转防磨套之间摩擦力的作用，非旋转防磨套与心轴相互滑动，从而避免了钻柱旋转磨损套管；另外，由于轴承摩擦副的摩擦系数非常低，也大幅度地降低了钻井扭矩。

可解决大位移井、深井、超深井或大斜度井套管磨损和钻井扭矩过高的技术难题，也可应用于某些狗腿度过高的井段或相关领域。根据实际情况，选择在套管磨损严重或井斜大的井段，每1~2柱钻杆连接1只减磨接头，并考虑每次钻进的长度，以免接头移出套管。

（三）规格型号与技术参数

FM系列非旋转套管防磨接头规格型号与技术参数，见表7-6。

表7-6　FM系列非旋转套管防磨接头规格型号与技术参数

型号	总长/mm	外径/mm	水眼/mm	两端扣型	润滑方式	强度等级
FM-240	915	240	90.5	5½inFH	钻井液	与钻杆接头的强度等级相同
FM-197	915	197	75	NC50	钻井液	
FM-146	915	146	68	NV38	钻井液	

三、TFJD 套管防磨减扭短节

TFJD套管防磨减扭短节本体上、下分别设计有与钻具连接的螺纹，防磨减扭套装在套管防磨减扭短节本体上。钻进过程中，其防磨减扭套代替钻杆接头与套管内壁接触，从而防止套管的磨损。

（一）结构

TFJD套管防磨减扭短节由本体和防磨减扭套两部分组成，其结构如图7-7所示。防磨减扭套装在套管防磨减扭短节本体上，相互之间设计有用特殊材料和工艺制作的高性能减扭耐磨滑动摩擦副，套管防磨减扭短节本体上、下分别设计有与钻具连接的螺纹。防磨减扭套上设计有导流槽，有效地增加了TFJD套管防磨减扭短节流通面积，降低了循环泵压。

图7-7　TFJD套管防磨减扭短节

（二）工作原理

工作时，TFJD套管防磨减扭短节通过其上、下螺纹连接在钻具的中间，钻进过程中，其防磨减扭套代替钻杆接头与套管内壁接触，使原本钻具接头与套管之间的滑动摩擦磨损变为套管防磨减扭短节的本体和防磨减扭套之间的滑动摩擦磨损，从而防止套管的磨损，并减小钻井扭矩。

（三）操作方法

（1）按照钻具和井眼要求，选择合适的套管防磨减扭短节，确保其各技术参数满足现场要求。

（2）主要使用井型：定向井、水平井、深井、侧钻井和大斜度的套管磨损严重和钻井扭矩过大的井。

（3）套管防磨减扭短节要求转速小于150r/min。

（4）一般每2根或3根钻杆中加入1个套管防磨减扭短节，具体数量可根据相关设计方法确定。

（四）注意事项

1. 出库运输

套管防磨减扭短节采用木箱单套包装，装卸应轻抬轻放，运输中应保证包装完好。

2. 井场检查

（1）套管防磨减扭短节到井后，应平放于地面上，由专人负责检查保管。

（2）检查螺纹是否完好无损。

（3）检查防磨减扭套是否转动灵活。

3. 下井

（1）防磨减扭套下井前，必须按照要求先通好井，必须保证井眼清洁、井壁稳定，并注意活动钻具以防粘卡。

（2）防磨减扭套上钻台过程中不得磕碰。

（3）下钻时，要控制下放速度，严禁猛提、猛放。

（五）规格型号与技术参数

TFJD套管防磨减扭短节规格型号与技术参数，见表7-7。

表7-7　TFJD套管防磨减扭短节规格型号与技术参数

型号	总长/mm	外径/mm	水眼/mm	两端扣型	润滑方式	强度等级
TJGD-140	880	140	54	NC38（3½inIF）	钻井液	与钻杆接头的强度等级相同

第六节　减震器

减震器是用来吸收或降低钻井过程中产生的冲击载荷，延长钻头和钻具使用寿命，提高工作效率的一种工具。按减震形式不同，分为单向减震器和双向减震器。单向减震器只吸收轴向震动；双向减震器同时吸收轴向震动和周向震动。按减震元件不同，分为液压减震器、机械减震器和气体减震器。

一、液压减震器

液压减震器主要是通过腔内的硅油受到压缩收缩，同时部分硅油经阻尼孔流入缸套腔内，而起到减震作用。

（一）液压减震器结构

液压减震器由心轴、限位套、扶正套筒、花键体、油缸、冲管、下接头等组成，其结构如图7-8所示。

（二）工作原理

当钻头和钻具受到冲击和震动时，作用力使工具以极快的速度向上运动，此时油腔内的液压油不仅受到压缩，而且一部分将以极高的流速经阻尼孔流入缸套腔内，从而起到了吸能及缓冲的作用。当钻头上的冲击和震动负荷减小或消失时，油腔内压缩的液体膨胀，下接

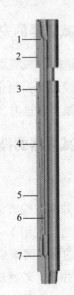

图7-8　液压减震器结构图
1—心轴；2—限位套；3—扶正套筒；
4—花键体；5—油缸；
6—冲管；7—下接头

头以下钻具在自身重力的作用下向下运动，油缸腔恢复到原来的长度，缸套腔内的硅油经阻尼孔又重新流回油腔。

（三）YJA 型液压减震器型号与规范

YJA 型液压减震器型号与技术规范，见表7-8。

表7-8　YJA 型液压减震器型号与技术规范表

型号	YJ121	YJ178 - Ⅱ	YJ203	YJ229
外径/mm（in）	121（$4\frac{3}{4}$）	178（7）	203（8）	229（9）
水眼/mm（in）	57（$2\frac{1}{4}$）	57（$2\frac{1}{4}$）	64（$2\frac{1}{2}$）	70（$2\frac{3}{4}$）
连接螺纹（API）	$3\frac{1}{2}$REG	$5\frac{1}{2}$FH	$6\frac{5}{8}$REG	$7\frac{5}{8}$REG
工作温度/℃	-40 ~ +150	-40 ~ +150	-40 ~ +150	-40 ~ +150
最大工作钻压/kN（tf）	265（27）	390（40）	390（40）	540（55）
最大行程/mm	100	125	140	140
抗拉强度/kN（tf）	980（100）	1470（150）	1960（200）	1960（200）
工作扭矩/[kN·m（kgf·m）]	9.8（1000）	14.7（1500）	19.6（2000）	19.6（2000）
拉开总长/mm	4116	3755	3899	3966
平均刚度/[kN/cm（tf/cm）]	35（3.6）	47（4.8）	43（4.4）	47（4.8）

（四）减震器的安装位置

常规钻进时，减震器一般安装在钻头与钻铤之间；当钻具结构中安装有钻头稳定器时，减震器接在钻头稳定器与钻铤之间；取心钻进时，可将减震器直接连接在取心筒之上；定向井稳斜钻进时，减震器可直接连接在第一只稳定器上部。

（五）减震器的操作方法

1. 工具检查

（1）下井前，检查油塞是否松动或漏油。

（2）在钻台上用 1～3 根钻铤加压测量该减震器心轴的工作行程的变化情况，检查其他下井钻具的使用磨损情况，并做好记录。

（3）下井前，若发现不正常情况，应及时向技术人员反映，以便进行现场维护或返厂修理，严防发生井下故障。

2. 钻进施工

（1）钻进过程中，要求详细记录钻进参数并分析井下情况。

（2）要求操作平稳，严禁溜钻、顿钻。若发生严重顿钻、溜钻等异常情况时，应及时起钻检查。

（3）钻进时，要根据具体情况优选钻压和转速，实现钻井参数的最佳配合，避免减震器在共振区内工作。

（4）要求井下正常，钻井液性能良好。

（5）减震器用于中硬或硬地层、砾石层以及软硬夹层中效果更为明显。

3. 起钻

（1）减震器每次起出井口时，应认真清洗。检查油塞是否松动或脱落，丝扣有无刺漏、粘扣、断裂等现象。

（2）在钻台上用与下井时同样的方法测量心轴工作行程的变化，若比下井前小 25mm 以上，则说明液压密封出现故障，应立即检修。

（3）每次起钻时，应同时检查钻铤及其他下井钻具的使用情况，分析减震效果。

（4）减震器送厂修理前，必须卸松外壳各接头连接扣。但丝扣端面间距离不得超过 0.2mm，以防漏油。

（六）减震器的维护保养

减震器上、下钻台以及搬运时，要戴好护丝，吊、放要平稳；在场地摆放检查时，用 3～4 根方木或钢管把减震器垫平；现场应对减震器本体磨损情况进行检查，并查看本体有无弯曲变形；正常情况下，减震器在井下钻进 500h 后要进行拆检。

二、双向减震器

双向减震器是一种能同时减缓钻柱纵向和周向振动的双向减震器。它能维护正常的钻压和扭矩，从而减少钻头、钻具及地面设备的振动破坏，可实现提高钻速和降低钻井成本的目的。

（一）结构

双向减震器主要由心轴、心轴接头、阻尼总成、花键外筒、油缸、冲管、密封元件及下接头等组成，结构如图7－9所示。

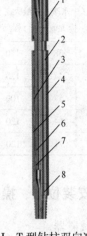

图7－9 SJ－T型钻柱双向减震器结构图
1—心轴；2—心轴接头；3—阻尼总成；
4—花键外筒；5—油缸；6—冲管；
7—密封元件；8—下接头

（二）工作原理

纵向减震机构主要是由心轴、活塞总成和工作腔的液体弹簧等部分组成，主要是利用工作腔内可压缩液体在压力作用下产生弹性变形来吸收或释放钻头和钻柱震动能量。

周向减震机构主要是通过活塞换向机构来实现，由花键外筒通过花键副与活塞连接，活塞内孔通过螺旋副与心轴连接，这样一组机构就会使扭转震动及冲击载荷瞬间转换为工作腔的纵向分力，从而保持较恒定的扭矩。

（三）技术参数

国产双向减震器技术参数，见表7－9、表7－10。

表7－9 贵州高峰SJ型双向减震器技术参数（1）

型号	外径/mm	水眼/mm	最大工作行程/mm	接头螺纹API	工作温度/℃	最大钻压/kN	最大抗拉载荷/MN	最大工作扭矩/kN·m
SJ121	121	38	100	NC35	－40～＋150	300	1.2	10
SJ159Ⅳ	159	47	120	NC46	－40～＋150	340	1.5	14.7
SJ178Ⅳ	178	57	120	NC50	－40～＋150	340	1.6	14.7
SJ203Ⅲ	203	65	120	6⅝inREG	－40～＋150	440	1.96	19.6
SJ229Ⅲ	229	71.4	120	7⅝inREG	－40～＋150	540	2.16	19.6
SJ254	254	71.4	120	8⅝inREG	－40～＋150	540	2.54	24.5
SJ279Ⅱ	279	71.4	120	8⅝inREG	－40～＋150	540	2.94	29.4

表 7 - 10　贵州高峰 SJ 型双向减震器技术参数（2）

型号	外径/mm	水眼/mm	最大工作行程/mm	接头螺纹 API	工作温度/℃	最大钻压/kN	最大抗拉载荷/MN	最大工作扭矩/kN·m	拉开总长/mm
SJ121B	121	38	120	NC38	-40 ~ +150	200	1.0	10	4490
SJ160C	160	47	120	NC40	-40 ~ +150	340	1.5	15	5150
SJ178C	178	57	100	NC50	-40 ~ +150	400	1.5	15	5590
SJ203B	203	64	120	6⅝inREG	-40 ~ +150	480	1.96	20	5800
SJ229B	229	71	120	7⅝inREG	-40 ~ +150	540	1.96	20	5630

（四）安装位置、操作方法和维护保养

同液压减震器。

三、机械液压减震器

机械液压减震器是一种双作用减震器，通过碟簧和硅油的压缩储能来吸收钻具的跳动和震动，具有良好的可维护性、耐高负荷和较高的使用寿命等优点。

（一）结构

减震器由上接头、心轴、刮泥圈座、扶正外筒、花键外筒、液压缸、冲管、下接头等组成，其结构如图 7 - 10 所示。

（二）工作原理

机械液压减震器接在钻头和钻铤之间，钻压通过心轴和心轴接头压缩碟簧和硅油传递给外筒再加

图 7 - 10　机械液压减震器结构图
1—上接头；2—心轴；3—刮泥圈座；
4—扶正外筒；5—花键外筒；6—液压缸；
7—冲管；8—下接头

在钻头上；反之，钻头产生的跳钻和震动迫使碟簧和硅油压缩吸收能量，达到减震的目的。采用钢质的碟簧作为弹性元件，其寿命较长，而且在装配工具时，刚度可根据用户需要进行调整；同时采用硅油作为弹性元件，又可中和碟簧过大的刚度，使工具在低钻压和高钻压下都可产生良好的减震效果。

（三）技术参数

国产机械液压双作用减震器技术参数，见表 7 - 11、表 7 - 12。

表 7－11 贵州高峰 SJ 型双向减震器技术参数

型号	外径/mm	水眼/mm	长度/m	接头螺纹 API	弹性刚度/(kN/mm)	最大抗拉载荷/MN	最大工作扭矩/kN·m
JZ－Y121	121	38	3.5	3½inIF	3.0～3.5	1000	10
JZ－Y159－Ⅰ	159	45	3.4	4inIF	3.5～5.0	1500	15
JZ－Y165－Ⅰ	165	45	3.4	4inIF	3.5～5.0	1500	15
JZ－Y178－Ⅰ	178	57	3.9	4½inIF	3.5～5.0	1500	15
JZ－Y203	203	64	4.8	6⅝inREG	4.0～5.5	2000	20
JZ－Y229	229	70	3.9	7⅝inREG	4.0～6.5	2000	20
JZ－YS159－Ⅰ	159	45	4.6	4inIF	3.5～5.0	1500	15
JZ－YS165－Ⅰ	165	45	4.6	4inIF	3.5～5.0	1500	15
JZ－YS178－Ⅰ	178	50	5.4	4½inIF	3.5～5.0	1500	15
JZ－YS203－Ⅰ	203	64	5.1	6^{5}/inREG	4.0～5.5	2000	20
JZ－YS229－Ⅱ	229	70	4.8	7^{5}/inREG	4.0～6.5	2000	20
JZ－Y178	178	57	6.0	4½inIF	3.5～5.0	1500	15
JZ－YH159－Ⅰ	159	50	3.0	4inIF	3.5～5.0	1500	15
JZ－YH165－Ⅰ	165	50	3.0	4inIF	3.5～5.0	1500	15
JZ－YH178－Ⅰ	178	50	3.0	4½inIF	3.5～5.0	1500	15
JZ－YH203－Ⅱ	203	64	3.0	6^{5}/inREG	4.0～5.5	2000	20
JZ－H229	229	70	3.5	7⅝REG	4.0～6.5	2000	20
JZ－H279	279	80	4.5	8^{5}/inREG	5.0～7.5	2500	25
KJZ－Y121	121	38	3.5	3½inIF	3.0～3.5	1000	10
KJZ－H159	159	50	3	4inIF	3.5～5.0	1500	15
KJZ－H165	165	50	3	4inIF	3.5～5.0	1500	15
KJZ－H178	178	50	3	4½inIF	3.5～5.0	1500	15
KJZ－H203	203	64	3	6⅝inREG	4.0～5.5	2000	20
KJZ－H229	229	70	3.5	7⅝inREG	4.0～6.5	2000	20
KJZ－H279	279	80	4.5	8⅝inREG	5.0～7.5	2000	20

表 7－12 贵州高峰 DHJ 型机械液压减震器技术参数

项目	DHJ121	DHJ159	DHJ178	DHJ203
外径/mm	121	159	178	203
水眼直径/mm	38	50.8	57	71.4
最大行程/mm	100	120	120	140
最大钻压/t	40	60	60	70

续表

项目	DHJ121	DHJ159	DHJ178	DHJ203
工作温度/℃	-40 ~ +150	-40 ~ +150	-40 ~ +150	-40 ~ +150
接头螺纹 API	3½inREG	NC46	NC50	6⅝inREG
拉开总长/mm	3400	4210	4210	4700

（四）安装位置、操作方法和维护保养

同液压减震器。

第七节 侧向射流随钻辅助防漏堵漏工具

侧向射流随钻辅助防漏堵漏工具是一种针对微裂缝或微孔隙地层，可起到随钻辅助防漏堵漏作用的井下工具。利用该工具的侧向喷射作用，将随钻防漏堵漏材料喷射进入地层裂缝或孔隙中，提高其填充深度和致密性，能有效提升防漏堵漏效果。

一、结构

侧向射流随钻辅助防漏堵漏工具主要由本体和侧喷嘴组成，工具本体上、下两端为连接螺纹，工具本体中部管壁上开有至少2个径向通孔，径向通孔为阶梯状，外侧径向通孔内安装有旋流或脉冲侧喷嘴，侧喷嘴出口端的工具本体的外管壁上镶嵌有硬质合金块，侧喷嘴通过卡簧卡装在工具本体外侧的径向通孔内，侧喷嘴的外管壁上安装有环形密封圈，如图7-11所示。

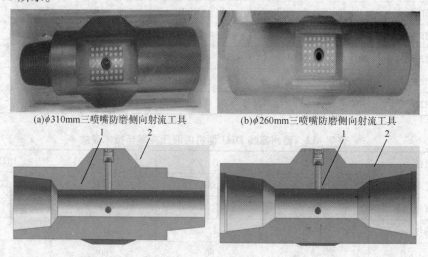

(a)φ310mm三喷嘴防磨侧向射流工具   (b)φ260mm三喷嘴防磨侧向射流工具

图7-11 侧向射流随钻辅助防漏堵漏工具及其剖面示意图
1—本体；2—侧喷嘴

二、工作原理

侧向射流随钻辅助防漏堵漏工具通过内置的分流控制装置，将部分钻井液的水力能量分配给工具的径向喷嘴，在井壁上形成剪切力清除初始滤饼，暴露裂隙，在漏层井壁上施加旋转射流作用，使堵漏材料颗粒渗入漏层的孔道、裂缝内，有效结合成具有一定强度的较大体积颗粒，封闭漏失通道，并形成低渗、牢固的滤饼，侧向射流可有效提高防漏堵漏材料进入地层缝隙的深度和致密性，提升防漏堵漏效果。其工作原理如图 7 - 12 所示。

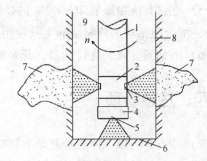

图 7 - 12　旋转射流随钻防漏堵漏工作原理图
1—钻铤；2—侧向水力工具；3—工具喷嘴；
4—钻头；5—钻头水眼；6—井底；
7—漏层；8—井壁；9—裸眼环空

三、操作方法

（一）适用范围

在 ϕ（215.9～346.1）mm 井眼中，针对孔隙型渗漏地层或微裂缝漏层（漏失量≤5m³/h）的随钻防漏堵漏。

（二）工具的连接方式

随钻辅助防漏堵漏工具下端连接钻头，上端连接钻铤或螺杆，并按规定扭矩紧扣。

（三）推荐的钻井参数

ϕ310mm 工具推荐的钻井参数：钻压 40～160kN，转速 70～100r/min，排量 55～65L/s，泵压 14～18MPa；ϕ280mm、ϕ260mm 工具推荐的钻井参数：钻压 6～200kN，转速 60～90r/min，排量 40～55L/s，泵压 16～20MPa；ϕ190mm、ϕ210mm 工具推荐的钻井参数：钻压 60～180kN，转速 60～90r/min，排量 28～35L/s，泵压 16～22MPa。

可根据现场需要更换工具侧喷嘴及钻头水眼喷嘴的类型及尺寸，使分流到工具侧喷嘴处的流量达到钻井施工排量的 10%～15%，实现最优的防漏堵漏效果。

（四）操作步骤

（1）先在工具本体的径向通孔内表面的密封槽内安装"O"形密封圈，再将卡簧安装在侧喷嘴外圆柱面的卡簧槽内，将侧喷嘴与卡簧一起推压进入工具本体的径向通孔内，使卡簧进入径向通孔内表面的卡簧槽内固定侧喷嘴，完成随钻防漏堵漏工具的组装。

（2）检查钻头水眼是否畅通。

（3）检查工具内腔及旋流喷嘴是否畅通。

（4）连接钻头、随钻辅助防漏堵漏工具和钻柱。

（5）在钻井液中添加2%～3%的防漏堵漏材料（粒径<2mm，以防止堵塞工具的侧喷嘴），配合随钻辅助防漏堵漏工具使用，利用堵漏材料颗粒封堵漏层的缝隙。

（6）下钻到井底，旋转转盘、开泵循环，开始防漏堵漏钻进。

四、注意事项

（1）井下有坍塌、掉块等复杂故障时，不得使用随钻辅助防漏堵漏工具。

（2）随钻辅助防漏堵漏工具外径大于钻铤外径，注意防止卡钻。

（3）进入漏层200m或24h前，按照随钻防漏堵漏配方调整好钻井液性能。

（4）钻穿易漏层后，打入承压堵漏浆，起钻至安全井段，进行承压堵漏。憋压采用由小到大台阶式憋压，每个阶梯0.5～1MPa，静止0.5h，压降不超过0.5MPa，逐步提高地层承压能力，直至满足施工要求。

（5）承压堵漏后，泄压速度要慢（0.51～1MPa/h），避免近井壁地带堵漏材料过多返吐，影响堵漏效果。

五、维护保养

起钻后，检查上、下两端连接螺纹和侧喷嘴是否磨损、刺漏，检查工具内腔及侧喷嘴是否畅通，将工具清洗干净并做防锈处理，为下次使用随钻辅助防漏堵漏工具提供安全保障，下次使用工具前，需安装新的卡簧及"O"形密封圈。

六、技术参数

侧向射流随钻辅助防漏堵漏工具系列规格尺寸，见表7-13。

表7-13　侧向射流随钻辅助防漏堵漏工具系列规格尺寸参数表

适合井眼尺寸/mm	工具最大外径/mm	工具本体直径/mm	喷嘴数量/个	工具长度/mm	扣型/mm×mm
346.1	310	203	3	523	631×630
311.2	280	203	3	523 650	631×630 630×630
311.2	260	203	3	650	630×630
250.88	210	197	2	460	631×630
215.9	190	160	2	460	410×430

参考文献

［1］杜晓瑞，李华泰．钻井工具手册（2012 版）［M］．北京：中国石化出版社，2012：725 - 768.

［2］张燕萍，吴千里，李梅，等．膨胀式尾管悬挂器在短半径水平井中的应用［J］．石油机械，2011，
39（12）：22 - 24.

［3］刘子春，张召平，石凤歧．钻井工程事故预防与处理［M］．北京：中国石化出版社，2000：36 - 40.

［4］程仲，熊继有，程昆．随钻防漏堵漏技术机理的探讨［J］．钻采工艺，2008，31（1）：36 - 39.

［5］熊继有，薛亮，周鹏高，等．物理法随钻防漏堵漏机理研究［J］．天然气工业，2007，27（7）：
69 - 72.

［6］国家发展和改革委员会．测井电缆穿心打捞操作规程［S］．SY/T 5361—2014.